U0338207

科技传播与普及实践

任福君　尹　霖　等　著

中国科学技术出版社
·北　京·

图书在版编目（CIP）数据

科技传播与普及实践 / 任福君，尹霖等著 . —北京 ：中国科学技术出版社，2015.2

ISBN 978-7-5046-6818-9

Ⅰ. ①科… Ⅱ. ①任… ②尹… Ⅲ. ①科学技术－传播－研究 ②科学普及－研究 Ⅳ. ① N4

中国版本图书馆 CIP 数据核字（2015）第 003076 号

出 版 人　苏　青
责任编辑　单　亭　张　莉
装帧设计　中文天地
责任校对　王勤杰
责任印制　张建农

出　　版　中国科学技术出版社
发　　行　科学普及出版社发行部
地　　址　北京市海淀区中关村南大街16号
邮　　编　100081
发行电话　010-62173865
传　　真　010-62179148
网　　址　http://www.cspbooks.com.cn

开　　本　787mm × 1092mm　1/16
字　　数　400千字
印　　张　21
印　　数　1-7000册
版　　次　2015年3月第1版
印　　次　2015年3月第1次印刷
印　　刷　北京市凯鑫彩色印刷有限公司
书　　号　ISBN 978-7-5046-6818-9 / N·198
定　　价　50.00元

前　言

中华人民共和国成立以后，我国的科技传播与普及（简称科普）事业受到了党和政府的高度重视，经过几代人的不懈努力，已经有了很大的发展。进入21世纪以来，我国的科普事业遇到了前所未有的机遇期，特别是《中华人民共和国科学技术普及法》（简称《科普法》）及《全民科学素质行动计划纲要（2006—2010—2020年）》（简称《科学素质纲要》）的颁布与实施，将科普事业纳入了法制化发展的体系。在各级政府的大力推动下，社会各界密切合作，有力地促进了科普事业的蓬勃发展。

在我国科普事业发展的过程中，不仅产生了许多的科普理论，而且积累了十分丰富的科普实践经验，因此可以说，我国的科普发展历史，既是一部科普理论史，更是一部科普实践史。

通过整理、分析、研究，及时总结我国的科普实践情况，不仅能为我国科普实践过程画上一个阶段性句号，更重要的是能为今后科普理论发展提供实践经验，为我国的科普事业发展提供决策支撑和参考。因此，我们决定撰写《科技传播与普及实践》一书。

该书定位于对我国科技传播与普及（科普）实践的深层分析，是一本研究分析我国科普实践状况的学术专著。该书既能反映中国特色的科普实践，也能反映我国科普实践所依存的特殊社会环境。正是在这种特定的社会环境中，我国科普实践才具有了一系列的独特理念与方法，因此，在分析具体科普实践情况的同时，也从深层次反映出我国的特殊社会情境。

本书主要以中华人民共和国成立以来，尤其是《科普法》颁布以来和

《科学素质纲要》实施以来的典型科普实践案例为对象，对我国科普实践进行分析和研究。对于《科普法》实施之前的内容，本书的一些章节也简要地作了介绍，因为当前的科普实践深受历史时期的影响，而且个别章节还会追溯到更早时期的科普实践情况。

本书分为四大部分共 14 章。第一部分为我国科普制度和科普政策实践篇，即第 1 章；第二部分为面向重点人群的科普实践篇，按照五大人群及其他人群的科学素质建设实践划分为第 2 章至第 6 章；第三部分为科普能力建设实践篇，按照公民科学素质建设的五大基础工程分为第 7 章至第 11 章，第四部分为科普活动和科普监测评估实践篇，分为第 12 章至第 14 章。

本书的最大特点是突出科普的实践，体现在各章节的题目以及主要结构中，作为一条主线，贯穿全书。

前言部分简要介绍了我国科普实践的发展过程以及本书的主要内容、特点。由任福君撰写。

第 1 章是我国科普制度和科普政策法规体系的建立，重点介绍了我国政府主导的科普工作格局的形成与完善过程，也就是科普国家体制的形成与发展过程，全面反映了我国科普事业的兴起与定位。主要从历史沿革的角度，突出政策法规出台的历史背景、具体内容、作用及实施效果等。该章由任福君、尹霖撰写。

第 2 章是面向未成年人的科普实践，主要介绍了未成年人科学素质建设的发展情况，并从非正规科学学习的角度，重点分析科技竞赛、科技体验活动等典型科普活动的案例。该章由王丽慧撰写。

第 3 章是面向农民的科普实践，基于我国城乡二元分化的社会背景特征，从提升农民科学素质有利于“三农”问题解决的角度出发，较为全面地介绍了农村科技培训、科技下乡活动、示范创建活动等科普实践形式，并总结了面向农民科普实践在形成社会各方推动格局、提升农村科普基础设施条件、扩大农村科普活动覆盖面、提高农民科学素质水平等方面的成效，分析了当前面向农民科普实践存在的问题，展望了未来发展的重点。该章由胡俊平撰写。

第 4 章是面向城镇劳动者的科普实践，阐述了在城镇化加速发展的背景下，城镇劳动者科学素质的提升对国家和社会的重要意义，介绍了面向城镇劳动者的教育培训、技术练兵等形式的科普实践，包括高技能人才培训、失业和进城务工人员培训、职业技能竞赛、“讲比”活动、职业安全教育等。最后探讨了创新驱动发展形势下城镇劳动者科学素质行动面临的挑战和未来的发展方向。该章由胡俊平撰写。

第 5 章是面向社区居民的科普实践，介绍了社区居民科学素质行动作为“十二五”期间新启动的一项重点人群的科学素质行动的意义、主要进展等简要情况，并选取“社区科普益民”等项目作为典型案例进行分析研究。该章由张锋撰写。

第 6 章是面向领导干部和公务员的科普实践，介绍了领导干部和公务员科学素质行动的意义、主要进展等简要情况，并选取领导干部和公务员培训项目或工程等典型案例进行分析研究。该章由张志敏撰写。

第 7 章是科学教育与培训实践，主要介绍科学教育与培训的历史与发展现状，剖析“国培计划”、科技教师培训等主要举措的成效，并对科学教育与培训实践的发展提出建议。该章由王丽慧撰写。

第 8 章是科普资源（含科普创作）建设实践，主要包括科普资源的概念界定及分类，科普资源开发与共享以及科普创作的发展与现状，典型项目案例的实施成效、发展趋势等实践情况，突出对相关案例的剖析。该章由任福君、谢小军撰写。

第 9 章是大众传媒科技传播能力建设实践，主要介绍了大众传媒科技传播能力建设的发展概况，并分析研究了传统媒体（广播、电视、报刊、图书等）科普以及新媒体（数字电视、网络、移动终端等）科普的一些典型案例。该章由尹霖、颜燕撰写。

第 10 章是科普基础设施建设实践，介绍了我国科普基础设施的分类与发展概况，分析研究了科普场馆、科普教育基地、网络科普等各类科普基础设施建设的典型案例，介绍了建设状况、服务模式、效果及影响等内容，突出对科技馆建设的总体情况分析，并对“中国特色科技馆体系”和“科技馆免费开放”等实践情况进行了分析。该章由李朝晖、任福君撰写。

第 11 章是科普人才队伍建设实践，分析了科普人才的分类，介绍了我国科普人才队伍发展的历程和现状及存在的问题，分析了我国科普人才队伍建设的典型案例，提出了我国科普人才队伍发展的建议。该章由任福君撰写。

第 12 章是科普活动实践，介绍了围绕“节约能源资源、保护生态环境、保障安全健康、促进创新创造”的纲要工作主题开展的全国性的大型重点科普活动实践，如“全国科普日”、“国家科技活动周”等的科普实践情况。该章由任福君、张志敏撰写。

第 13 章是我国公民科学素质的监测评估实践，简要介绍了我国 8 次公民科学素质调查的简况，重点介绍了第八次中国公民科学素质调查的开展背景、过程、调查数据的处理与分析、结果呈现及其影响等内容，并对 2013 年的科学素质调查实践做了概括介绍。该章由任福君、刘萱、任磊撰写。

第 14 章是《科学素质纲要》实施情况评估，主要从科普政策的实施评估角度评价科普工作的效果。主要内容有：科普政策评估，分析、研究了相关评价指标体系，评估过程及相关结果，重在分析、总结规律性的实践工作的经验、做法和成效，特别是可以推广示范的相关实践经验；科普项目评估，以已经开展的“科普惠农兴村计划”和“社区科普益民计划”实施效果评估等监测评估案例为对象，进行了分析研究；科普活动评估，以已经开展的“科普日”、“科技周”、“科学嘉年华”等监测评估案例为对象，进行了分析研究。该章由张锋、胡俊平、张志敏、任福君撰写。

我国的科普实践内容十分丰富多彩，由于篇幅和作者水平有限，本书也只是对我国科普实践的总体情况做了比较概括的描述和介绍，对我国科普实践的未来发展趋势没有做全面深入的分析和研究，应该说是一个遗憾。事实上，目前我国的科普实践正面临着前所未有的新形势：一是科学技术的高速发展为科普实践提供了丰富内容；二是创新型国家建设需要大量的科技后备军为面向青少年的科普实践提供了难得的发展机遇；三是网络技术等新技术的发展为科普实践拓展了新渠道；四是政策体系的完善为科普实践提供了坚实的制度保障；五是创新驱动发展打通科技经济通道为科普产业实践提供了重要平台，等等。因此，还有很多方面的科普实践没有或很少在本书中提及，例如，科普研究实践，科普工作的新机制形成的实践；科普信息化实践，科研与科普相结合的实践；民生科普、企业科普和高校科普实践；科普产业发展实践；热点、焦点科普等应急科普实践，等等。这些方面只能在将来再版时深入探讨了。

本书可以作为科技传播与普及和相关专业学生的教科书或者参考资料，也可以作为科普工作者和科普爱好者了解我国科普实践情况的参考读物。

在本书编写过程中，得到了中国科普研究所的资助，得到了中国科学技术出版社的大力帮助，得到了中国科普研究所很多同事的大力支持和帮助。因此应该说，本书是中国科普研究所研究人员集体智慧的结晶。同时，在本书的撰写过程中也参考了许多专家学者的论著，深受启迪。在此，对所有为本书出版做出贡献的人和单位深表谢意!

由于作者水平有限，加之我国科普实践的内容十分丰富，只用寥寥数十万字根本无法穷尽，因此，错误或挂一漏万之处在所难免，敬请各位读者和专家学者批评指正。

任福君

2014 年 8 月 15 日

目　录

第 1 章

我国科普制度和科普政策法规体系的建立

1.1 引 言

对于科技政策的含义，一般认为它是“政府为了促进科学技术发展以及利用科学技术为国家目标（国防、经济、社会、环境、健康等）服务而采取的集中性和协调性的措施，是科学技术与国家发展的有机整合。科技政策通常在国家层面上使用，它的主体是政府，但也可推广应用到区域组织和地方”[1]。科普政策是科技政策的重要组成部分。科普政策一般是指政府为了促进科普事业的发展以及利用科普为国家目标服务而采取的各种措施。科普政策主要包括政府及部门颁布的科普方面的法律、法规、规章、条例、政策性文件以及有关部门的章程、制度及党和国家领导人的重要讲话等[2]。经过几十年的发展，我国已经形成了比较系统的科普政策体系，我国的科普实践证明，科普政策为推动科普事业的发展发挥了重要的保障作用。

本章主要从国家科普体制的形成与发展、科普政策体系的构建、国家纲领性科普政策实施情况的解读以及未来科普政策法规建设展望几个部分，对我国科普政策及其影响等实践情况进行概括性介绍。

1.2 我国科普体制的形成与发展

政策工具是政府治理的有效手段和途径，是政策目标与结果之间的桥梁[3]，科普政策也不例外。科普是一项社会公益事业，政府可以通过制定和完善科普政策，营造有利于科技传播与普及的社会环境和条件，推动科普事业的发展。在我国，早在19世纪末西方先进科技传入之际就开始了相关的科技传播与普及活动，但是并没有形成有效的科普政策环境，直到新中国成立以后，才逐渐确立了国家科普体制。

1928年，国民政府成立中央研究院，目的在于“实行科学的研究”与“普及科学的方法”。1931年，陶行知先生首倡的“科学下嫁运动”，是民国时期有组织、有计划的科普实践活动的标志。即使在随后而来的抗日战争和解放战争年代，对科学的渴望、对科学思想及其价值的讨论也没有间断过。在抗日战争时期，相继成立了“自然科学研究会”、“晋察冀边区自然科学研究会”等带有科普性质的群众性科学团体，通过这些团体开展了一些科学研究和科普工作。例如，组织相关人员开展自然科学理论与应用问题的研究，开展“自然科学大众化运动”，开展自然科学与社会科学统一问题的研究，以及加强科学界的联盟工作，团结协作，共同反对封建倒退的一切反科学的行为和活动等。

新中国成立后，我国科普事业进入建制化发展时期。中央人民政府在文化部设立了科学普及局，负责领导和管理全国的科普工作。1950年8月，中华全国自然科学工作者代表会议在北京召开，在这次会议上成立了中华全国自然科学专门学会联合会（简称全国科联）和中华全国科学技术普及协会（简称科普协会），即新中国第一个科学组织和第一个科学技术普及组织。后来，科学普及局将相关工作移交给科普协会，使之成为我国科普工作的实际推动者和管理者。1958年，科普协会与全国科联合并，成立了中国科学技术协会（简称中国科协），从此我国的科普工作归入中国科协管理。在关于建立中国科协的《决议》中规定，中国科协的基本任务是“密切结合生产，积极开展群众性的技术革命运动”。在它的 6 项具体任务中，专门把学术交流和科技普及作为两个基本任务，明确规定要“总结交流和推广科学技术的发明创造和先进经验；大力普及科学技术知识；采取各种业余教育的方法，积极培养科学技术人才”。中国科协成立后，开展了多项科普性质的工作。如 1959 年，《中国科协工作规划要点（草案）》出台，指出“科协的工作应该围绕着解决生产中的关键性科学技术问题，总结、交流并推广生产中具有普遍意义的重大发明创造和先进经验”[3]。在“向科学进军”的背景下，科学家的科普活动同专职人员的科普工作、工农群众的科学实验活动紧密结合，成为这一时期我国科普的主要特征。在科普工作中，技术普及和技术教育占有很大的比重[2]。

这一时期的科普实践更多地体现为一种科学化运动，科学普及的主要内容包括一些实用的科学技术知识和基础科学理论，而研究工作的主要任务是研究如何围绕党和政府的需要、围绕生产生活需要开展科普活动[4]。

在 1966—1976 年的“文化大革命”期间，蓬勃发展的科普事业遭受了巨大的冲击。除了少数科普活动（如华罗庚先生推广“黄金分割法”等）之外，我国的科普工作几乎处于全面停顿状态。

1978 年后，我国的科普事业进入了恢复发展时期。全国科学大会于 1978 年 3 月 18 日召开，邓小平在开幕式上讲话，提出“四个现代化，关键是科学技术的现代化”，进而重申“科学技术是生产力”，强调“必须大力做好科普工作”。当时的国务院副总理方毅向大会作了“向科学技术进军”的报告，就如何“大力做好科学普及工作”，提出了普及主体、普及方式和普及对象等方面的具体要求。并强调要用现代化科学技术知识武装广大干部和群众，要学习国外先进科学技术和新科学技术成果，要在全社会造成一个爱科学、学科学、用科学的良好社会风气。我国科普事业再次迎来了蓬勃发展的新时期[2]。

20 世纪 80 年代末至 90 年代初，科普发展陷入低迷期，已有的科普政策发挥的作用也越来越弱化。这一时期，由于市场经济的不完整发展以及在经济变革中出现的许多不足，人们的价值取向发生了变化，新的“读书无用论”有所抬头，科普事业也受到了很大影响。由于种种原因，科普图书报刊由火爆跌入低谷。深受观众欢迎的科学教育电影，由于城市影院不再加演和农村放映队解体，导致无人观看而难以为继。科普宣传和科普创作在兴旺了10年之后受到了冷遇，科普阵地日渐萎缩，几乎成了被遗忘的角落[5]。伪科学也借此抬头，不仅在我国绝迹了几十年的封建迷信、巫婆、神汉都借科学的名义沉渣泛起，而且新的伪科学、伪技术，如占星术、“水变油”、“超浅水船”等也都打着新科学、新发现、新技术发明的旗号在全国被炒得沸沸扬扬[2]。科普事业呼唤新的科普政策早日出台。

1994年，中共中央、国务院发布了《关于加强科学技术普及工作的若干意见》。这是新中国成立以来，党中央和国务院共同发布的第一个全面论述科普工作的纲领性文件，论述了加强科普工作的重要意义。科普被置于“科学技术是第一生产力”和“科教兴国”的国家战略背景下，科普逐渐步入快速发展的新时期。此后，随着2002年《科普法》的颁布和2006年《科学素质纲要》的实施，科普成为政府推动、全社会积极参与的全民科学素质行动，迎来了前所未有的新的繁荣发展时期[6]。

1.3 我国的科普政策体系

新中国成立以来，科普进入了建制化发展阶段，成立了专门的科普组织机构，国家也为保障科普事业的发展陆续出台了相关政策。这些政策为全社会科普事业的发展指明了方向，同时也为各地开展科普工作创造了良好的社会环境，成为科普事业顺利开展的重要保障。

1.3.1 科普政策的分类与实施概况

1.3.1.1 科普政策的分类

新中国成立以来，发布实施了许多与科普内容相关的政策，包括各种法律、法规、规划、纲要、报告、决议以及领导人讲话等，形成了具有中国特色的科普政策体系。按照不同的分类标准，可以将这些科普政策分成以下几大类。

（1）按发布主体标准分类

根据发布主体可以把科普政策分为由国家（全国人大），党中央、国务院，中央或国家部委，地方（地方人大），地方党委或政府颁布的政策。

由国家（全国人大）颁布实施的涉及科普内容的相关法律法规。例如，《宪法》《科普法》，等等。

由党中央、国务院颁布的涉及科普内容的相关国家政策。例如，《关于加强科学技术普及工作的若干意见》《国家中长期科技发展规划纲要（2006—2020 年）》《关于加速科学技术进步的决定》《科学素质纲要》《关于深化科技体制改革加快国家创新体系建设的意见》，等等。

党中央和国家主要领导人关于科普内容的讲话。这些涉及科普内容的讲话通过中央、国务院发布，往往成为中央、国务院部委或地方制定相关科普政策法规的依据。例如，邓小平在 1978 年 3 月召开的全国科学大会开幕式上的具有重要历史意义的讲话（重申了“科学技术是生产力”这一马克思主义的观点）；胡锦涛总书记在纪念中国科协成立 50 周年大会上的讲话，等等。

中央或国家部委颁布的相关科普政策。由国家（中央）部委或其他机构，诸如中宣部、国家发改委、财政部、科技部、农业部、文化部、中华全国总工会、共青团中央、全国妇联、中国科协等联合或独立颁布的相关政策。例如，中宣部、国家科委、中国科协等联合发布的《关于加强科普宣传工作的通知》，中宣部、中国科协等 10 部委联合发出的《关于开展文化、科技、卫生“三下乡”活动的通知》，科技部、中国科协等 9 部委联合发布的《2000—2005 年科学技术普及工作纲要》，科技部、教育部、中宣部、中国科协、共青团中央印发的《2001—2005 年中国青少年科学技术普及活动指导纲要》，财政部颁布的《关于 2009—2011 年鼓励科普事业发展的进口税收政策的通知》，国家发改委、科技部、财政部、中国科协发布的《科普基础设施发展规划（2008—2010—2015）》，等等。

由地方（地方人大）、地方党委或政府发布实施的相关科普政策法规。例如，《山东省科学技术普及条例》《天津市科学技术普及条例》《广州市科学技术普及条例》，中共湖南省委、湖南省人民政府《关于进一步加强科协工作的意见》，等等[7]。

（2）按内容标准分类

科普政策按其所涉及的内容可以分为广义的科普政策和狭义的科普政策。

广义的科普政策指的是那些非专门性的，但其中某些内容与科普有关的政策。例如，《宪法》《中华人民共和国科学技术进步法》《关于加速科学技术进步的决定》《国家中长期科技发展规划纲要（2006—2020年）》，等等。

狭义的科普政策则指那些专门针对科普事业发展进行指导和规划的政策。例如，中共中央、国务院《关于加强科学技术普及工作的若干意见》《科普法》《科学素质纲要》，等等。

（3）按功能标准分类

根据相关政策的不同功能，可以将科普政策分为专门科普政策和科普相关政策。

专门科普政策是为科普事业的地位、作用、内容和规划提供政策导向与保障的政策，如《科普法》《科学素质纲要》等；或是针对具体领域制定的科普政策，如科普产品税收政策、科技类博物馆等科普基础设施建设等方面的政策、《科普基础设施发展规划（2008—2010—2015）》等。

科普相关政策是国家整体发展的战略规划，科普只是其中的组成部分，即涉及科普内容的其他相关政策。一般指与科普相关的国家领导人的讲话、国家发展的五年计划等。如胡锦涛总书记在纪念中国科协成立50周年大会上的讲话，《国家中长期科学和技术发展规划纲要（2006—2020年）》中的科普政策[8]。

1.3.1.2 科普政策实施概况

从历史发展来看，在新中国成立之初，并没有专门发布关于科普的政策法规。对于科普事业发展的指导和定位最早体现在国家和党的其他法律、法规、中央会议精神以及最高领导人的讲话和指示中。1949年9月，中国人民政治协商会议通过了具有临时国家宪法作用的《中国人民政治协商会议共同纲领》，其中第43条规定："努力发展自然科学，以服务于工业、农业和国防的建设。奖励科学的发现和发明，普及科学知识”。1954 年 9 月，《宪法》规定了“国家发展自然科学和社会科学事业，普及科学和技术知识”。在此背景下，《1956—1967 年科学技术发展远景规划纲要》（简称《科技十二年规划》）草案于 1956 年 8 月下旬完成，这是我国第一个全国性的科技发展远景规划，它标志着我国的科技事业走上了以科技政策为指导的有计划的发展阶段。《科技十二年规划》中提出，为了加速高级科学人员的培养，必须在保证质量的原则下，采取多种多样的有效措施。这个规划体现出科学普及工作是促进科学技术工作的重要手段。

前面已经提到，1994 年中共中央、国务院发布的《关于加强科学技术普及工作的若干意见》是新中国成立以来，党中央和国务院共同发布的第一个全面论述科普工作的纲领性文件。《关于加强科学技术普及工作的若干意见》提出了今后科普工作的中心任务，即“提高全民科技素质，保障国民经济持续、快速、健康发展，促进‘两个文明建设’”。《关于加强科学技术普及工作的若干意见》还根据我国经济、社会发展的具体情况，将当前科普工作的重点落实到科普工作的内容和科普工作的对象两个方面。第一方面，科学普及要从科学知识、科学方法和科学思想的教育普及等三个角度来进行，科学思想的教育和科学方法的传播被提到了议事日程上来；第二方面，科普的重点对象是青少年、农村干部群众和各级领导干部，科普活动的开展要面向不同特点的人群，有针对性、有步骤地进行。《关于加强科学技术普及工作的若干意见》中还就国家对科普的投入、如何利用大众传播媒介进行科普、如何利用现有资源开展科普等问题进行了宏观指导。

2002 年《科普法》的颁布是实施科教兴国和可持续发展战略，进一步加强科学技术普及工作的延续和深化。《科普法》分为六章三十四条，六章分别是总则、组织管理、社会责任、保障措施、法律责任以及附则。法律条文对《科普法》的立法宗旨和立法依据，科普法适用的范围，科普内容和科普活动方式，科普主体的权利义务和公民科普权利，科普事业的性质、任务等进行了原则规定。《科普法》指出，科普是全社会的共同责任，国家保护科普组织和科普工作者的合法权益、鼓励其自主开展科普活动、兴办科普事业，并对社会力量兴办科普事业进行了原则规定。法律明确了各级人民政府领导科普工作的职责，以及科学技术协会在科普工作中的法律地位和作用，并对科普的经费投入等方面进行了规定。

为了进一步贯彻落实《科普法》和《国家中长期科学和技术发展规划纲要（2006—2020年）》，也为了有针对性、有目的、有步骤地提高全民科学素质，在实践积累和深化研究的基础上，2006年，国务院颁布的《科学素质纲要》是我国当前科普发展的总体规划，将全社会力量融入参与到了科普事业中来。为了突破制约我国经济发展和社会进步的瓶颈之一，即公民科学素质水平低下的困境，解决我国人口受教育水平偏低，科学素质结构存在缺陷，以及社会教育、成人教育的发展不够全面和深入，解决科普长效运行机制欠缺，科普设施、队伍、经费等资源不足，大众传媒科技传播力度不够、质量不高等问题，《科学素质纲要》提出了科普工作开展的指导方针、主要目标、任务与措施等。

1.3.2 我国科普政策体系

新中国成立以来，科普工作受到了党和国家的重视。这与19世纪末科学在我国的引入及发展密切相关，19世纪末，西方国家的坚船利炮打开了中国的国门，让中国人认识到科学技术的重要性。中国的先进知识分子开始向西方寻求救亡图存、富国强民的途径，他们最先引进了西方的科学技术。科学（史称“赛先生”）作为一种舶来品在中国开始了人为的普遍传播和推广，科学普及因而作为一种“科学大众化”的运动得到了重视和开展。同时，关于科普的相关政策也逐渐迅速地建立起来。

1.3.2.1 我国科普政策体系的形成

（1）我国科普政策的发展演变

前述根据政策的功能将科普政策分为专门科普政策和科普相关政策的分类，在一定程度上反映了我国科普政策发展演变的特点。以1994年中共中央、国务院《关于加强科学技术普及工作的若干意见》文件的出台为转折点，我国的科普政策从作为包含在其他政策之中的科普相关政策，发展成为包含了科普相关政策和专门科普政策的我国科普政策体系。

1994年以前，我国的科普政策以“点”、“部分”、“部门职能”等形式散落于各种文件、政策、领导讲话、部门职能性要求等之中。

科普作为一个“点”被提及。例如，1949 年 9 月 29 日，中华人民共和国政治协商会议共同纲领的“第五章：文化教育政策”部分的第四十三条提到，“努力发展自然科学，以服务于工业农业和国防的建设。奖励科学的发现和发明，普及科学知识”。“普及科学知识”六个字体现了科普的存在。

科普作为“部分”内容委身于科技政策、农业政策、领导讲话等。例如，《科技十二年规划》中提到，“大力开展科学普及工作和群众性的业余科学活动，以培养爱好科学的风气及广大的科学后备军，为选拔优秀的培养对象提供良好条件”。在之后历次的科技规划中，都有部分涉及科普的内容。1979 年，党的十一届四中全会通过的《中共中央关于加快农业发展若干问题的决定》中提出，“实现农业现代化，迫切需要用现代科学技术知识来武装我们的农村工作干部和农业技术人员，需要有大批掌握现代农业科学技术的专家，需要有一支庞大的农业科学技术队伍，需要有数量充足、质量合格的农业院校来培养农业科技人才和经营管理人才。同时，要极大地提高广大农民首先是青年农民的科学技术文化水平。”前面提到过，在 1978 年全国科学大会上，国务院副总理方毅作了“向科学技术进军”的报告，用近 300 字的篇幅谈及“大力做好科学普及工作”，等等[9]。

科普作为“部门职能”体现在国家对相关部门的职能性要求之中。例如，前面已经提到过的新中国建立初期成立的科学普及局，其职能即为了领导和管理全国的科学普及工作；1950 年成立的全国科普协会即“以普及自然科学知识，提高人民科学技术水平为宗旨”。对于科普的具体指导性政策，也都体现在对这些相关部门的职能性要求之中，如 1953 年发布的《中央关于加强对科学技术普及协会工作领导的指示》，1954 年，中华全国总工会、中华全国科学技术普及协会联合发布的《关于加强科学技术宣传工作的联合指示》，等等。

1994 年被一些学者认为是中国科普政策的元年，开启了专门科普政策的时代。此后，逐渐形成了从国家（全国人大）、党中央、国务院层面，中央和国务院部委（机构）层面，到地方（地方人大）、地方党委和政府三个层面，以专门科普政策为主，辅之以科普相关政策的我国科普政策体系。

（2）国家（全国人大）、党中央、国务院层面颁布的专门科普政策

2002 年 6 月由全国人大颁布的《科普法》，是世界上首个国家科普法，标志着政府以法律的形式对科普工作进行了顶层设计。

1994 年 12 月，中共中央、国务院出台的《关于加强科学技术普及工作的若干意见》，成为我国有史以来第一个全面论述科普工作的纲领性文件，也是我国有史以来第一次公布于众的指导科普工作的官方文件。

2006 年 3 月，国务院颁发了《科学素质纲要》，这是我国历史上第一个提高全民科学素质的纲领性文件。《科学素质纲要》中提出的新概念、新方针、新规划、新措施，将对我国国民素质的提升、国家竞争力的提高、和谐社会的建设等产生广泛而深远的影响。

（3）中央和国务院部委层面出台的科普相关政策

围绕以上三个国家层面的科普政策，中央和国务院部委（机构）层面都相应出台了相关的科普政策。前面已经提到，这个层面的专门科普政策有很多，下面按照部门发布主体，介绍其中典型的几个。

由中宣部牵头、多部委联合发布的科普政策文件有：1996 年，由中宣部牵头，国家科委、中国科协联合发布的《关于加强科普宣传工作的通知》；2003 年 8 月，由中宣部牵头，中央文明办、科技部、文化部、国家广电总局、新闻出版总署、中国科协等联合发布的《关于进一步加强科普宣传工作的通知》，等等。

科技部发文或与多部委联合发布的科普政策文件有：1999 年，由科技部牵头，中宣部、中国科协、教育部、国家发展计划委员会、财政部、国家税务总局、国家广电总局、新闻出版总署联合发布的《2000—2005 年科学技术普及工作纲要》；2000 年 11 月，由科技部牵头，教育部、中宣部、中国科协、团中央联合发布的《2001—2005 年中国青少年科学技术普及活动指导纲要》；2006 年 11 月，科技部发布的《关于科研机构和大学向社会开放开展科普活动的若干意见》；2007 年 1 月，由科技部牵头，中宣部、国家发改委、教育部、国防科委、财政部、中国科协、中科院联

合发布的《关于加强国家科普能力建设的若干意见》，等等。

财政部发文或联合发布的科普政策文件有：2003 年 5 月，由财政部牵头，国家税务总局、海关总署、科技部、新闻出版总署联合发布的《关于鼓励科普事业发展税收政策问题的通知》。

中国科协发布的科普文件有：2005 年 11 月发布的《进一步加强农村科普工作的意见》，2013 年 6 月发布的《中国科协关于加强城镇社区科普工作的意见》等。

其他部委（机构）发布的科普政策文件有：2006 年 9 月，中科院发布的《关于印发中国科学院科学传播中长期发展规划纲要（2006—2020 年）的通知》；2008 年 11 月，国家发改委、科技部、财政部、中国科协共同制定的《科普基础设施发展规划（2008—2010—2015 年）》，旨在围绕《科学素质纲要》提出的战略目标和重点任务，充分发挥政府的主导作用，从国家层面强化总体战略部署，加强对科普基础设施建设和运行的宏观指导，等等。

同时，科普相关政策也同时存在于科技政策、农业政策等相关政策之中，与专门科普政策相辅相成，共同促进科普工作的全面开展。例如，1999 年 11 月，由中宣部牵头，中央文明办、科技部、农业部、文化部、卫生部、国家计生委、国家广电总局、新闻出版总署、共青团中央、中国科协联合发布的《关于进一步做好文化科技卫生“三下乡”工作的通知》；2007 年 10 月，农业部和中国科协牵头组织编写的《农民科学素质教育大纲》，从我国“三农”实际出发，明确了农民科学素质教育的主要内容，对增强农民科学意识，提高农民科学生产、科学经营、科学生活能力具有重要的指导作用，等等。

（4）地方（地方人大）、地方党委和政府层面出台的相关科普政策

围绕以上三个国家层面的科普政策，地方（地方人大）、地方党委和政府层面也相应出台了相关的科普政策。有的前面已经介绍过，这里再举几个例子：1999 年 8 月 14 日四川省第九届人民代表大会常务委员会第十次会议通过，2012 年 9 月 21 日四川省第十一届人民代表大会常务委员会第三十二次会议修订的《四川省科学技术普及条例》；2011 年 1 月 1

日起施行的《甘肃省科学技术普及条例》；吉林省人民政府 2006 年 11 月 13 日发布的《关于贯彻落实全民科学素质行动计划纲要的实施意见》等。

1.3.2.2 部门科普法制建设的开展[10]

《科普法》颁布之前，我国的部门科普法制建设已经在环境保护、水土保持、农业、食品卫生、防震减灾、职业病防治等领域逐步展开。

《中华人民共和国环境保护法》（1989 年）第 5 条明确规定了国家环保科普的义务;《中华人民共和国水土保持法》（1991 年）第 9 条明确规定了各级人民政府在水土保持科普方面的义务;《中华人民共和国农业技术推广法》（1993 年）第 3 条、第 13 条明确规定了农业技术推广服务组织和农民技术人员的农业科普义务;《中华人民共和国科学技术进步法》（1993 年）第 42 条明确规定了科技社团的科普义务;《中华人民共和国母婴保健法》（1994 年）第 5 条明确规定了国家母婴保健科普的义务;《中华人民共和国食品卫生法》（1995 年）第 33 条明确规定了食品卫生监督部门的食品卫生科普义务;《中华人民共和国固体废物污染环境防治法》（1995 年）第 6 条明确规定了国家及各级人民政府的固体废物污染环境防治科普的义务;《中华人民共和国节约能源法》（1997 年）第 6 条明确规定了国家节能科普的义务;《中华人民共和国防震减灾法》（1997 年）第 23 条明确规定了各级人民政府及相关部门防震减灾科普的义务;《中华人民共和国消防法》（1998 年）第 6 条明确规定了各级人民政府及相关行政主管部门的消防科普义务;《中华人民共和国气象法》（1999 年）第 7 条明确规定了国家气象科普的义务;《中华人民共和国职业病防治法》（2001 年）第 10 条明确规定了县级以上人民政府卫生行政部门和其他相关部门职业病防治科普的义务;《中华人民共和国清洁生产促进法》（2002 年）第 6 条明确规定了国家、社会团体、公众的清洁生产科普义务。

上述国家立法机关对相关领域的部门立法，明确了国家、各级人民政府、相关政府部门等的部门科普义务，在《科普法》颁布之前形成了部门科普法制建设相互促进的良好局面。

1.3.2.3 地方科普法制建设的开展[10]

《科普法》颁布之前，科教兴国战略和可持续发展战略的深入实施，迫切要求提高公民的科学文化素质。加之当时愚昧、迷信、伪科学、反科学在我国一些地方有所抬头，有的地方此类活动非常猖獗，对国家、对人民生命和财产造成的危害是相当大的。为此，我国有些地方加强了科普法制建设，出台实施了地方科普条例。

1995 年 11 月 15 日，河北省第八届人民代表大会常务委员会第十七次会议通过的《河北省科普条例》是我国最早出台的地方科普条例，填补了我国地方科普立法的空白，对落实党中央、国务院提出的科普工作法制化的要求，开创科普法制工作的新局面，产生了重要的影响，为国家科普法制的建设进行了有益的实践探索。《河北省科普条例》颁布之后，北京、天津、江苏、河南、湖南、广东、四川、陕西、宁夏、新疆、广州、沈阳、抚顺等十几个省（市、自治区）和城市先后制定并实施了相应的科普地方性法规，地方科普法制建设由此逐步展开。这些地方性科普法规和规章有力地推动了我国的科普法制建设实践。

（1）以法定定义的方式明确了科普的内涵

例如，《天津市科普条例》（1997 年）第 2 条规定，本条例所称科学技术普及（以下简称科普），是指用公众易于理解和接受的方式，将科学知识、科学思想和科学方法向公众传播推广的行为。这种规定的最大创新在于：将“科普”的内涵上升为明确的法定定义，并以法定概念的方式规定了科普的方式和科普所包括的内容。

（2）对科普的基本法律原则作了明确规定

《科普法》颁布前，我国地方科普法规结合当时的科普实践，在地方科普条例的总则中明确规定了科普的科学性、公益性和社会性等基本法律原则。例如，《北京市科普条例》（1998 年）第 5 条规定，科普工作应当坚持科学态度。在科普活动中不得将违背科学原则和科学精神或者尚无科学定论的主张或者意见，作为科学知识传播和推广。禁止以科学为名从事封建迷信、反科学、伪科学的活动。禁止以科学为名传播不健康、不文明的生活方式和有损社会公共利益的内容。

（3）明确规定了科普组织和科普工作者的权利和义务

例如，最早颁布的《河北省科普条例》第 24 条规定，担负科普工作的单位、团体和人员享有下列权利：依法创办或者参加科普组织，自主地开展活动；组织或者参与科普理论研究，科普创作，编辑、出版科普读物及音像制品；接受国内外组织和个人为发展科普事业而提供的资助、捐赠；获得名誉、荣誉、奖励和有关知识产权；为加强和改进科普工作提出批评或者建议；国家法律、法规规定的其他权利。第 25 条规定，担负科普工作的单位、团体和人员应当履行下列义务：坚持科学真理，宣传科学技术是第一生产力的思想；传播、普及科学技术知识，推广应用科学技术成果；开展或者参加科学技术教育活动；同封建迷信、愚昧落后现象作斗争，抵制反科学、伪科学行为；国家法律、法规规定的其他义务。

这种权利和义务的设置使得地方科普法制在规范科普行为的过程中有了更为明确的权利和义务指引，形成了较为有效的激励和约束机制。

（4）初步建立了地方科普法制的法律责任体系

《科普法》颁行之前，在我国地方科普法制建设中，科普的法律责任体系逐步在地方科普条例中建立。1998 年颁行的《北京市科普条例》还对科普的民事责任首次作了规定，强调违反条例规定，侵害科普工作者和公民的合法权益并造成损失的，依法承担民事责任。其他地方的科普条例也都规定了相应的科普行政责任、刑事责任。《科普法》颁行之前，我国地方科普法制建设中已经形成了科普的行政责任、刑事责任和民事责任的基本法律责任体系。

（5）科普工作中的若干重要制度以法律的形式得到了确立

《科普法》颁行之前，1994 年，中共中央、国务院发布实施了《关于加强科学技术普及工作的若干意见》，明确了我国科普领域的一些重大政策，提出了加快科普工作立法的步伐，使科普工作尽快走上法制化、制度化的轨道。随后的科普实践中，也先后出台了一些专门的、具体的科普政策，主要有：1999 年 12 月，科技部、中宣部、中国科协、教育部等 9 部门联合印发的《2000—2005 年科学技术普及工作纲要》；2000 年 11 月，科技部、教育部、中宣部、中国科协和共青团中央联合发布的《2001—2005 年中国青少年科学技术普及活动指导纲要》；2001 年 3 月，国务院将每年 5 月的第三周定为“科技活动周”，在全国范围内开展群众性科学技术活动。上述科普政策在我国各地的科普实践中形成了一些行之有效的制度，这些制度急需规范化、法制化。

《科普法》颁行之前的地方科普法制建设正是适应了这一要求，明确了一些重要的科普制度。如 1998 年颁行的《北京市科普条例》，明确了科普的组织与管理体制及相应的科普工作联席会议制度、科普的社会责任制度、科普场馆面向中小学生的优先和免费制度、科普奖励和科普工作者的职称晋升制度、科普扶持和科普税收优惠制度及科普经费保障制度等。正是通过地方科普法制的建设，才使我国的一些重要科普制度逐步以法律的形式得以确立。

1.4 《科学素质纲要》解读

2006 年 3 月，国务院颁发的《科学素质纲要》成为现阶段指导科普工作的纲领性文件，其中对科普在未来 15 年中的走向提出了新理念、新方针、新规划和新措施。下面对这一国家科普战略进行概要性的分析和解读[11]。

1.4.1 公民科学素质建设战略目标

公民基本科学素质是指了解必要的科学技术知识，掌握基本的科学方法，树立科学思想，崇尚科学精神，并具有一定的应用它们处理实际问题、参与公共事务的能力。提高公民科学素质，对于增强公民获取和运用科技知识的能力、改善生活质量、实现全面发展，对于提高国家自主创新能力、建设创新型国家、实现经济社会全面协调可持续发展、构建社会主义和谐社会，都具有十分重要的意义。

针对社会需求，从国家战略层面出发，《科学素质纲要》围绕公民科学素质建设这一核心提出政策目标。长期的目标是：到 2020 年，科学技术教育、传播与普及有长足发展，形成比较完善的公民科学素质建设的组织实施、基础设施、条件保障、监测评估等体系，公民科学素质在整体上有大幅度的提高，达到世界主要发达国家 21 世纪初的水平。中期的目标是：到 2010 年，科学技术教育、传播与普及有较大发展，公民科学素质明显提高，达到世界主要发达国家 20 世纪 80 年代末的水平。

1.4.2 实现公民科学素质建设战略目标的任务

为实现公民科学素质建设战略目标,《科学素质纲要》实施主要围绕十六字方针、四个重点人群（在“十二五”期间增加到五个）和四项基础工程（在“十二五”期间增加到五项）展开。十六字方针是:“政府推动，全民参与，提升素质，促进和谐”。也就是说，在今后的科普工作中，政府是组织领导者，社会各界都是参与者，公民既是参与主体又是利益受体。五个重点人群分别是：未成年人、农民、社区居民、城镇劳动者、领导干部和公务员。五项基础工程是：科学教育与培训、科普资源开发与共享、大众传媒科技传播能力建设、科普基础设施、科普人才建设。

图 1-1 是《科学素质纲要》实施体系简图。该简图描述了落实《科学素质纲要》，推进全民科学素质建设的指导方针、工作机制、参与主体和对象以及主要任务等概况。

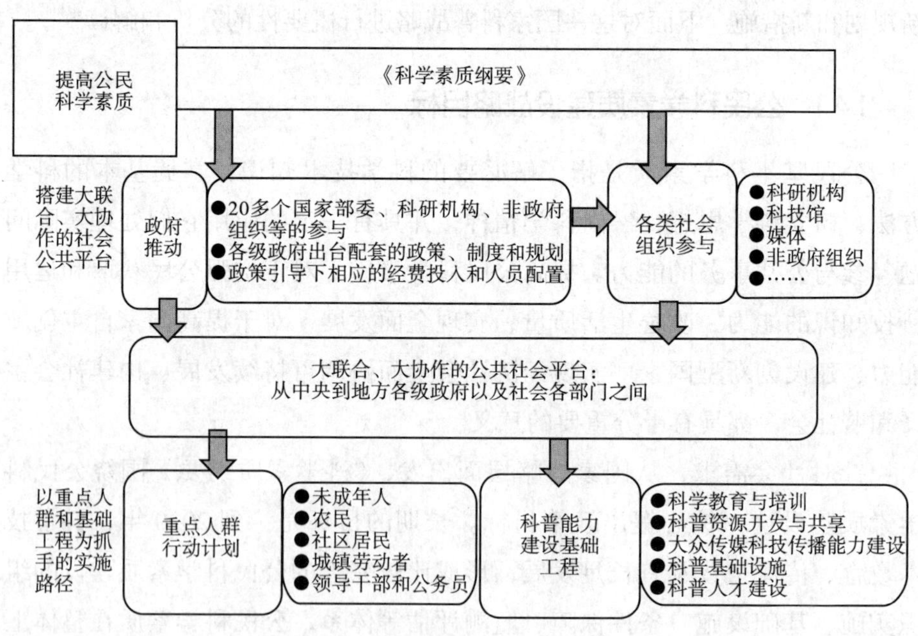

图 1-1 《科学素质纲要》实施体系简图 [12]

《科学素质纲要》围绕公民科学素质建设最关键、最具基础性的问题，力图从以下方面实现相关的战略目标。

（1）明确工作主题

以“节约能源资源、保护生态环境、保障安全健康、促进创新创造”为工作主题，促进科学发展观在全社会的树立和落实。

（2）以重点人群科学素质行动带动全民科学素质的整体提高

到 2020 年，实施《科学素质纲要》的任务目标是：未成年人对科学的兴趣明显提高，创新意识和实践能力有较大增强；农民、社区居民和城镇劳动者的科学素质有显著提高，城乡居民科学素质水平差距逐步缩小；领导干部和公务员的科学素质在各类职业人群中位居前列。

（3）以基础工程建设为抓手提升公民科学素质

通过全民科学素质行动计划的实施，使科学教育与培训、科普资源开发与共享、大众传媒科技传播能力、科普基础设施、科普人才建设等公民科学素质建设的基础得到加强，公民提高自身科学素质的机会与途径明显增多。

同时，在国务院的领导下，由国家部委、科研机构和非政府组织共 23 家单位联合成立了全民科学素质纲要实施工作办公室（简称纲要办），负责《科学素质纲要》实施的具体指导和协调工作，截至 2014 年年初，纲要办成员单位已经增加到 34 个。地方政府负责《科学素质纲要》在当地的实施工作，也成立了与国家对应的相关组织机构，制定了配套政策，并加大了相应的经费投入和人员配置。全国（大陆地区）31 个省（市、自治区）和新疆生产建设兵团都在各地党委、政府的领导下，建立了由科协、组织、宣传、教育、科技、农业、人力资源社会保障等部门组成的科学素质工作领导小组或《科学素质纲要》实施办公室。全国 90% 以上的地（市、州）、80% 以上的县（市、区）都建立了相应的实施工作组织机构。

此外，为了保证以上任务的顺利完成，《科学素质纲要》还提出了三个保障条件的建设，即政策法规、经费投入和队伍建设。例如，在经费保障方面，根据中国科普统计数据，2006 年政府科普经费投入为 32.50 亿元，2008 年至 2012 年政府科普经费投入分别为 47 亿元、58.94 亿元、68.08 亿元、72.59 亿元和 85.04 亿元[13, 14]。

《科学素质纲要》实施以来，有效整合了科普的物质资源和人力资源，多方面改善和推进了科普工作，提高了公民的科学素质。根据中国科普研究所完成的第八次中国公民科学素质调查结果，中国公民具备基本科学素质的比例从 2005 年的 1.60% 提高到 2010 年的 3.27%。这一结果也从一个角度充分体现了国家科普政策法规体系的作用。

1.4.3 社会活动平台为公众参与科普活动提供条件

在政府推动和各类社会组织的通力配合下，搭建起了以多个国家部委为主，各类社会组织参与的“大联合、大协作”的矩阵式社会公共平台，为公众多方参与科普活动创造了有利条件。

（1）针对不同人群的需求开展多渠道、多形式的科普活动

包括：大型群众性科普活动，如科普日、科技周等；多种形式和途径的校外、课外科学教育活动；以科技场馆为基础的科普展览、实验、演示等活动；在职职业技能培训；各种形式的科技下乡活动；以科研成果为基础的科普宣传活动，如科普报告、实验室开放日、专题科普讲座等；大众媒体的科普栏目、节目等。

公众参与较多，至 2013 年年末，近 5 年全国各地组织开展的各具特色的科技类活动，直接参与公众突破 5 亿人次。中国科学技术馆新馆自 2009 年 9 月向公众开放以来，累计接待观众 1000 余万人次，最高日接待 3 万多人次。

（2）参与科普活动平台搭建的社会机构具有多样性

科研机构、高等院校。一批科研机构、高等院校向社会开放。

科技类博物馆。根据科技部发布的中国科普统计数据，到 2012 年年末，全国共有建筑面积在 500 平方米以上的各类科普场馆 1735 个。在这些场馆中，科技馆 364 个，科学技术博物馆 632 个，青少年科技馆（站）739 个。2012 年，全国科技馆共有 3422.45 万参观人次；全国科学技术博物馆共有 8786.87 万参观人次[13, 14]。

社区等基层组织。各地科普宣传栏、科普活动室、农家书屋、青少年活动室等基层科普设施覆盖面不断扩大。以山西为例，科普活动站和宣传

栏建设已覆盖 60% 的行政村。

各类媒体。根据科技部发布的中国科普统计数据，2012 年，全国共出版科普图书 0.66 亿册，出版科普期刊 1.39 亿册，科技类报纸总印数 4.11 亿份；在各类科普活动中，共发放科普读物和资料 11.73 亿份。2012 年，全国广播电台播出科普（技）节目总时长为 16.29 万个小时，电视台播出科普（技）节目总时长为 18.44 万个小时。我国现在已经拥有各类科普网站 600 多个。到 2013 年年末，中国数字科技馆总注册用户数达到 13.6 万，公众访问量超过 1.7 亿人次，每天下载量达到 24.5G。

非政府组织。例如，华硕集团出资 5000 万元，在大陆建立起 1000 个图书室（农家书屋等）；在民间科普组织中，科学松鼠会越来越具影响力。

1.5　我国科普政策体系建设展望

从我国科普政策的发展和演进态势来看，未来我国科普政策体系建设将着力在以下几个方面展开[10，15–18]。

1.5.1　权利与义务设置将更加明确

《科普法》对社会各界的科普义务作了相应的规定，但对科普工作者、科普组织等相关科普主体的权利和义务规定比较概括，有的甚至没有规定，致使权利和义务对各类科普主体的激励与约束机制没有得到应有的发挥。尽管地方科普法制建设中对这一问题进行了有益的探索性实践，但尚不完善和健全。

在今后的科普法制建设中，应该尽早制定《科普法》实施细则或进一步修订《科普法》，结合我国科普发展新趋势和各类科普主体在科普活动中的关系，进一步明确各类科普主体的权利和义务。尤其是要明确各类科普主体的权利和义务的内容、形式、行使和履行的方式及滥用权利和义务履行有瑕疵时应当承担的责任，这样才能增强科普法制的执行力，促进科普法制的有效贯彻和实施。

1.5.2 制度安排将更加细化

现有的科普相关政策在诸多制度的安排上规定得比较原则、比较概括，以至于在实施中，诸多制度落实和贯彻起来比较困难，实践中存在着“最后一公里”的遗憾。例如，科普基金制度至今没有很好地建立起来；科普税收优惠制度的规定至今在很多地方没有很好落实；科普产业发展的制度设计更是由于规定过于概括而没有很好的执行力等[15]。

在今后的科普法制建设中，将会在上述制度安排上更加注重操作性和可执行性，更加注重制度设计的微观化。在科普基金制度安排上将会有更加明确鼓励设立的法律理念，同时，在科普基金的设立、科普基金的用途、科普基金的运营及其监管上设置细化的制度与措施；在税收优惠制度的设计上将会参考文化产业和高新技术产业发展税收优惠制度的设计，在税收优惠对象的认定、税收优惠的类型、税收优惠的常态化等方面设置细化的操作性制度与措施。科普产业、科普人才、科普资源共建共享、应急科普及其能力建设、科普的国际交流与合作等均应该设置相应的更具有实施性的制度安排。

1.5.3 责任体系将更加完善

法律责任体系是否完善直接影响法律制度的约束力及其相应的执行力和实施效果。显然,《科普法》在法律责任体系方面仍有很大的完善空间。一是行政法律责任中，相关部门和政府公共服务职能部门中相关的行政责任设置有待完善。二是民事法律责任中，科普行为过程中出现的侵权法律责任、知识产权法律责任尚未规定，这方面的责任及其承担责任的方式有相当大的创新与完善空间。此外，由于科普活动的广泛发展，增设更多的科普行为中民事法律责任的承担方式也日益迫切，如赔礼道歉、恢复名誉、返还原物等。三是刑事法律责任与相关刑法罪名的规定之间的衔接还有很多需要改进和完善的地方，这样使得科普行为中的犯罪行为能够受到更为有力的法律约束。

1.5.4　公民科学素质建设将更加规范化和制度化

公民科学素质的提高已经成为我国当代科普的重要职责和使命，在深入实施《科学素质纲要》的实践中，公民科学素质建设已经形成了一套行之有效的规章制度，公民科学素质的推进原则、实施对象、重点行动、主要基础工程、保障措施和组织实施已经有了切实的推进制度设计和相应的推进机制。这些作为我国当代科普的重要实践成果，无疑会在《科普法》的修订和完善中加以规范化和制度化，以加强公民科学素质建设的科普法制保障。

1.5.5　科普发展的关键领域和新兴领域推动科普法制创新

随着社会发展的信息化、知识化和网络化发展，我国的科普工作也在全方位、多层次、宽领域地推进和深化，科普发展的诸多关键领域和新兴领域急需科普法制的创新。

例如，网络科普的发展，对网络科普作品创作、传播提出制度化的推进要求；数字新媒体的发展，对大众传媒科普的法律义务和责任有了更多要求；国家重大科技项目和重大工程的广泛深入推进，对科研与科普结合、重大工程项目与科普结合提出了更加迫切的要求，这方面急需有相应的制度创新加以规范；当代科技发展的民生化趋向对科普的民生化发展提出了更为直接和更加迫切的要求，尤其是农村科普和城乡社区科普急需有切实可行的推进制度安排和推进措施，这些均需要进行相应的基层科普法制创新。

参考文献

[1]樊春良. 全球化时代的科技政策 [M]. 北京：北京理工大学出版社，2005：2-3.
[2]任福君. 新中国科普政策的简要回顾 [N]. 大众科技报，2008-12-16.
[3]佟贺丰. 建国以来我国科普政策分析 [J]. 科普研究，2008，4：22-26.
[4]中国科学技术协会组织宣传部. 中国科学技术协会简史 [M]. 北京：中国科学技术协会，1988.
[5]申振钰. 中国科普历史考察（连载）[N]. 大众科技报，2003-2-18—2003-3-20.
[6]任福君. 科学就在你身边——谈谈我国的科普政策与科普事业 [A] // 周立军，等. 名家讲科普. 中国出版集团中国对外翻译出版公司，2009，11：124-142.
[7]科学技术部政策法规司. 中国科普法律法规与政策汇编 [M]. 科学技术文献出版社 2013，5：20-135.
[8]刘立，常静. 中国科普政策的类型、体系及历史发展初探 [A] // 中国科普理论与实践探索——2009《科学素质纲要》论坛暨第十六届全国科普理论研讨会文集. 北京：科学普及出版社，2009：220-224.
[9]李志红. 中国历次科技规划中的科普政策 [A] // 中国科普理论与实践探索——2009《科学素质纲要》论坛暨第十六届全国科普理论研讨会文集. 北京：科学普及出版社，2009：60-64.
[10]张义忠，任福君. 我国科普法制建设的回顾与展望 [J]. 科普研究，2012，3：7-15.
[11]程东红，尹霖. 中国的科普政策 [A] //2011 PCST 国际会议报告. 2015，5.
[12]任福君. 加强科普能力建设的几点思考 [A] //2013 中华医学会年会科普报告. 2014，01，08.
[13]科技部. 中国科普统计（2012 年版）[M]. 北京：科普技术文献出版社，2012：58.
[14]2012 年度全国科普统计数据发布 [N]. 科技日报，2013-12-25.
[15]任福君，翟杰全. 科技传播与普及概论 [M]. 北京：中国科学技术出版社，2012.
[16]Ren Fujun. Science Communication in China—Current status and effects [A] // Patrick Baranger and Bernard Schielke.Science Communication Today. Nancy：CNRS EDITIONS，2012，11：282-301.
[17]Ren Fujun.The Connotation and Goal of Science Popularization in Modern China. Journal of Science Temper [J]. Vol. 1，2013（1）：29-45.
[18]Ren，F. J，Zhai，J. Q. Communication and Popularization of Science and Technology in China [M]. Heidelberg：Springer Press & China Science and Technolgy Press，2014.

第 2 章

面向未成年人的科普实践

2.1 引 言

青少年是祖国的未来，科学的希望。开展面向未成年人[①]的科学素质行动，提高未成年人科学素质，将为今后经济和社会发展奠定重要的创新型人力资源储备基础，同时也是实现到 21 世纪中叶我国成年公民具备基本科学素质这一长远目标的关键所在。提升未成年人的科学素质，是社会和个体发展的共同需求。从社会发展来讲，公民科学素质的整体水平直接影响到国家的综合竞争力，作为未来公民重要组成部分的未成年人是国家发展的后备人力资源，其科学素质对国家今后的发展具有重要的影响。因而，提高未成年人的科学素质，不但是创新型人才储备的源泉，也为今后经济和社会的发展奠定了重要的人力资源基础。从个体发展来讲，提高个人的科学素质，对于增强公民获取和运用科技知识的能力、改善生活质

---

① 《中华人民共和国未成年人保护法》第二条规定，“未成年人是指未满十八周岁的公民”。对青少年有多种界定，一般指介于童年与成年之间的阶段。按照世界卫生组织的定义，青少年是指年龄为 13—19 岁的人。文中未对青少年与未成年人进行明确区分，两者均指 6—18 岁公民。由于科普实践活动的对象有一定的年龄限制，所以，本章不介绍与学龄前儿童相关的科普实践。

量、实现全面发展、提高处理实际问题和参与公共事务的能力具有重要的影响。未成年人是未来社会的公民主体，因此，具备较高的科学素质有利于未成年人今后的生存和发展。

《科学素质纲要》将未成年人列为科学素质工作的重点人群之一，并明确提出到2020年的目标是“未成年人对科学的兴趣明显提高，创新意识和实践能力有较大增强”。从根本上讲，学校教育是学生科普实践的主要渠道，对学生科学学习具有决定性的影响。但是发生在学校课堂内的科学学习，教学过程是以一种有组织的方式进行的，学生和教师被安排在一起，学习预先设计好的内容，学习过程缺乏自主性。而且由于正规学习强调要完成课程目标和课程安排，因而很难对学习者的非学科知识和课堂以外的经历进行考虑与评价。但是，发生在课堂外的非正式学习，为学生提供了一种自由的学习场所，使学习者可以从日常经验和环境中获得并积累知识，进而形成个体的态度和见识。

非正式学习在培养学生科学素质方面具有不可忽视的作用，目前我国学生的大多数科普实践经历，尤其是课外实践和动手活动都是在非正规学习环境中获得的。20世纪90年代，学者惠灵顿就对课堂学习与非正式学习的主要特点进行了区分[1]，指出正规学习是发生在课堂内的，具有强迫的、闭锁式、教师领导、以教师为中心、较少社会交往等特点；而非正式学习则是发生在教室之外的其他场所，具有自愿的、开放式、学习者领导、以学生为中心、较多社会交往的学习。非正式学习有很多课堂教育所不具备的优点，如学习场所更自由，学习活动以学生为中心，这些特点可以补充课堂教育在学生科学学习上的不足，因此课堂教育之外的科学学习可以与课堂学习成为相辅相成的两部分[2]。实际上，根据非正规教育不同学习环境的特点，可以将其分为三类：日常生活环境（Everyday informal environments）、可设计的环境（Designed environts）、课后及成人项目（After-school and adult programs），其中，可设计的环境、部分课后及成人项目是可以在科技馆或活动中心等环境中进行的。目前国内外很多非正式的科学学习都发生在这两类环境中[3]。

科普场馆内的学习、科技竞赛、青少年科技体验活动等科学学习和科普实践活动都发生在非正规的学习环境中，是培养未成年人的科学兴趣和动手实践能力的关键，是课堂科学教育不可缺少的重要补充，是提高未成年人科学素质的重要基石和保证。

2.2　我国未成年人科普实践简要回顾

新中国成立以来，我国青少年科技教育和科普实践取得了重要成就。尤其是进入 21 世纪，受国际科学教育快速发展趋势的影响，我国科学教育也不断革新和发展，学校科学教育中开始更多关注学生的动手实践。2006 年颁布的《科学素质纲要》也促进了青少年校外科技实践活动等非正式科学学习的进一步发展。

2.2.1　新中国成立以来至 20 世纪末未成年人科技教育发展历程

新中国成立之初，我国适龄儿童小学入学率不到 20%，文盲率高达 80%，农村的文盲率更是高达 95% 以上。1950 年，全国工农教育会议确定，工农教育首先以识字教育为主，这就是扫盲运动，一直持续到 20 世纪 50 年代末期。至“文化大革命”之前，我国的教育以及面向青少年的科技教育是不断前进发展的。在经历了“文化大革命”期间的停滞之后，1983 年，邓小平同志提出“教育要面向现代化，面向世界，面向未来”，为教育改革指明了方向。1986 年，全国人大六届四次会议通过《中华人民共和国义务教育法》，20 世纪 90 年代，我国政府提出“科教兴国”，加紧普及义务教育成为重要环节。自 20 世纪 80 年代以来的教育体制改革逐渐显出成效，国家于 2000 年 3 月开始制定各学科课程标准。青少年科技教育与科普实践也正是在教育的不断发展中前行的。

青少年校外科普实践在“文化大革命”之后进入蓬勃发展时期。1979 年 11 月，中国科协、教育部等在北京举办了首届全国青少年科技作品展览。这次展览得到了党和国家领导人的重视，邓小平同志为活动题词：“青少年是祖国的未来，科学的希望。”本次展览既是全国青少年科技创新大赛的前身，也是我国青少年科普实践活动的一个里程碑。目前，全国青少年科技创新大赛每年举办一次，是我国中小学各类科技活动优秀成果集中展示的一种形式，已成为我国面向在校中小学生开展的规模最大、层次最高的青少年科技教育活动。

同时，受国际科学教育趋势的影响，学校教育开始注重科学知识的学习、科学精神和动手实践能力的培养，通过课堂学习与课外动手等形式为未成年人提供科技学习和实践的机会。

2.2.2 21世纪以来未成年人科普实践历程

1999 年 6 月，中共中央颁布《关于深化教育改革，全面推进素质教育的决定》，提出进行素质教育的大方向。2000 年 3 月下旬，我国开始制定各学科课程标准。2001 年，多个学科多套课程标准教材开始在全国学校中使用。至 2005 年秋季，所有中小学生都已进入新课程学习。2001—2006 年，随着中小学校课程改革的推进，学生逐渐开始使用按照新课程标准编写的教材，以学生为中心的教育模式逐步形成，探究式教学方式在全国展开。这是未成年人科学素质培养在 21 世纪的起始。新的科学课程标准第一次明确了科学课程目标是全面提升学生的科学素养。通过科学课程的学习，学生将保持对自然现象较强的好奇心和求知欲，养成与自然界和谐相处的生活态度；了解或理解基本的科学知识，学会或掌握一定的基本技能，并能用它们解释常见的自然现象，解决一些实际问题；初步形成对自然界的整体认识和科学的世界观；增进对科学探究的理解，初步养成科学探究的习惯，培养创新意识和实践能力；形成崇尚科学、反对迷信、以科学的知识和态度解决个人问题的意识；了解科学技术是第一生产力，初步形成可持续发展的观念，并能关注科学、技术与社会的相互影响。2011 年，教育部印发义务教育学科课程标准（2011 版），其中，初中科学等课程明确提出要以培养学生的科学素质和实践能力为目标，继续全面推动提升未成年人科学素质工作。

2006 年 2 月，国务院颁布了《科学素质纲要》，将未成年人列为提升科学素质的重点人群之一，并明确了提高未成年人对科学的兴趣，增强未成年人创新意识和实践能力的目标。《科学素质纲要》与学校素质教育紧密呼应，提出建立联合协作的模式，全社会共同致力于培养未成年人的科学素质。从 2006 年至今，教育部、中国科协等 23 个部（委）及地方相关部门按照“大联合、大协作”的方针，共同开展面向青少年的科普活动和科普实践，激发青少年对科学的兴趣，提高青少年的科学素质，取得了良好的培养效果。

在推动校内外共同进行科学实践方面，“做中学”项目在幼儿园和小学推进基于动手做的探究式学习和科学教育，着力提高幼儿园和小学的科学教育水平，培育未成年人科学的学习方式和生活方式。该项目的实施推动了全社会对学前和小学科学教育的关注，搭建了各部门共享科学教育资源的良好平台，还培养了一批掌握科学的教学模式和方法的骨干教师。

在校外科技实践方面，以创新大赛、青少年科技创新奖为代表的青少年科技类竞赛活动蓬勃开展，培养和选拔了大批青少年科技后备人才。创新大赛系列活动受到广大学生和教师的欢迎，每年有数百万人次的青少年参加不同层次的创新大赛，极大激发了青少年对科学的兴趣。青少年调查体验活动自 2006 年以来已连续举办了 8 年。活动开展以来，覆盖了全国 31 个省（市、自治区）及新疆生产建设兵团，每年有超过 300 万名青少年参与活动。“大手拉小手——科普报告希望行”活动紧紧依靠广大科技专家，在全国不同地区、不同层面的青少年中，广泛开展科普报告和青少年科学体验、科学实践等活动[4]。

在校外科技活动场所建设方面，科技部、教育部和中国科协等部门全面推动全国科技场馆、科普教育基地和国家数字科技馆的建设与发展。2006 年 4 月，中共中央办公厅、国务院办公厅印发了《关于进一步加强和改进未成年人校外活动场所建设和管理工作的意见》，并发出通知要求各地各部门结合实际，认真贯彻执行。教育部、科技部、国家发改委、中国科协、中科院、自然科学基金会等部门推动《关于科研机构和大学向社会开放开展科普活动的若干意见》落到实处，为学生到科技馆、天文馆等校外活动场所以及科研院所和企事业单位进行社会实践提供便利条件。截至 2012 年年底，全国共有建筑面积在 500 平方米以上的各类科普场馆 1735 个，比 2011 年增加了 54 个。在这些场馆中，科技馆 364 个，科学技术博物馆 632 个，青少年科技馆（站）739 个，分别比 2011 年增加了 7 个、13 个和 34 个[5]。这些科普场馆的建设为未成年人进行科技活动提供了重要的基础保障。

2.3 提升未成年人科学素质的实践探索

目前，我国面向青少年的科普实践以科技竞赛、各类体验活动和项目培训等课堂之外的非正式科学学习为主。下面分别对这几类科普实践进行简单介绍。

2.3.1 科技竞赛实践

我国科技竞赛一般由教育部及相关部门负责，面向中小学生开展。科技竞赛有助于培养青少年学生的创新意识，锻炼和提高学生的科技实践能力，同时是选拔和储备青少年拔尖科技人才的重要途径。自《科学素质纲要》颁布以来，教育部、共青团中央和中国科协等部门进一步规范了全国青少年科技创新大赛、奥林匹克学科竞赛、中国青少年机器人竞赛、“明天小小科学家”奖励等活动，确保竞赛的公正性和公平性。科技竞赛在培养青少年创新精神和实践能力的同时，提高了青少年的科技素质，促进了优秀人才的涌现。

（1）全国青少年科技创新大赛

全国青少年科技创新大赛是由中国科协、教育部、科技部、国家环保总局、国家体育总局、自然科学基金委、共青团中央和全国妇联联合主办的青少年学生科技竞赛和展示。1979 年，中国科协、教育部等在北京举办了首届全国青少年科技作品展览，这是全国青少年科技创新大赛的前身。中国科协牵头先后举办了两项全国性的大型青少年科技活动，即全国青少年发明创造比赛和科学讨论会（开始于 1982 年，2000 年更名为全国青少年科技创新大赛）和全国青少年生物与环境科学实践活动（开始于 1991 年）。这两项活动均为两年举办一届，隔年交替在全国各地轮流举行。举办全国青少年科技创新大赛的根本宗旨在于推动青少年科技活动的蓬勃开展，培养青少年的创新精神和实践能力，提高青少年的科技素质，鼓励优秀人才的涌现；提高科技辅导员队伍的科学素质和技能，推进科技教育事业的普及与发展。

表 2-1 对 2008 年以来的青少年科技创新大赛情况进行了简单梳理和统计[6]。从表中可以看到，每年的青少年科技创新大赛都为一定数量的青少年提供了展示科技实践作品的机会。

表 2-1 青少年科技创新大赛学生入围情况（2008—2012 年）

年 份	2008	2009	2010	2011	2012
获奖学生项目（个）	413	425	391	351	358
入围科幻画（幅）	503	976	152	176	175
入围科技实践活动（项）	160	347	180	148	140

除了入围的学生之外，青少年科技创新大赛还吸引着大量的青少年进行科技实践活动。2002 年，在对全国进行第三次全国青少年创造能力培养社会调查和对策研究的同时，对入选第 17 届全国青少年科技创新大赛决赛的中学生群体进行了创造力培养的问卷调查，调查显示，“与 2002 年全国青少年创造能力培养社会调查相比，入选创新大赛中的学生群体对脑科学（包括创造性思维）的认知明显高于前者；其自评具有初步创造人格特征的比率是 26.3%，为全国调查的 3.6 倍；其自评具有初步创造力特征的比率是 49.0%，为全国调查的 2.3 倍；入选创新大赛中的学生群体亲身体验过科学探究全过程和技术创新全过程的比率均超过了半数，远高于全国调查水平。研究表明，在参与科技创新大赛系列活动的过程中，青少年的创造人格得到了升华，他们的科技素质得到了提高，其创造潜能亦得到了发挥[7]。”

（2）中国青少年科技创新奖

中国青少年科技创新奖创办于 2004 年，由共青团中央、全国青联、全国学联、全国少工委共同举办。中国青少年科技创新奖面向全日制在校学生个人设奖，基金主要奖励在校大、中、小学生，每年奖励 100 人左右。

申报实行组织遴选与社会推荐相结合，候选人可由省级团组织统一组织申报，也可由国内科技教育领域的权威专家联合推荐。评审坚持公开、公平、公正原则，评审结果向社会公布。设研究生、大学本专科、高中生、初中生、小学生5个组别。目前，该奖已经举办了8届，已有800名大、中、小学生获得这项荣誉奖励。

（3）"明天小小科学家"奖励活动

"明天小小科学家"奖励活动开始于2000年，是由教育部、中国科协、周凯旋基金会共同主办的一项科技教育活动。活动旨在选拔和培养具有科研潜质的创新型科技后备人才，鼓励青少年立志投身于自然科学研究事业；同时，奖励辅导和培养优秀学生的普通中等学校（基地、馆站）、高校和研究机构，推动青少年科技教育工作广泛深入开展。

活动接受品学兼优且拥有独立科学研究成果的高中二年级学生自由申报。每年大约有600名学生提出申请，活动组委会选聘约200名院士和专家组成评审专家委员会，通过对学生科研项目和申报材料进行评审，评选出100名左右优秀学生到北京参加为期一周的终评评审和交流活动。经过终评评选，最终产生"明天小小科学家"称号获得者。

"明天小小科学家"奖励活动作为一项面向高中学生的科普实践活动，注重的是学生综合能力的展现。活动采取评委与学生面对面进行交流和考察的方式，通过现场的研究项目问辩、知识水平测试、综合素质考察，评委将更加全面深入地了解申报学生的意识、能力、素质和潜力，这种方式是对学生从事科研活动的一种考察。

（4）中国青少年机器人竞赛

中国青少年机器人竞赛活动是20世纪末由中国科协创意并组织开展的一项青少年科技活动。青少年机器人活动是一项综合多种学科知识和技能的青少年科技活动，青少年通过计算机编程、工程设计、动手制作与技术构建，结合日常观察、学习和积累，发展自己的创造力。随着电子、信息技术的应用与迅速普及，青少年机器人活动目前在全国各地蓬勃兴起。活动以弘扬科学技术，凸显创造与创新，强化团队贡献，培养科学素质为宗旨。例如，2012年举办的第12届中国青少年机器人竞赛的主题为"快乐成长”，包含机器人嘉年华、仿生机器人、食品安全、大破栅门等项目。表 2-2 为 2002—2008 年中国青少年机器人竞赛参赛情况[6]。

表 2-2　中国青少年机器人竞赛参赛情况（2008—2012 年）

年　份	2008	2009	2010	2011	2012
代表队数目（个）	467	433	489	499	519
参加学生人数（名）	1357	1220	1308	1422	1500

2.3.2　青少年环保科普实践

随着环境问题逐渐受到公众关注，针对青少年的环保实践活动也不断丰富起来。保护母亲河行动和青少年调查体验活动作为两个大型的面向青少年品牌环保活动，在共青团中央、教育部和中国科协等部门的推动下，引导青少年从小关注环境、保护环境，并参与到与环保相关的科普实践中。

（1）保护母亲河行动

保护母亲河行动以保护黄河、长江及大大小小的江河湖泊的生态环境为主题，通过开展一系列形式多样的生态环保实践活动，帮助青少年了解资源环境科学知识，树立节约环保意识，掌握节约基本技能，培养健康环保的生活方式。自 1999 年开始，共青团中央每年依托保护母亲河行动，开展青少年生态环保实践活动。保护母亲河行动自从实施以来，共募集资金 4.78 亿元，在全国建设了近 5700 个总面积为 450 万亩的工程，吸引了 5 亿多人次青少年参与[8]。

保护母亲河行动经过 10 余年的积累和实践，已经形成了非常成熟的青少年生态科普实践模式，以保护黄河、长江等大大小小江河流域的生态环境为主题，动员青少年，带动全社会为国家生态环境建设做贡献。保护母亲河行动在组织形式上，实现了部门间的协作，从由单一依靠共青团组织发动到以共青团组织实施为主，人大、政协积极参与，政府部门大力支持的转变；在实施的内容上，实现了从以植树造林为主到全面参与生态环境建设的转变；在参与的主体上实现了由单一组织发动青少年到以青少年为主，牵动广大社会公众的转变。保护母亲河行动的开展，标志着青少年生态建设活动迈入一个新的历史进程，活动正在逐步成为社会公众参与国家生态环境建设的重要途径以及对青少年进行生态环境和爱国主义教育的有效载体。

（2）青少年环保科学调查体验活动

青少年科学调查体验活动是落实《科学素质纲要》的一项重要主题科普活动，2006 年由教育部、中央文明办、国家广电总局、团中央、中国科协等单位共同开展，其宗旨是以提高青少年科学素质为目标，以科学调查、科学体验、科学探究为主要内容的科普活动。通过科学调查体验活动，使青少年掌握基本的科学知识与技能，体验科学探究活动的过程与方法，培养良好的科学态度，发展初步的科学探究能力。

自 2006 年始，分别开展了以“节能”、“节水”、“节粮”、“节纸”、“我的低碳生活”、“珍爱生命之水”、“健康饮食”、“节约能源 从我做起”等为主题的科学调查体验活动。各地青少年围绕活动主题，以家庭、小组、班级为单位开展科学调查和体验活动，感受科学探索的乐趣。自活动开展以来，每年约有 300 余万名青少年参与[6]。

青少年科学调查体验活动每年围绕与环保相关的不同的重要主题开展。活动在主办方配备相关资料包的基础上，带动青少年进行动手实践活动，引导他们在日常生活中关注与环保相关的主题。经过几年来的发展，该活动已经形成了特定的模式，将青少年及其学校、家庭都吸引到活动中来，成为促进青少年关注环保的重要品牌活动。

2.3.3 青少年航天科普实践[9]

近年来，我国在航空航天领域的科学研究不断进展，“嫦娥”系列探月卫星成功发射吸引了公众对航天领域的持续关注。我国先后发射“天宫一号”目标飞行器和多艘神舟飞船，进行空间飞行器交会对接实验，并开展一定规模的空间科学实验和技术试验。这是实现我国载人航天发展战略目标的重要一步，有力地促进了相关领域科学技术水平的提升。为激发全国广大青少年对航天科技的兴趣，中国科协、中国载人航天工程办公室和中国航天科技集团公司，从 2010 年开始到 2013 年年底，面向全国青少年开展“开启天宫的梦想”——全国青少年载人航天科普系列活动。该活动包括以下 4 个部分。

探梦“天宫”——青少年科学实验搭载方案征集活动。从 2010 年 10 月开始到 2011 年 2 月底，在全国中小学生中公开征集“天宫一号”目标飞行器科学实验搭载方案。通过组织专家对方案的科学性、创新性、实用性等进行综合评定，评选出“天宫一号”目标飞行器搭载的青少年科学实验方案。评选出的方案，将在有关航天部门的指导下设计和制作成实验装置，搭载在“天宫一号”上进行科学实验。

寻梦“天宫”——青少年载人航天科技知识竞赛。自 2011 年 3 月开始，通过电视、网络、报刊等媒体广泛开展全国青少年载人航天科技知识竞赛活动，扩大航天科技的宣传和影响，激励更多的青少年学习航天科技知识，热爱航天科技事业。活动期间，竞赛专题访问量为 203 万人次，参加答题的人数为 51 万人次。

追梦“天宫”——青少年载人航天科技知识征文。自 2012 年 3 月开始，面向全国中小学生开展主题为“我与航天”的征文活动。

圆梦“天宫”——青少年航天科技体验营活动。从 2011 年开始，每年组织部分青少年参加航天科技体验营活动。通过组织参观航天控制中心、航天器发射基地、航天员训练基地、与航天专家交流等活动，为广大爱好航天科技的青少年提供体验航天科技和展示才能的舞台，增强青少年对航天科技事业的兴趣。

2.3.4　青少年科技技能培训实践

面向青少年的科技技能培训比较有针对性，主要目标是提高青少年的生活技能和工作能力，用以适应社会的快速发展。目前，我国这类青少年科普实践一般都是项目合作的形式，培训内容相对固定，培训对象也受年龄、地区限制，多为初高中毕业后即将进入社会的青少年，其中农村青少年是这类项目培训的重点人群。

（1）英特尔® 求知计划

英特尔® 求知计划（Intel® Learn）是由英特尔公司与各国政府及教育机构合作进行的教育项目。项目通过社区、课外教育使学生具备 21 世纪知识经济社会所需的认知能力和数字技能。求知计划在 60 多个小时的动手操作型技术培训中，通过具体的项目和活动，向参加的学生介绍常用的计算机应用技能，如文字处理、图形图像和多媒体应用技术。在基于项目的学习氛围中，为学生提供有针对性的社区课外信息技术课程和相关的动手实践机会，培养他们的高级思维能力和团队合作精神。

2012 年，求知计划项目调整优化了项目资金分配和任务管理，求知计划课程在 27 个省（市、自治区）的 585 所中小学、科技馆、活动中心开展，比 2011 年增加了 200 余家科技馆，共有 46000 名青少年接受项目培训课程，其中 30% 为农村地区学生[6]。2008—2012 年求知计划培训情况见表 2–3。

表 2–3　求知计划培训情况（2008—2012 年）

年　份	2008	2009	2010	2011	2012
培训中心（个）	450	430	403	362	585
培训教师（名）	100	92	46	132	—
培训学生（名）	71634	＞60000	56800	＞50000	46000

（2）农村青少年科普项目

农村青少年非正规教育合作项目是由中国科协与联合国儿童基金会合作，致力于我国贫困地区农村青少年的教育和发展事业的项目。项目由联合国儿童基金会资助，由中国科协总体协调和管理。项目以知识信息资源中心为依托，组织开展丰富多彩的活动以及各种生活能力和生产技能的培训，使校外青少年获得生活技能和谋生技能。

2006—2010 年，中国科协与联合国儿童基金会在西部 10 个省的 20 个贫困县开展农村校外青少年非正规教育项目，项目的目标人群是 10—18 岁的校外青少年，旨在提高校外青少年的生活技能、科学素质和谋生技能，降低他们在社会工作、生活中受到伤害的风险，使其获得提高生活质量和个人发展的基本能力。2011—2015 年，合作项目在中西部地区 11 个省（自治区）的 22 个贫困县开展，目标是帮助项目地区 14—17 岁农村青少年完成从学校到工作阶段的转变，提高他们对工作和社会生活的认识和适应，增强他们对于与自身密切相关的社会问题的参与意识，帮助和指导他们成长为有责任的社会公民。2012 年，青少年非正规教育项目在 10 个省的 19 个项目县共举办 155 期“走向社会——生活就业发展”课程青少年培训，共培训包括农村初中和职高学生、校外青少年 5600 多人次[6]。

2.3.5　科技馆青少年科普实践

科技馆等校外科技活动场所面向广大未成年人开展科学展览、科学兴趣活动小组、科技小发明、科技夏令营等各种校外科技活动，对于激发未成年人对科学的兴趣、增长科学知识、培养动手能力和创新意识、提高科学素质等发挥着积极的作用，同时也弥补了一些学校由于场地限制无法开展科技活动的缺陷，是学校科技教育的重要阵地和有效延伸。同时，这些场所广泛开展思想道德建设、科学技术普及、文艺体育培训、劳动技能锻炼等教育实践活动，在教育引导未成年人树立理想信念、锤炼道德品质、养成良好的行为习惯、提高科学素质、发展兴趣爱好、增强创新精神和实践能力等方面发挥了重要作用，有利于未成年人的健康成长。

2010 年 6 月，为贯彻落实《关于进一步加强和改进未成年人校外活动场所建设和管理工作的意见》和《科学素质纲要》的要求，充分发挥科技馆等未成年人校外活动场所的教育功能，中央文明办、中国科协、教育部共同发起“科技馆活动进校园”项目。该项目将科技馆的科普活动送到学校，使科技馆资源与学校教育特别是科学课程、综合实践活动、研究性学习的实施结合起来。同时，为社会各方参与开发青少年科普教育和科技活动内容搭建平台，建立资源共享机制，促进校外科技活动与学校科学教育有效衔接。2006—2009 年，每年约有 30 多家科技场馆、青少年科技中心和青少年科学工作室参加项目试点工作，累计 48 家单位参与了试点探索[6]。

2010年5月，中央文明办未成年人组、教育部基础教育一司、中国科协科普部、中国科协青少年科技中心共同发布《2010—2012年“科技馆活动进校园”试点推广工作方案》，并通过申报、遴选和评审，正式确立了全国15个省（市、自治区）36个示范推广区，在19个科技场馆开展深化试点工作。

“科技馆活动进校园”项目不仅把科技馆的科普活动送到学校，而且将科技馆资源与科学课程、综合实践活动、研究性学习结合起来，有效推动了科技场馆与学校科学教育资源的衔接。试点单位在开展青少年科技活动过程中设计开发了课外科技活动资源。例如，广西青少年科技中心的“蜡染活动包”、山西省青少年科技中心的“简单机械和机器人活动包”、新疆青少年科技中心的“认识中草药活动包”、合肥科技馆的“奇妙的声音活动包”等。天津科技馆经过一个学期在试点学校的教学实践，编写出以课堂教学和天文观测相结合的天文校本教材初稿，为了配合16课时的校本教材使用，天津科技馆还根据不同课程的主题开发了图文并茂的幻灯片，供教师使用，配套的硬件器材也在开发之中。

2.3.6 科教结合的探索实践

全国青少年高校科学营（高校科学营）由中国科协、教育部共同主办，中科院为支持单位，目的在于充分利用重点大学的科技教育资源，激发青少年对科学的兴趣，培养青少年的科学精神、创新意识和实践能力。高校科学营是探索科教结合提高未成年人科学素质的重要方式，通过充分发挥高等院校在科学普及和提高公众科学素质方面的重要作用，促进高校与普通高中合作，创新人才培养模式，为培养科技创新后备人才服务。

2012年首届高校科学营承办高校总数为41所，以清华大学和北京大学为首，均为全国重点大学，其中包括35所“985工程”高校、5所“211工程”（985平台）高校、1所特殊高校（中国科学院大学）。2012年5月22日，中国科协和教育部共同召开了启动会进行动员部署，印发了活动《实施方案》和《管理办法》，成立了全国管理办公室。在中国科协、教育部的指导推动下，各省（市、自治区）均成立了由科协、教育厅（局）和承办高校共同组成的省级管理办公室，多次召开会议，加强沟通协调，制定工作方案，推动承办高校具体落实任务。2012 年 8 月 5 日，在北京大学举行了全国活动启动暨北京科学营开营式。启动仪式上，41 所承办高校联合向全国高校发出了“肩负起崇高的社会责任——41 所高校联合倡议书”，呼吁更多的高校践行科普责任、弘扬科学精神、放飞科学梦想、传播科技新知、创新科普形式。

2012 年高校科学营活动历时一个多月，全国各省（市、自治区）和新疆生产建设兵团的 5000 余名高中学生和 500 名带队教师走进了 41 所重点高校，聆听了 85 名专家的科普报告，参观了约 150 个国家、省部级重点实验室和教学场所，参加了 30 个主题科技实践活动，与在校大学生开展科技交流 41 场次，参观校外历史文化科技场所近 70 处。活动期间，开展营员联欢联谊活动 40 余场，共有 47 位院士出席各高校重点活动[6]。

2.4　未成年人科普实践的未来发展趋势

综上所述，我国面向未成年人的科普实践已经取得了重要进展，科普实践的主题不断丰富，形式趋向多样化，实施过程越来越规范，取得越来越好的效果。但是，随着社会不断发展和前进，面向未成年人的科普实践也将面临更多的挑战。根据各类活动多年的实践经验，结合我国非正式科学学习的现状，我们认为，今后的未成年人科普实践还应注意以下的发展趋势[10]。

2.4.1　科普实践向农村青少年倾斜

从我国目前的青少年科普实践活动形式来看，以科技竞赛、体验活动和项目培训为主，并形成了规模，在青少年中具有很好的基础。但是，今后的青少年科普实践活动不应囿于这几类，还要开发出更丰富的活动类型，尤其注重向农村青少年倾斜。目前已有的科普实践活动，针对农村青少年的并不多，而农村青少年受地区、经济和教育等原因的影响，更需要具有适应农村特点的科普实践活动，以此推动农村青少年科学素质的发展。

在科普实践活动的内容、形式和目标等方面，针对农村青少年群体需要进行有目的性的设计。我国农村地区文化跨度大，科普实践活动的设计要有针对性和地域性，要与各地农村的地区特点、经济、文化等相结合，注重形式多样，设计具有地方和民族特色的农村青少年科普活动。在活动目标方面，除了提高未成年人科学素质这一目标之外，还要注意通过科普实践培养农村青少年适应社会的能力。

2.4.2 形成与学校教育互补的形式

未成年人科普实践活动虽然属于非正规科学学习的范畴，但归根结底还是与课堂科学学习息息相关。从目前已有的科普实践活动来看，无论是内容还是组织形式都与学校教育密不可分，因此，在活动发展过程中要形成与学校教育更为互补的方式。

从科普实践活动的内容来看，既要来源并依托于学校的课堂教学内容，还要对学校的课堂教学内容有所拓展，这样既能巩固学校教育成果，同时也能为学生提供更多的知识。从科普实践的形式来看，要区别于学校开展的常规课外科技活动，结合校外科技活动场所的特点，有针对性地巩固或学习某一领域的知识，并为学生提供更多的动手实践和团队合作的机会。

2.4.3 注重新媒体的作用

新媒体的日益发展为公众生活带来巨大的改变。微博、微信、移动电视等新媒体与传统媒体相比，更容易被未成年人接受和使用。今后未成年人的科普实践活动，可以从活动载体上进行革新，利用新媒体的传播力量，辐射到更广范围的未成年人。未成年人的成长和生活与新媒体密切相关，因此在未成年人科普实践中，以新媒体技术为传播媒介，开发出适合未成年人的科普实践活动可增强未成年人科普实践的力度。

各类新兴媒体都可以作为未成年人科普实践活动的载体。在科普实践活动开发中利用未成年人的好奇心、求知欲等特点，与新媒体、网络技术和平台相结合。此外，可以利用互联网开展面向未成年人的科普实践活动，使科普活动不仅仅拘泥于亲临现场的形式，而且可以拓展到互联网、体验学习等虚拟学习形式。

参考文献

[1] Wellington, J. Formal and informal learning in science: The role of the interactive science centres [J]. Physics Education, 1990 (25): 247-252.

[2] 张宝辉. 非正式科学学习研究的最新进展及对我国科学教育的启示 [J]. 全球教育展望, 2010 (9): 90-92.

[3] Bell, P., Lewenstein, B., Shouse, A. W., etc. Learning Science in Informal Environments: People, Places, and Pursuits [M]. National Academies Press, 2009.

[4] 全民科学素质纲要实施工作办公室. 全民科学素质行动发展报告 (2006—2010 年) [M]. 北京: 科学普及出版社, 2011.

[5] 2012 年度全国科普统计数据发布 [N]. 科技日报, 2013-12-25.

[6] 全民科学素质纲要实施工作办公室. 2013 全民科学素质行动计划纲要年报——中国科普报告 [M]. 北京: 科学普及出版社, 2014.

[7] 翟立原. 中国青少年科技创新大赛的发展历程 [J]. 科普研究, 2008 (4): 11-14.

[8] "保护母亲河行动" 开展 14 年建设工程 450 万亩 [EB/OL]. Http: //news.xinhuanet.com/tech/2013-07/12/c_124996421.htm.

[9] 全民科学素质纲要实施工作办公室. 2012 全民科学素质行动计划纲要年报——中国科普报告 [M]. 北京: 科学普及出版社, 2013.

[10] 任福君, 翟杰全. 科技传播与普及概论 [M]. 北京: 中国科学技术出版社, 2012.

第 3 章

面向农民的科普实践

3.1 引　言

我国是一个农业大国，同时也是人口大国。在我国悠久的文明史中，农村人口长期处于主体地位。近年来，随着城镇化进程的加快推进，我国城乡人口比例逐渐持平。据 2010 年我国第六次人口普查结果显示，居住在乡村的人口为 6.74 亿人，占 50.32%；同 2000 年第五次全国人口普查相比，乡村人口减少了 1.3 亿余人[1]。2012 年，我国城镇化率达到 52.57%[2]，城镇人口已超过了乡村人口，与世界平均水平大体相当。很明显，城镇与乡村之间的差距进一步缩小。但是，城镇化过程涉及人口、地理、经济、社会文明等诸多方面，我国由城乡二元格局向城乡一体化转变仍是一个漫长的过程。

我国在由农业文明向工业文明过渡中，必然存在农业、农村、农民（简称“三农”）方面的问题，这三者密不可分，相互影响。促进传统农业向现代农业转变、统筹城乡经济社会发展、增加农民收入都与农民的整体素质特别是科学素质密切相关。然而，我国农村人口受教育程度一直处于较低的水平。据第二次全国农业普查数据显示，到 2006 年年末，农村劳动力中文盲占 6.8%，小学文化程度占 32.7%，初中文化水平占 49.5%，高中文化水平占 9.8%，大专及以上仅占 1.2%[3]。开展群众性、社会性的农村科学技术普及是提高农村人口科学素质水平的有效措施，也是实现农村人口全面发展的一条途径。

新中国成立之初，即 20 世纪 50—60 年代，我国兴起了群众性的农村科学实验运动，将科学普及与农业生产紧密结合。改革开放以后，农村科普逐渐与精神文明建设协调发展，开展了“建设科普文明村、乡（镇）”和“讲精神文明、比科技致富”竞赛活动，使广大农民在学习应用科学的过程中，克服愚昧落后的思想意识，树立与现代文明相适应的思想观念，促进农村精神文明建设的发展。2002 年颁布了《科普法》，其中第二十条专门针对农村科普进行了明确规定：“国家加强农村的科普工作。农村基层组织应当根据当地经济与社会发展的需要，围绕科学生产、文明生活，发挥乡镇科普组织、农村学校的作用，开展科普工作。各类农村经济组织、农业技术推广机构和农村专业技术协会，应当结合推广先进适用技术向农民普及科学技术知识。”2006 年《科学素质纲要》由国务院颁布，四个重点人群的科学素质行动中包含了农民科学素质行动，成立了农民科学素质行动协调小组，并发布了《农民科学素质教育大纲》，加快了农村社会事业的发展，推进了社会主义新农村建设所需的新型农民的培养。

3.2　农民群体细分及其科普需求

在当代中国经济快速发展的背景下，农民群体基本可分成两类：一类是留在农村从事农业生产和管理的农民；另一类是进城或就地就近转移到第二、第三产业的农民，即农民工。面对不同类型农民的需求，开展科学素质培训教育的内容、方式方法均需要进行相应的调整。

3.2.1　从事农业生产的农民及其科普需求

农业生产第一线的农民是农村科普工作的首要对象。他们直接从事种植、养殖和农产品加工等农业生产，关系到国计民生，提高他们的科学文化素质对于农业增效、农民增收、农村繁荣，解决“三农”问题至关重要。

如今，传统农业向现代农业转型。科学技术、先进的管理方法渗透到了现代农业生产的各个环节中。原本接受教育程度不高的农民，特别需要得到进一步的科学技术方面的培训，提高科学素质，使其满足现代农业生产的要求。

同时，农村出现了大量的种植大户、养殖大户、专业大户、农民经纪人、小型农业企业家等农业生产带头人。这些人以农业作为稳定的职业，本身具有较高的素质。除了对现代生产技术有需求外，他们在创业、科学管理等方面的需求也日益增多。

3.2.2 从事非农业生产的农民及其科普需求

现代农业逐渐由劳动力密集型产业转为集约型产业，农村富余劳动力逐渐增多。2004 年，我国约有 1.5 亿农村富余劳动力，每年还要新增 600 万左右的农村劳动力[4]。据人力资源和社会保障部统计，2012 年，全国农民工总量达到 2.6 亿，其中外出农民工 1.6 亿[5]。农村富余的劳动力由从事农业转而从事第二或第三产业是增加农民收入的重要途径。农村剩余劳动力被重新利用，实现就业的转移，既包含农业劳动力向非农产业的转移就业，也包含农村劳动力向城镇的就业转移[6]。这部分人口迫切地需要提高适应产业需求的能力培训。特别是从农村转移到城镇就业的农民，除了满足岗位技术需求外，还需适应城市生活，因此相关引导培训就显得尤其重要。

3.2.3 农村两个特殊人群（青少年和农村妇女）及其科普需求

值得一提的是，在农村存在两个特殊的群体，即青少年和农村妇女。新形势下农村人口快速流动，大部分男性成年劳动力流动到城镇务工，老幼妇孺是农村的留守主力。这种情况加大了农村科普工作的难度。农村科普工作更应该结合具体实情进行工作方法的调整。2013 年的中央农村工作会议尤为重视“三留守”问题，要求健全农村留守儿童、留守妇女、留守老年人关爱服务体系[7]，向他们提供所需的科普服务应构成公共服务体系中的一部分。

农村青少年是一个人数众多的群体，对于未来农村人口素质的提高、农村经济发展和社会进步有着非常重要而长远的意义。要把农村青少年作为农村科普工作长期的重点对象，使他们享有接受科普教育的机会，不会成为科盲。2005年中国科协农村科普工作会议决定，在当前和今后一段时期，农村科普工作将紧密结合“三农”工作实际，把全国广大农民和农村青少年的科学素质提高作为中国科协农村科普工作的重点。2006年颁布的《科学素质纲要》中，农村青少年的科普工作被纳入了未成年人科学素质行动中。

当前，我国农村妇女劳动力占农业劳动力的60%以上，她们是建设社会主义新农村的重要力量。能否有效地提高农村妇女的文化科技素质、经营管理素质和思想道德素质，关系到农村经济社会发展全局，也关系到社会主义新农村目标的实现。面向农村妇女开展科普，调动农村妇女的智慧和创新创业意识，意义重大。

3.3 面向农民科普实践的主要形式

当前，面向农民科普实践的主要形式有三种：农村科技培训、科技下乡活动、示范创建活动。这三种形式各具优势，又互为补充，对农民科学素质的整体提高发挥着积极作用。

3.3.1 农村科技培训

农民科学素质协调小组制定的《农民科学素质教育大纲》明确了农民科技教育培训的方向，确立了阶段性的目标任务，即2006—2010年力争实现全国30%以上的农村劳动力接受科学素质教育培训。在政策引导下，根据农村劳动力的实际需求，农村实用技术培训和劳动力转移培训成为农村科技教育培训的两个重要培训方向。在逐步建立的农村科技教育体系下，越来越多的扎根农村、从事现代农业的农民增强了科技致富能力，有意转移到其他产业的农民获得提升能力的机会也越来越多。

3.3.1.1 实用技术培训

我国的农村实用技术培训大多数是项目运作的方式。其中一些是长期持续性的又具有创新活力的培训项目，另一些是根据新形势的需要而新增设置的。

实施了多年并形成了品牌的培训有绿色证书培训、中国农村致富技术函授大学（简称中国农函大）培训、“学文化、学技术，比成绩、比贡献”（简称“双学双比”）培训等。这些常规性培训有效带领农民走上科技致富之路，在农村具有很强的实用性，因而深受农民欢迎。绿色证书培训是农业部从 1994 年开始在全国组织实施的培训工程，农民达到从事某项工作岗位要求具备相应基本知识和技能后，就可获得经当地政府认可的从业资格凭证。据抽样调查，获得绿色证书的学员比没有参加培训的农民年收入平均高出 30%；开展绿色证书工程培训的村比没有开展该培训的村收入高出 24%[8]。创立于 1985 年的中国农函大，多年来致力于通过科技培训的力量带领农民走上致富的道路，有效地促进了农民整体素质的提高。依托设在北京、黑龙江、山东、陕西等地的 10 个全国妇女培训基地和全国各省（市、自治区）扶持的 16 万所农村妇女学校，全国妇联与 16 个部委联合在广大农村妇女中大力开展“双学双比”活动，开展农村实用技术培训，发挥了农村妇女在农村生产建设中的重要作用。

近些年来的新型科技培训项目包括新型农民科技培训、百万中专生计划、教育部农村实用技术培训等。农业部与财政部于 2006 年共同启动实施新型农民科技培训工程，根据优势农产品区域布局规划和地方特色农业发展要求，以村为基本实施单元，制定了“围绕主导产业、培训专业农民、进村办班指导、发展‘一村一品’”的总体要求。截至 2008 年年底，中央财政累计投入 8 亿元新型农民科技培训工程培训资金，在全国 31 个省 945 个县（次）6 万个村（次）开展了培训工作，培训专业农民 367 万人[9]。农业部于 2006 年正式启动的“百万中专生计划”，确定了“用 10 年时间为农村培养 100 万名具有中专学历的从事种植、养殖、加工等生产活动的人才，以及农村经营管理能人、能工巧匠、乡村科技人员等实用型人才”的目标。中央农广校是组织实施百万中专生计划的中坚力量。2006—2009 年，每年都比前一年度增加了培训人数，累计培养中等职业人才达 49.9 万人。全国教育系统每年完成农村实用技术培训的人次数目超过千万。2006—2009 年，对农民进行实用技术培训的总数为 17679.82 万人[10]。

2011 年出台的《全民科学素质行动计划纲要实施方案（2011—2015 年）》中[11]，党员干部现代远程教育网络、农业广播电视学校、农村致富技术函授大学、农村成人文化教育机构、农业科教与网络联盟、乡镇综合文化站、村文化活动室等仍然作为建立农村科学教育培训体系的关键环节。农民创业培训、绿色证书培训、星火科技培训、“双学双比”、技能竞赛、巾帼科技致富工程、百万新型女农民教育培训等活动依然是开展农民科技培训的重要形式。

3.3.1.2 富余劳动力转移培训

农村富余劳动力转移，指的是农村剩余劳动力被重新利用，实现就业的转移，既包含农业劳动力向非农产业的就业转移，也包含农村劳动力向城镇的就业转移。农村富余劳动力转移成为增加农民收入的重要途径。因此，开展这方面的教育培训成为越来越多农民的新需求。这类培训的主要内容包括两个方面：一是引导性培训，主要包括职业道德、就业指导、行为举止、用工政策、维权意识等培训[12]，以便农民尽快适应城镇生活；二是开展职业技能培训，重点是家政服务、餐饮、酒店、建筑、制造等行业的职业技能培训。

“阳光工程培训”是近年来针对农村富余劳动力的培训中知晓度最高的项目，是 2004 年由农业部、财政部等 6 部委共同组织实施的。开展引导性培训是阳光工程的特色。对农民开展以权益维护、法律知识、城市生活常识、劳动安全与卫生、艾滋病防治等为主要内容的引导性培训有利于拓宽受训农民的知识面，提高农民转移就业后的适应能力和自我保护能力。在职业培训方面，阳光工程采用了订单培训的方式，由培训单位凭就业订单向政府申请培训任务，对农民开展培训，提高他们的就业技能，并有组织地将培训学员送到用人单位，减少了农村富余劳力流动的盲目性，降低了外出务工的成本，增强了农民工流动的合理性和有序性。截至2008年年底，中央财政累计投入资金32.5亿元，培训农村劳动力1580万人，转移就业1373万人，转移就业率达到86%以上；带动地方投入农村劳动力转移培训资金30多亿元，培训农村劳动力3000多万人[10]。

教育部凭借强大的职业教育与成人教育资源网，实现了培训覆盖面广、培训人员数量多的目标。依照教育部农村劳动力转移培训计划，引导性科技教育与职业技能培训并重，努力提高农村转移劳动力的就业能力和创业能力，加快农村劳动力有序、稳定地向非农产业和城镇转移。2006—2009年，教育部农村劳动力转移培训规模逐年增大，培训总人数达15530.78万人[10]。

3.3.1.3 新型职业农民培训

农业的基础地位不能动摇，它的战略意义十分深远。面临现代农业带来的挑战，新型职业农民培训成为必然。加快培养职业农民，迫切需要提高农民的科学素质。培育有科技素质、职业技能和经营能力的新型职业农民是发展现代农业的基础，也是现代农业发展的必然选择。《全国农民教育培训“十二五”发展规划》指出，要加快培养一大批适应现代农业发展和新农村建设需要的高素质农民，鼓励和促进农村新生劳动力成为服务农业、扎根农村的实用人才和创业人才[13]。2013年，农业部在全国31个省（市、自治区）选择100个试点县，每个县根据农业产业分布选择2—3个主导产业，力争通过3年试点，培育新型职业农民10万人[14]。农业部在总结各地新型职业农民培育经验的基础上，加快建立教育培训、认定管理和政策扶持“三位一体”培育环节，生产经营型、专业技能型、社会服务型“三类协同”培育对象和初、中、高“三级贯通”证书等级的新型职业农民培育制度，构建一主多元的新型职业农民教育培训体系，造就一支综合素质高、生产经营能力强、主体作用突出的新型职业农民队伍。2014年7月4—5日，全国农广校启动实施新型职业农民培育工程，发布了新型职业农民标志，并开通了中国新型职业农民网站（www.nmpx.gov.cn，www.zhynm.cn），标志着新型职业农民培育工作进入扎实推进的新阶段[15]。

3.3.2 科技下乡活动

3.3.2.1 “三下乡”活动

“三下乡”活动动员各方力量深入农村基层，积极为农民办实事，着力解决农民迫切需要解决的问题，受到农民的普遍欢迎。1995 年 11 月，中宣部、中国科协等 8 部委联合下发了《关于开展组织文化、卫生、科技下乡活动的通知》。1996 年，有关部委联合发文强调，在组织开展“三下乡”活动中，突出科技下乡，把农民迫切需要的科学技术送到农村。根据总体部署，中国科协及其各级科协组织，广泛组织动员所属组织和广大科技工作者，根据传统民族节日、农时季节的特殊需要，集中开展了各种形式的科技下乡活动。在 1996 年后的 6 年时间里，中国科协共组织了 800 多万名科技人员下乡。1996 年，中国科协、农业部开展了百部科教录像片下乡活动；1998 年，中宣部、中国科协联合举办了百项农业实用新技术图书、挂图、录像片下乡活动；1999 年，国家广电总局、文化部、农业部、科技部、中国科协联合开展了农村科教片汇演活动；1999 年，中国科协在全国开展了科普大篷车下乡万里行活动；2001 年，中国科协在全国开展了崇尚科学移风易俗科技下乡活动。2002 年，中国科协系统全年组织下乡次数共计 5.3 万次，参与工作人员 37.5 万人次，邀请科技专业人员 23.6 万人次，受益乡镇 4.5 万个，受益农民达 8703.5 万人次。各部门根据本部门的实际，相应组织开展了各种形式的“三下乡”活动。其后，“科技列车下乡”、“科技致富能手下乡”等特色典型活动均被列为“三下乡”活动的重点项目。

3.3.2.2 科技列车下乡

科技列车下乡活动是由中宣部、科技部、铁道部、卫生部、共青团中央、中国科协等部委自 2004 年开始联合开展的一项科技下乡活动。此项活动以火车为载体，停靠铁路沿线各站点，在周边各县、乡（镇）、村开展针对当地农民需求的科技活动，包括举办专家专题讲座和咨询服务，捐赠电脑、科技图书、光盘和农业生产资料等物资以及播放农林科教片等。自 2006 年以来，科技列车下乡活动多次深入革命老区和广大农村，如延安、大别山区、贵州、吉林长白山、巴中等地，体现出“振兴老区，服务三农”的特色。通过科技列车下乡活动的平台，农业技术、医疗卫生、信息技术、粮食食品等行业的专家以及科普专家深入各地，开展实用技术培训、工农业生产的现场技术指导、健康知识科普及医疗义诊等。科技物资和各种形式多样、内容丰富的科技服务活动被集成起来，按照各地农村的实际需求输送，带动农民脱贫致富，提高农民科学素质。

3.3.2.3 科技致富能手科技下乡

科技专家和致富能手通过下乡活动深入农村，向农民手把手地传授农业科技知识，及时解决他们在从事现代农业中遇到的科技难题。中国科协农村专业技术服务中心组织开展的科技致富能手科技下乡系列活动在各地农民与全国科技专家、致富能手之间搭架起一座座致富和友谊的桥梁。2006—2010 年，该项活动不断深入革命老区、少数民族和民族地区，如江西省井冈山、四川省仪陇县、湖南省湘西州、陕西省榆林市、河北省平山县、内蒙古通辽市、四川凉山彝寨等地，传播科技致富的新观念和经验做法，并提供了大量的科技资源。科技致富能手把致富经验和技术带到乡村，帮扶当地群众解决生产和生活问题，促进地方经济的发展，做到了“为党政分忧，为群众解难”[16]。据中国科协农村专业技术服务中心统计，2000—2009 年，共组织 500 余家涉农单位、近千人次的科技致富能手、农业科技人员和涉农企业家参与此项活动，交流项目 900 余项，发放资料 100 万份以上，培训实用技术人才 1.5 万人，现场交流咨询群众达数十万人次，签订合同和意向性协议近 600 项，合同和协议金额近 11 亿元，有力地促进了农村科普事业的发展[10]。

3.3.2.4 主题科普下乡

自《科学素质纲要》实施以来，以“节约能源资源、保护生态环境、保障安全健康”为主题的科技下乡活动受到各地重视，引领了农村生活新风尚。通过这些主题科普活动，农民的节能环保意识、安全避险意识得到了提升，农村生态资源得到了较好的保护，生活环境进一步美化，农业生产安全和人身安全得到了保障，更好地适应了新农村建设的要求。

清洁、高效的沼气能源进农家。在农村大力推广沼气工程，让这种清洁、高效能源走进农村千家万户，越来越多的农民远离烟熏火燎的厨房环境，庭院变得更加整洁。沼气工程成为农村“节约能源资源”主题的代表性活动。农业部根据我国农村的实际情况，研究制定了《全国农村沼气建设规划》《关于进一步加强农村沼气建设管理的意见》《农村沼气服务体系建设方案》等系列文件，并采取了相应的落实措施，包括组织实施生态家园富民行动，寓生态环境建设于富民之中，重点发展农村沼气和实施乡村清洁工程。2007年，农业部对400万名新增沼气用户开展沼气使用、“猪沼果”、“四位一体”等能源生态模式和沼气综合利用知识培训；2008年，继续加强农村新能源安全生产管理技术培训，对30万名沼气用户和技术人员开展了沼气综合利用和能源生态模式培训[17]。全国各地围绕农村沼气建设，实施了很多有效的措施，如江西省逐步建立了以省级技术培训基地为依托、县乡服务站为支撑、乡村服务网点为基础、农民技术员为骨干的沼气服务体系。

2007年，“千乡万村环保科普行动”在北京10所高校发起并持续开展。大学生志愿者组成小分队，坚持“让环保科普走进农村，走进田间，走进农民心间”的宗旨，以农村畜禽养殖污染防治、生态村建设等为宣传主题，结合自身专业特点和当地实际需求，利用寒暑假深入全国千余个村庄开展环保科普活动，包括粘贴科普宣传挂图、播放环保电影、与村干部座谈环保等。

3.3.3 示范创建活动

3.3.3.1 “科普惠农兴村计划”

中国科协和财政部在“十一五”规划期间联合实施了“科普惠农兴村计划”。通过“以点带面、榜样示范”的方式，在全国评比、筛选、表彰一批有突出贡献的、有较强区域示范作用的、辐射性强的农村专业技术协会、农村科普示范基地、农村科普带头人、少数民族工作队等先进集体和个人，以带动更多的农民提高科学文化素质，掌握生产劳动技能，引导广大农民建立科学、文明、健康的生产和生活方式。党中央、国务院非常重视“科普惠农兴村计划”，将其两次写入中央一号文件①。截至2014年，“科普惠农兴村计划”共表彰了11961个（名）先进集体和个人，其中，农村专业技术协会6094个，农村科普示范基地2754个，少数民族工作队55个，农村科普带头人3058个，奖补资金累计19.5亿元（见表3-1）[18]。

表3-1 “科普惠农兴村计划”评比表彰情况（2006—2014年）

年份	协会（个）	基地（个）	带头人（名）	工作队（个）	合计（个/名）	奖补金额（万元）
2006	100	100	100	10	310	5000
2007	210	210	220	10	650	10000
2008	210	210	270	5	695	10000
2009	612	300	302	5	1219	20000
2010	1000	390	390	5	1785	30000
2011	1000	386	406	5	1797	30000
2012	1000	386	406	5	1797	30000
2013	1000	386	406	5	1797	30000
2014	962	386	558	5	1911	30000
总计	6094	2754	3058	55	11961	195000

“科普惠农兴村计划”直接惠及广大农民，推动了农村科普公共服务体系建设，创新了科普工作方式和财政资金科技支农的机制，带动了农村科普创新发展，得到了各级党政领导的肯定和重视，受到了基层科普组织和广大农民的拥护和欢迎。

3.3.3.2 科技入户示范活动

2005年，农业部正式启动实施农业科技入户示范工程，探索建立“科技人员直接到户，良种良法直接到田，技术要领直接到人”的农技推广新

① 一号文件是指《中共中央国务院关于积极发展现代农业扎实推进社会主义新农村建设的若干意见》（中发〔2007〕1号）和《中共中央国务院关于加大统筹城乡发展力度进一步夯实农业农村发展基础的若干意见》（中发〔2010〕1号）。

机制。通过科技入户工程，针对农民的个性化技术需求，开展“一户一策”的技术指导和服务，在专家与技术指导员、技术指导员与农民、示范户与普通农户之间实现了“零距离”对接，构建了“专家组—技术指导员—科技示范户—辐射带动农户”的科技成果转化应用快捷通道，初步形成了适应家庭承包经营的农技推广网络，有效解决了农技推广“最后一公里”的问题。科技示范户成为农民看得见、问得着、留得住的“乡土专家”，基层农技推广的重要力量，新农村建设的科技能手和致富带头人。

3.3.3.3　科普示范县（市、区）创建活动

在我国县级行政区划中，农村人口一般占总人口的大多数。全国科普示范县（市、区）的创建，对于推动当地农村科普工作的开展具有十分重要的意义。中国科协自 1998 年启动这项科普工作示范工程以来，通过在县域开展科普示范创建，依靠示范辐射作用，产生推动地方经济社会发展的强大动力。2007 年修订的《全国科普示范县（市、区）测评指标》，加大了对农民等重点人群科学素质工作的考核权重，2009 年的再修订文本又细化了落实《科学素质纲要》各项任务的考核内容和要求，并强化了对基层科普能力建设的考核力度。这些措施为县域科普能力建设提出了目标和方向。据《中国科协 2009 年度事业发展统计公报》统计，中国科协命名的全国科普示范县共有 713 个（2008—2009 年），省级科协命名的科普示范县共有 685 个，地级科协命名的科普示范县共有 617 个。

2009 年 11 月，按照“自愿申报、逐级创建、积极推进、动态管理、常抓常新”的新发展思路和原则，中国科协修订了《全国科普示范县（市、区）创建办法》，并启动 2011—2015 年度全国科普示范县（市、区）创建工作。新一轮的创建活动，正式实施动态管理；取消创建单位名额总量限制，由各地根据实际发展需要，制定本地发展规划和计划，提出创建数量。截至 2010 年 6 月底，全国共有 920 个县（市、区）申请创建 2011—2015 年全国科普示范县（市、区）。此外，新一轮创建还强调了逐级创建的原则，新检查命名的全国科普示范县（市、区）必须预先达到省级科普示范县（市、区）的标准，并且在辖区内建立起比较完善的各级科普示范体系，如科普示范村、科普示范乡镇等。这些新特点，将进一

步夯实全国科普示范县（市、区）的创建基础，并将创建活动落实推进到县域的更基础的单位。通过严格的检查，2011 年 5 月，中国科协将 902 个达标的县（市、区）命名为 2011—2015 年度全国科普示范县（市、区）。2013 年对全国科普示范县（市、区）进行中期评估，各示范单位的科普工作较创建初期都有了很大发展，经济增长与全民科学素质提升相辅相成，为保障经济发展、社会安定、提升素质、促进科技进步做出了积极贡献，很好地发挥了科普示范辐射带头作用。例如，江苏省自下而上逐级创建，形成了示范创建工作体系，全省有科普示范乡镇（街道）80 个，科普示范村（社区）194 个，各县、乡镇科普领导机构实现全覆盖[19]。

有研究者将全国科普示范县（市、区）创建活动历程划分为三个阶段：起步期、发展期和创新期[20]。中国科协根据不同阶段县域科普工作的需求，对创建活动的工作理念、核心目标、创建原则、测评标准不断进行调整，从科学管理的视角，平衡工作的传承性和创新性，有效地提高了县域科普工作能力，使得广大的县域居民科学素质得到了提升。

3.4　面向农民科普实践的成效与问题

3.4.1　科普实践的成效

3.4.1.1　形成了社会各方共同推动的工作格局

（1）各部委负责全面规划和协调农村科普实践

随着《科学素质纲要》的实施，农村科普工作呈现出“大联合、大协作”的工作格局。2006 年，农业部、中国科协作为牵头部门，中组部、中宣部、科技部、教育部等部门作为成员单位总共 19 个部门组成农民科学素质行动协调小组，共同实施农民科学素质行动。协调小组承担了制定农民教育培训规划和计划以及统筹协调实施等工作。各部委利用各自优势资源，在协调小组的统一安排下，联合开展了科技列车行等科技下乡活动，有效地协调配置科普资源，让更广泛的农村地区受益。

（2）各农村科普机构以庞大的组织网络覆盖广大基层

各部委属下尤其是负责科技教育和普及的部门或事业机构是开展农民

科技教育和培训的直接组织。例如，农业部有中央农业广播电视学校，中国科协有中国农村致富技术函授大学和农村专业技术服务中心，全国妇联有农村妇女学校，教育部有职业教育和成人教育院校等，科技部有星火培训基地和学校。借助这些教育培训机构完善的组织网络，农村科技教育培训正逐渐大范围覆盖农村。各地的基层组织机构积极组织培训者，大力配合工作，形成了体系化的农村科普培训网络。

（3）各科普示范先进集体或个人发挥典型示范作用

通过中国科协和农业部门的相关项目，培育和表彰了一些具有榜样示范作用的种养殖专业技术协会或农民专业合作社、农村示范基地和带头人等。这些先进集体和个人与当地农民有着天然的亲密联系，进行农业生产技术传播具有特别的优势。通过激励机制的建立，他们开展科普工作的积极性得到很好发挥。例如，“科普惠农兴村计划”表彰的农技协、农村科普示范基地和科普带头人，农业部认定的农业科技示范户等。

3.4.1.2 农村科普基础设施得到改善

改善农村科技服务站点的人力和物力配套条件是提高农业科技服务效果的基础。中国科协于 2005 年提出推进全国“一站、一栏、一员”（科普活动站、科普宣传栏、科普宣传员）的建设进镇入村。在中国科协的总体部署下，全国科普“站栏员”的数量持续增加，内容日益丰富，科普服务能力不断提升。据统计，“十一五”期间，农村的科普活动站数量增长十分迅速。2005 年年末，农村科普活动场所约为 17.5 万个，覆盖率为 27.8%；到 2010 年年末，农村科普活动场所约 39.8 万个，平均覆盖率为 66.9%。科普宣传栏的增长同样非常迅速，无论是数量还是总长度都翻了一番。基层科普宣传员的覆盖率为 85%，一些村还拥有不止 1 名科普宣传员[21]。另外，截至 2012 年年底，中国科协农技中心与中国知网联合建造的“三农”网络书屋已在全国 25 个省 200 个县推广应用，数量达到 2 万个[22]。网络书屋的建设为网络新媒体在农村科普中发挥作用奠定了基础。农村科普基础设施建设方面取得的成果，为提高农民科学素质提供了物质条件保障。

3.4.1.3 农村科普活动覆盖面扩大

截至 2012 年年底，中国科协、地方科协和两级学会组织的各类科普活动覆盖村达446353个。其中，科普日进村91080个，科技周进村102407个，日常科普活动进村252866个[23]。据民政部2013年第二季度的统计，全国共有村委会58.8万个。据此，科协系统开展农村科普活动的村覆盖面约为75%。此外，加上农业部、科技部、教育部、全国妇联等部门的科普教育活动，农村科普活动的覆盖面进一步加大，农民接受科普教育培训的机会越来越多。

3.4.1.4 农民科学素质整体水平有较大提升

经过多年努力，农民科学素质建设成效显著。2010年第八次中国公民科学素质调查结果显示，农民具备基本科学素质的比例从2005年的0.72%提高到2010年的1.51%。但是，当前农民群体的科学素质水平与我国公民科学素质整体水平间仍然存在显著差距，低于2010年我国公民科学素质的平均水平1.76个百分点[23]。

3.4.2 面向农民科普实践存在的问题

3.4.2.1 面向农民的科普方式传统，创新性和灵活性不够

我国农村人口众多，科学素质水平参差不齐，农民科学素质工作具有长期性、复杂性特点，这要求我们必须不断创新科普方式。但目前，我国提高农民科学素质的工作方式主要存在几个问题：一是培训方式较为单一，往往简单地将农民科学素质教育等同于农民科技培训，各部委大部分侧重对农民技术培训或者对特殊农民群体的技能培训，忽视对农民基本科学思想、科学精神和科学生活态度的培养；二是培训的针对性不强，不能有效培育农民的兴趣与主动性；三是培训内容和方式不能很好地满足农民的需求，不少的科普内容与他们的生活关系不大，导致农民对相关科普不感兴趣。

3.4.2.2 农民自身文化水平状况限制了科学素质提升

由于历史和现实两方面的原因，我国农民的科学素质不高，这是一个客观的事实，而提高农民科学素质则不可避免地受到农民自身素质以及农村环境的严重制约。首先，农民文化水平不高，在很大程度上影响了他们对科学知识的系统学习和理解，限制了他们自发性地学习和应用科学的

热情；其次，农民的学习意识淡薄，接受新知识、新技术的能力不足，由于受传统观念的束缚，习惯于传统的农民生产结构和生产技术，以及传统的生活方式和经营模式，对新知识、新观念、新技术有一种本能的观望感和拒绝感，具有“随大流”的心理和行为习惯，对新技术、新措施较难接受，参与意识薄弱。

农村的贫困也严重影响着农民科学素质工作。同其他地区和人口相比，贫困地区和贫困人口的科学素质更低，应该成为农民科学素质教育的重点对象。但由于贫困地区的社会经济发展明显滞后于其他地区，政府对农民科学素质教育的投入更少，导致针对这些地区和这类农民的科学素质教育更加困难。

3.4.2.3 各部委条块分割的情况不利于形成合力

尽管农民科学素质协调小组在面向农民的科普实践工作中发挥出一定的协调沟通作用，但是其作用的发挥还有待进一步提高。协调小组在工作机制上所存在的一些不足，使得各部委在面向农民开展的科普实践工作仍然存在条块分割的情况。各部委在制定年度规划和工作安排时缺少相应的沟通，缺乏协同作战的思维和行动。同时，国家在项目资金配置上存在的问题也加剧了这种相互割裂。因此，要想取得工作上的大突破，依然面临诸多困难。

3.5 面向农民科普实践的未来展望

面向农民的科普在未来一段时间内都围绕着提升农民科学素质而开展工作。只有充分重视农民科学素质协调小组在其中发挥的作用并不断完善其工作机制，才能在全局上统筹把握农民科学素质工作的总体方向，并能各部门互动、上下联动、步调一致地实现农民科学素质建设目标。此外，面向农民的科技传播普及要注意双向性，重视农民参与的主动性[24]。

3.5.1 继续强化各部门间的沟通与协作

农民科学素质协调小组的各部门，在按照各自职责分工做好本部门职能工作的前提下，要经常沟通工作进展情况，相互之间积极配合，形成工作合力。要建立起这种高效统筹协调合作的机制，必须确立农民科学素质协调小组在农民科学素质工作中的领导位置。农民科学素质工作还需要加强与各部门、各地各级政府和社会有关方面广泛而紧密的合作。

3.5.2 加强资金和项目的统筹

统一协调农民科学素质建设资金的使用和建设项目的分布，有利于避免各部门各自为政、相互重复或缺位的现象，克服由于资金短缺或人力不足导致的建设项目完成不彻底，由于建设项目矛盾导致的实施效果相互抵消等问题。

3.5.3 增强农民的参与主动性

尽管农民的科学素质水平相对较低，但农民科学素质建设必须克服长期以来把农民仅仅作为科学素质教育的客体的观念，确立农民在提高自身科学素质建设中的主体地位，促进农民积极、广泛地参与村务决策，在参与规划生产、生活过程中运用科学知识、掌握科学方法，提高运用科技解决实际问题的能力。理论和实践都证明，农民的广泛参与不仅有助于转变农民的态度，形成科学认识，树立科学精神，而且有助于提高农民运用科学理念、知识、方法解决实际问题的能力。农民是最能体验到科学价值的一个群体，在实践中农民不仅创造性地运用着科学，而且也是推动科学发展的重要动力。在推动农民科学素质建设的过程中要始终尊重农民的首创精神，从农民的实际需要出发，满足农民复杂多样的科学素质建设需求。

参考文献

[1]中华人民共和国国家统计局. 2010年第六次全国人口普查主要数据公报（第1号）[EB/OL]. [2011-4-28]. http：//www.stats.gov.cn/tjfx/jdfx/t20110428_402722253.htm.

[2]徐绍史. 国务院关于城镇化建设工作情况的报告[EB/OL]. [2013-7-1]. http：//house.people.com.cn/n/2013/0701/c164220-22028321-2.html.

[3]国务院第二次全国农业普查领导小组办公室，中华人民共和国国家统计局. 第二次全国农业普查主要数据公报[EB/OL]. [2008-2-27]. http：//www.stats.gov.cn/tjgb/nypcgb/qgnypcgb/t20080227_402464718.htm.

[4]许欣欣，李敏昌. 关于建立和完善农村职业技能培训体系的思考[J]. 湖北社会科学，2004（4）：131-132.

[5]人力资源和社会保障部. 2012年度人力资源和社会保障事业发展统计公报[EB/OL]. [2013-5-28]. http：//www.mohrss.gov.cn/SYrlzyhshbzb/dongtaixinwen/shizhengyaowen/201305/t20130528_103939.htm.

[6]王静岩. 我国农业剩余劳动力问题研究[D]. 长春：吉林大学，2005.

[7]中国新闻网. 中央农村工作会议：要重视农村“三留守”问题[EB/OL]. [2013-12-24]. http：//www.chinanews.com/gn/2013/12-24/5658791.shtml.

[8]农业部农民科技教育培训中心，中央农业广播电视学校. 构建新型农民职业教育培训体系全面推动农村小康社会建设[J]. 职业技术教育（教科版），2004，25（1）：43-47.

[9]任福君，等. 农民科学素质稳步提升，服务“三农”成效显著[A]//2010全民科学素质行动计划纲要年报——中国科普报告. 北京：科学普及出版社，2010.

[10]全民科学素质纲要实施工作办公室. 全民科学素质行动发展报告（2006—2010年）[M]. 北京：科学普及出版社，2011.

[11]中国科协. 国务院办公厅印发《全民科学素质行动计划纲要实施方案（2011—2015年）》[EB/OL]. [2011-07-04]. http：//www.cast.org.cn/n35081/n35096/n10225918/13023957.html.

[12]胡平. 农村劳动力转移教育培训体系的构建[J]. 中国成人教育，2008（4）：191-192.

[13]全民科学素质纲要实施工作办公室. 2013全民科学素质行动计划纲要年报——中国科普报告[M]. 北京：科学普及出版社，2014.

[14]梁宝忠. 农业部全面启动新型职业农民培育试点[EB/OL]. [2012-12-14]. http：//www.moa.gov.cn/zwllm/zwdt/201212/t20121214_3106881.htm.

[15] 中央农广校. 关于印发《韩长赋部长重要批示和张桃林副部长在新型职业农民培育工程管理培训班暨全国农广校省校校长工作会议上的讲话以及刘天金常务副校长的总结讲话》的通知[EB/OL]. [2014-07-16]. http://www.chinesefarmer.cn/sytg/201407/t20140716_156404.html.
[16] 中国农村科普网. "百名科技专家和致富能手进通辽"科技下乡活动举行[EB/OL]. [2009-09-27]. http://www.agritech.org.cn/n11254568/n11254644/n11398119/11522764.html.
[17] 全民科学素质纲要实施工作办公室. 2009全民科学素质行动计划纲要年报——中国科普报告[M]. 北京：科学普及出版社，2010.
[18] 中国科协，财政部. 关于公布2014年"基层科普行动计划"奖补单位和个人的通知[EB/OL]. [2014-7-9]. http://www.cast.org.cn/n35081/n35488/15767981.html.
[19] 中国科协办公厅. 关于2011—2015年度全国科普示范县（市、区）中期评估情况的通报[EB/OL]. [2014-1-9]. http://www.cast.org.cn/n35081/n35488/15343732.html.
[20] 胡俊平. 全国科普示范县（市、区）创建活动管理模式及SWOT分析[J]. 科学管理研究，2013，31（3）：54-56.
[21] 任福君，李朝晖. 中国科普基础设施发展报告（2011）[M]. 北京：社会科学文献出版社，2011：17-18.
[22] 中国科协. 中国科协2012年度事业发展统计公报[EB/OL]. [2013-8-1]. http://www.cast.org.cn/n35081/n35096/n10225918/14908615.html.
[23] 任福君. 中国公民科学素质报告（第二辑）[M]. 北京：中国科学技术出版社，2011.
[24] 任福君，翟杰全. 科技传播与普及概论[M]. 北京：中国科学技术出版社，2012.

第 4 章

面向城镇劳动者的科普实践

4.1 引 言

随着我国经济体制改革的深入和城镇化的发展趋势，城镇不仅是第二、第三产业的集中地域，也是城镇劳动者工作和生活的主要区域。城镇劳动者是城镇建设和经济社会发展的主体。据国家统计局 2005 年统计，全国城镇就业总人数 2.7 亿，减去 1100 万名公务员，城镇劳动人口为 2.6 亿。2006 年，城镇劳动人口生产总值占国民生产总值的 88.3%（第二产业和第三产业之和），已成为支撑我国工业化发展的重要力量[1]。2012 年，第二、第三产业增加值占国内生产总值的比重分别为 45.3% 和 44.6%，总计 89.9%[2]。因此，城镇劳动者的科学素质状况不仅对我国公民科学素质的整体水平具有决定性的影响，而且直接影响到我国劳动生产率的提高、产业技术水平的提升和经济发展的整体绩效。然而，2005 年我国城镇劳动者中具备基本科学素养的比例仅为 2.37%[3]。相比发达国家，我国城镇劳动者的科学素质较低。这一状况无法满足走新型工业化道路和发展现代服务业的需求，成为转变经济发展方式的制约因素之一。

教育培训无疑是培养高素质城镇劳动者的重要手段。新中国成立后，结合国家工业化的步伐，各式各样的技术讲座培训在全国城镇蓬勃兴起。1953年，全国科普协会在大中城市举办“工业的基础——钢铁工业”、“有色金属工业”、“工业的心脏——机器制造工业”等社会主义工业化18讲，对工人技术水平的提高、国民经济的恢复发挥了一定作用。1954年后，全国科普协会与全国总工会合作，进一步推动面向职工的科普工作，举办“机械工人速成看图”、“翻砂”、“金属切削”、“机械制造”等各种技术讲座，仅济南、沈阳、旅大（原大连市）3个市参加速成看图学习班的工人就有6171人。1978年全国科学大会召开后，科普活动空前活跃。1978—1980年，中国科协依靠基层科普组织面向城市组织举办“八大科学领域介绍”、“四个现代化科学知识”、“技术经济科学知识”、“管理科学”、“系统工程”、“能源科学”、“新技术革命知识”等系列讲座，使广大城镇劳动者的知识得以更新，为城市改革开放和经济建设的发展打开新的思路[4]。

近年来，政府和社会各界在城镇劳动者科技教育和培训方面做了不少工作，初步形成了包括各级各类职业教育培训机构在内的职业教育和培训网络，制定出台了《中华人民共和国劳动法》《中华人民共和国职业教育法》等相关法律法规，进一步完善了职业资格证书制度，为城镇劳动者提高自身科学素质创造了一定条件[5]。但在城镇劳动者的科技教育和培训工作中，还存在资源严重不足、涉及科学素质的内容较少等问题。不少企业一味追求生产规模扩大和技术设备升级，却忽视了对工人的职业培训。

我国正全面实施科教兴国战略、人才强国战略和创新驱动发展战略。提升国家竞争力，既要加快培养数以千万计的具有创新精神和创造能力的高素质专业人才，也要加快培养同现代化要求相适应的数以亿计的高素质劳动者。提高城镇劳动者科学素质，是使我国由人口大国向人力资源强国转变的重要环节。同时，通过提高劳动者的科学素质水平，增强城镇劳动者科学生活的能力，帮助城镇居民逐步形成科学文明健康的生活方式，也是全面建设小康社会、构建社会主义和谐社会的迫切需要。《科学素质纲要》的颁布，为城镇劳动者科学素质行动指明了方向。

4.2　城镇劳动者群体细分及其科普需求

按照其工作状态，城镇劳动者可分为在岗人员和待岗人员。从劳动者的户籍来看，一部分劳动者具有城镇户口，而另一部分是进城务工人员。不同的工作状态以及生活环境决定了他们的科普需求呈现差异化。

4.2.1　城镇在岗劳动者及其科普需求

城镇在岗劳动者指的是在城镇企事业单位工作，并获得单位支付工资的劳动者。由于各单位性质的不同，在岗劳动者的劳动强度、工资报酬也具有差异。不同的工作岗位对于劳动者的科学素质要求也不同。城镇劳动者中的在岗人员大部分时间是处于企事业单位的工作劳动状态，因此他们的科普需求主要与工作中的技术革新密切相关。在岗人员中，一部分是专业技术人员，他们的科学素质相对较高，涉及这类人群的再教育培训应该更加高端化。应结合走新型工业化道路和发展现代服务业的需求，以学习能力、职业技能和技术创新能力为重点，组织开展在岗科技培训和继续教育，更好地适应经济社会和自身发展的要求。

4.2.2　失业人员和进城务工人员及其科普需求

失业人员是指在劳动年龄内有劳动能力，目前无工作，并以某种方式正在寻找工作的人员。这个群体包括就业转失业的人员和新生劳动力中未实现就业的人员。进城务工人员指从村镇进城市打工的人员。失业人员和进城务工人员的就业前景存在多变性。他们需要提高适应职业变化的能力，转变就业观念，尽快实现就业。面向失业人员和进城务工人员，按照以培训促进就业、以就业带动培训的思路，提供用工信息、职业介绍、职业指导、职业培训等一体化服务，提高失业人员和进城务工人员的就业率和上岗能力。根据这个群体在科普需求上的特点，支持和帮助行业、企业根据岗位的需求，将教育资源优势与行业企业需求紧密结合起来，落实好“谁用人、谁培训”、“先培训、后上岗”制度，把广泛开展失业人员和进城务工人员职业技能培训作为建设学习型社区、促进和谐社会建设的重要措施。

4.3 面向城镇劳动者科普实践的主要形式

面向城镇劳动者科普实践的主要形式有教育培训、技术练兵等。

4.3.1 城镇劳动者技能培训和继续教育

4.3.1.1 高技能人才培训

（1）高级技师培训

原劳动和社会保障部于 2004 年 4 月对全国 40 个城市技能人才状况开展抽样调查的结果显示，技师和高级技师占全部技术工人的比例不到 4%，而企业需求的比例是 14% 以上，供求之间存在较大差距；企业当前最急需的前三位人才依次是：营销、高级技工、技师和高级技师，分别占调查企业需求比例的 14.4%、12.1% 和 10.9%[6]。因此，加强在职教育和继续教育培训，以重点培养技工和技师为核心，满足产业对技能人才的需求，对于加快经济发展方式的转变至关重要。

针对高级技工和技师短缺的情况，中共中央办公厅、国务院办公厅于 2006 年发布了《关于进一步加强高技能人才工作的意见》，国务院也出台了《关于大力发展职业教育的决定》。为落实文件精神，原劳动和社会保障部于2006年开始实施“5+1”计划行动①，即新技师培养带动计划、城镇技能再就业计划、能力促创业计划、农村劳动力技能就业计划、国家技能资格导航计划等。职业培训坚持为提高劳动者就业能力服务、为培养技能人才服务的发展方向，以高技能人才工作为龙头，大力培养社会急需的高技能人才。

这 5 个培训计划实施时均设定了明晰的培训特色和定量目标，虽然其中有些计划面向下岗职工或农村劳动力，但最终均有助于解决技工和技师短缺的问题，符合我国就业工作从数量就业向素质就业、技能就业转化的大趋势。

① 除 5 项培训计划外，还包括“技能岗位对接行动”，为劳动者培训后就业提供有效服务和大力支持。

新技师培养带动计划重点依托各个行业和各类骨干企业，发挥职业院校基础培训作用，并建立高技能人才校企合作培养制度，加快培养技术技能型、复合技能型、知识技能型人才，强化对技师、高级技师和高级技工的培养，并带动中级和初级技能劳动者队伍梯次发展。城镇技能再就业计划组织动员社会各类教育培训机构积极开展多层次、多形式的再就业培训，结合劳动力的市场需求，进一步强化订单培训和定向培训，对下岗失业人员开展职业技能培训。能力促创业计划将创业培训与就业再就业扶持政策紧密结合，为创业者提供培训、政策、资金、技术、信息"一条龙"服务，对城乡劳动者开展创业培训，提高创业的成功率和稳定性。农村劳动力技能就业计划实行进城务工农村劳动者技能培训、就业服务和维护权益"三位一体"，对进城务工的农村劳动者开展职业培训，提高其职业技能，以顺利实现转移就业。"国家技能资格导航计划"进一步完善新职业信息发布制度，加强职业资格证书体系建设，改革技师、高级技师鉴定工作。

经过各地几年的努力，截至 2009 年年底，各项培训计划工作都已接近或超额完成预期的培训定量指标（见表 4–1）[7]。

表 4–1　"5+1"计划行动培训目标与落实（2006—2010 年）

培训项目	5 年培训定量指标	任务落实（截至 2009 年年底）
新技师培养带动计划	新培养 190 万名技师和高级技师，新培养 700 万名高级技工	培养技师和高级技师 141.6 万，新培养 599.2 万名高级技工
城镇技能再就业计划	对 2000 万名下岗失业人员开展职业技能培训，培训合格率达到 90% 以上，培训后再就业率达到 60% 以上	再就业培训近 2400 万人次，培训后共有 1581 万人实现再就业，再就业率达到 68%
能力促创业计划	对 200 万名城乡劳动者开展创业培训，培训合格率达 80% 以上	组织近 320 万人参加创业培训，培训后创业成功率达 60%
农村劳动力技能就业计划	对 4000 万名进城务工的农村劳动者开展职业培训	组织 3700 多万名农村劳动者参加培训
国家技能资格导航计划	组织 6000 万人次参加职业资格鉴定，以 200 个职业为重点	全国共有 5234.6 万人参加了职业技能鉴定，4289.8 万人取得职业资格证书

（2）高技能人才振兴计划

2011 年，国家人力资源社会保障部和财政部联合下发《关于国家高技能人才振兴计划实施方案》[8]。实施国家高技能人才振兴计划是适应加快转变经济发展方式、推动产业结构优化升级、提高企业竞争力、加强高技能人才队伍建设的重要举措。该方案提出，以培训技师、高级技师为重点，以提升职业素质和职业技能为核心，培养和造就一批具有精湛技艺、高超技能和较强创新能力的高技能领军人才。2011—2020 年，全国将新培养 350 万名技师和 100 万名高级技师，使技师和高级技师总量达到 1000 万人。其中，国家拟重点支持 50 万名经济社会发展急需紧缺行业高级技师培训。此外，还将重点实施两大项目：一是高技能人才培训基地建设项目。根据计划，2020 年年底前，建设 1200 个示范性高技能人才培训基地。其中，2015 年年底前支持 400 个国家级高技能人才培训基地建设。二是技能大师工作室建设项目。到 2020 年年底，将建成 1000 个左右国家级技能大师工作室，基本形成覆盖重点行业、特色行业的技能传承与推广网络。此项计划实施后，高技能人才的培养力度和效果增强。从 2012 年的实施情报来看，全国新增技师和高级技师 46.7 万人，建设了 140 个高技能人才培训基地和 150 个技能大师工作室[9]。

（3）专业技术人才知识更新工程

专业技术人才是企事业单位宝贵的智力资源。面对信息化社会的飞速变化，专业技术人才需要参加继续教育培训，不断丰富和更新知识结构，因而设立了技术人才知识更新工程。以 2012 年为例，高层次、急需紧缺和骨干专业技术人才是培养的重点。全年培训高层次急需紧缺专业技术人才 80 万名。根据经济社会发展需要，按照高水平、小规模、重特色的要求，充分考虑各地各部门的申报建议，人力资源社会保障部遴选确定了 200 期高级研修项目，着力增强选题的战略性。各地各部门开展高级研修项目培训，突出培养的实效性、手段的创新性、组织的协调性，充分发挥高级研修项目在对口培训东西部人才、培养高层次专业技术人才、示范引领人才队伍建设等方面的作用。

4.3.1.2　失业人员职业培训

20 世纪 90 年代中期以来，我国下岗失业的总人数一直有增无减，城镇登记失业人数急剧攀升。据有关部门统计，1998—2003 年，我国国有企业累计下岗职工 2818 万人，登记失业率达到 4.3%[10]，上升到了历史最高点。

在培训的主要内容中，开展职业指导以帮助下岗失业人员科学分析就业形势，更新就业观念，树立自主就业意识；为他们提供职业需求信息和介绍求职方法，指导他们科学合理地制订个人再就业计划和措施。面向准备自谋职业特别是有创办小企业意向的失业人员，开展创业培训，使其熟悉国家相关政策和法规，了解开业或创办企业必备的知识、程序和经营管理方法，指导他们制订科学、切实可行的创业方案，提高创业成功率。各有关部门在科学分析劳动力市场需求和失业人员特点的基础上，确定培训项目，制订详细的培训方案和计划。例如，“5+1”计划行动中的城镇技能再就业计划、能力促创业计划等都涉及相关方面。

针对国际金融危机对我国就业形势的影响，人力资源和社会保障部等发布了《关于实施特别职业培训计划的通知》，按照扩大培训规模、延长培训期限、增加培训投入、提升培训能力、保持就业稳定的思路，依托技工院校，进一步加大职工培训工作的力度，重点对困难企业在职职工、返乡农民工、失业人员、新成长劳动力等群体开展有针对性的职业培训。特别职业培训计划成为应对金融危机、促进就业工作的一项重要举措，列入国务院促进就业工作的重点安排。2009 年，全国共开展各类职业培训近 3000 万人次，对于提高劳动者素质、促进和稳定就业发挥了积极作用。

4.3.1.3　进城务工人员职业技能培训

农村转移劳动力是我国改革开放和工业化、城镇化进程中涌现的一支新型劳动大军。据 2006 年的一项统计结果，我国外出务工农民数量为 1.2 亿人左右，如果加上在本地乡镇企业就业的农村劳动力，农民工总数大约为 2 亿人[11]。人力资源和社会保障部统计，2012 年，全国农民工总量达到 2.6 亿人，其中外出农民工 1.6 亿。农民工分布在加工制造业、建筑业、采掘业及环卫、家政、餐饮等服务业中，已占从业人员半数以上，是推动我国经济社会发展的重要力量，其科学文化和生产技能水平，直接关系到我国产业素质、竞争力和现代化水平。我国城市劳动力市场30%以上需要高中以上文化的就业者，50%左右有明确的技术要求。针对农民工的特点，围绕城镇化进程的要求，各部门重点开展职业技能培训和科学文明健康生活方式的宣传，以提高其职业技能水平和适应城市生活的能力。

2007年3月，全国总工会、中央文明办、原建设部、教育部、共青团中央等部门联合下发了《关于在建筑工地创建农民工业余学校的通知》，坚持以人为本、教育优先，要求迅速在建筑工地设立农民工业余学校，通过农民工业余学校把农民工组织起来，对农民工进行安全教育、技术培训、权益保护、思想和文化教育等服务，并且从场地设置、内容形式、师资力量、经费筹措、组织领导等几个方面对设立农民工业余学校进行了明确规定。

共青团中央实施“千校百万”进城务工青年培训计划等，对进城务工青年开展系统化、规范化、“订单式”的岗位技能培训。各级共青团组织联系当地民办学校、职业院校或其他社会培训机构，针对进城务工青年的实际需求，以短期实用技术培训为主，为他们提供免费或低价的培训服务，鼓励其获取职业资格证书。同时，推动政府购买培训或企业委托培训，并推动培训学校与用工单位联合，为进城务工青年提供培训就业一体化服务。截至2009年年底，全国已建立各类培训学校（站、点)2200多所，初步形成了以重点城市和重点行业为核心、覆盖进城务工青年聚集地的培训网络[7]。在德国杜塞尔多夫中国中心的支持下，设立了中德青年DCC培训基金，每年资助10名优秀进城务工青年赴德国参加为期两个月的教育培训[1]。

4.3.2 技能竞赛和评比活动

4.3.2.1 职业技能竞赛

结合实施国家高技能人才培训工程和技能振兴行动，面向基层，立足班组，大力开展技术创新、岗位练兵、技术比武、技能竞赛活动，推动企业加强职工技能训练，调动广大职工获取知识、提高技能的主动性和创造性。职业技能竞赛激发参赛对象的内在动力，不仅能够挖掘竞赛参与者的潜能，还能够促使其按照既定的竞赛目标、竞赛标准工作和学习。

2006 年 2 月，全国总工会发出了《关于在全国职工中广泛开展“当好主力军，建功‘十一五’，和谐奔小康”竞赛活动的通知》，积极开展技能比赛。为此，各级工会组织广泛开展了各层次、各行业的技能比赛活动。全国职工职业技能大赛是由全国总工会联合科技部、原劳动社会保障部共同举办的国家级一类竞赛。大赛紧密围绕国家建设急需、技术含量较高、从业人员多的工种开展职业技能比拼。例如，2006 年第二届大赛设车、钳、铣、焊四个工种，分为初赛和决赛两个阶段。全国有数以千万计的职工参加了各个层次的比赛，参加省级选拔比赛的职工就达 2 万多人，掀起了学技术、比技能的热潮。另外，共青团中央每年开展“振兴杯”全国青年职业技能大赛，青年技术工人积极参与，为推动企业技术进步、提高企业核心竞争力做出贡献。

企业最基层团队、最小管理者实力及能力的比拼，能展示当今工人形象和企业班组风采。它让广大职工从社会和广大人民对工人能力的肯定及价值评价的转变中，感受职业荣耀，增强职业自信和自豪感，从而更加爱岗敬业，创新创效。例如，2008 年 4 月由全国“创争”办、全国总工会宣教部等单位共同举办的“辽河油田杯”全国学习型班组和优秀班组长风采大赛，通过知识竞赛、个人管理能力及团队协作能力比拼、演讲比赛、案例分析等形式，展示班组文化、团队精神、集体协作智慧和班组长个人综合素质，并以此折射出企业文化特色、管理水平和发展现状。班组和班组长风采大赛得到了基层企业和广大职工的热烈欢迎，已经成为班组管理和提高班组长能力素质的优质品牌。

4.3.2.2 “讲理想、比贡献”活动

开展群众性的技术创新和发明活动是增强企业职工创新意识和能力，提高职工劳动技能和科学素质，更好地适应经济社会发展的重要活动形式；也是推动企业技术进步和产业升级，增强市场竞争能力的重要途径。

原国家经贸委和中国科协从1987年起在全国企业科技人员中开展“讲理想、比贡献”竞赛活动。此项活动直接服务于企业技术进步，有效地促进和提高了科技人员的积极性和创造性，得到企业和企业广大科技工作者的积极响应，已成为企业中影响力大、深受欢迎的群众性科技活动之一。实践证明，全国总工会多年来开展的劳动竞赛、技术革新与协作、发明创造等群众性创新和发明活动奠定了开展职工技术创新工程的基础。在新的形势下，“职工技术”“创新工程”把传统的经济技术活动同创新要求紧密结合起来。在目标上，以企业职工为主体，以推进企业技术进步和提高经济效益为中心；在领域上，与企业的科技、经营、流通、信息等方面的工作紧密结合；在内容上，突出技术创新，注重科技成果向现实生产力转化；在形式上，以职工欢迎、企业需要、效果明显为标准，从本地和本企业出发，开展形式多样、富有时代气息的经济技术活动。企业把实施职工技术创新工程的过程作为提高职工素质的过程。通过总结推广先进操作法，挖掘出职工中的绝招、绝技和绝活，做好传、帮、带；通过技术难题会诊、关键课题分析、招标揭榜攻关，提高了职工的创新应变能力和攻坚能力。在创新的实践中，这些活动培养造就了一支适应社会主义市场经济和新科技革命需要的技术技能人才。以2013年为例，截至10月底，总计212万余人次科技工作者参加“讲理想、比贡献”活动，立项15.6万余项，采纳合理化建议25.8万条。深入开展科技信息服务企业技术创新活动，储备科技信息600余万项，遴选加工提取关键技术信息5.8万余项，持续服务企业超过8000家[12]。

4.3.3 高危行业安全培训

随着大量农村劳动力进入矿山、建筑、化工、烟花等高风险、重体力劳动行业和领域，提高职工安全素质已成为当前我国安全生产科普的一项重要工作。职工安全素质的不断提高，可以避免由于对安全的忽视或无知而产生的不安全的行为，减少人为失误而导致的事故，确保生产安全进行。

安全素质的提高首先要依靠教育培训。一方面，要使职工熟悉国家的安全生产法规和企业的安全生产规章制度，并能正确贯彻执行，对安全生产有较强的责任感，对法规的贯彻和制度的执行有较高的自觉性，能正确认识安全与生产的辩证关系，正确理解“安全第一、预防为主”的方针，树立较强的安全法制观念和意识，主动搞好安全生产。另一方面，要使职工掌握职业安全卫生的基本知识和与其所从事的生产相关的安全技术知识及操作技能，能够识别生产中的危害因素并掌握相应的防护措施，从而提高其预防事故、处理事故和事故应变能力。

围绕安全生产需要，安全监管总局相继出台了《生产经营单位安全培训规定》和《关于加强煤矿安全生产培训工作的若干意见》等部门规章和规范性文件，积极在煤矿、非煤矿山、危险化学品、烟花爆竹等高危行业全面推行强制性全员安全培训，颁布实行高危行业一般从业人员（农民工）安全培训大纲。同时，卫生部制定的《全国健康教育与健康促进工作规划纲要（2005—2010 年）》指出，到 2010 年，新职工、女工、接毒接尘工人等工矿企业人群的岗前、岗位安全与健康培训率达到 100%。

自 2006 年以来，国家安全监管总局分别以“科技兴安 安全发展”、“综合治理 科技兴安”、“推进科技创新 治理事故隐患”为主题连续开展了安全科技周活动；先后又以“安全发展、国泰民安”、“综合治理、保障平安”、“治理隐患、防范事故”、“安全责任，重在落实”为主题，组织开展了形式多样、内容丰富的“全国安全生产月”活动。活动内容包含“安全生产万里行”宣传采访活动、“安康杯”竞赛和“青年安全生产示范岗”活动等。这些安全科普教育活动营造了“关爱生命、关注安全”的舆论氛围，对提高全民的安全和责任意识、推动安全生产专项整治以及促进全国安全生产形势稳定好转发挥了积极作用。

安全监管总局组织编写了大量针对性强的安全生产培训教材和科普读物，并制作了宣传展板挂图、影像宣教片等。例如，《农民工安全生产知识读本》《职工安全生产知识读本系列丛书》《煤矿新工人生产安全多媒体系列培训教材》等。此外，制作了一批安全科普动漫公益广告，在中央电视台等媒体播出。

4.4 面向城镇劳动者科普实践的成效

通过实施城镇劳动者科学素质行动，结合城镇不同人群的需求差异，开展了在岗培训、继续教育、健康安全教育等培训，组织了职业技能比拼、科普进社区等各类活动。城镇职工的职业技能和创新能力不断提升，失业人员及进城务工人员的就业能力明显增强，科学文明健康的生活方式在城镇社区中得到了大力提倡。城镇劳动者科学素质建设不仅提升了城镇劳动者的职业技能水平，也提升了他们科学生活的能力，起到了振兴经济、服务民生的重要作用。

4.4.1 政府和基层组织各司其职

政策支持是推动工作的保障。2006 年由国务院颁布的《科学素质纲要》将城镇劳动者作为四个重点人群之一，制定了城镇劳动者科学素质行动，并且提出了 4 项任务、7 项措施加以落实。城镇劳动者科学素质行动以劳动保障部①、全国总工会为牵头部门，中宣部、教育部、科技部、人事部、国家广电总局、中科院、工程院、共青团中央、全国妇联、中国科协为责任单位共同参与协商制定行动方案，经统筹协调而组织实施。要求牵头部门和责任单位加大对各类培训的支持力度，提供各种培训渠道方便城镇各类人群的参与。同时，还强调要发挥社区在提高劳动者科学素质方面的作用，通过社区科普活动室、科普学校、科普画廊等机构和设施，开展多种形式的科普宣传，建设学习型社区，大力倡导科学文明健康的生活方式。

企业科协、职工技协、工会等基层组织机构积极行动起来，充分发挥他们扎根基层的优势，帮助和鼓励职工群众开展技术培训、职业技能比拼、技术创新和发明活动，在提高职工科学素质、增强自主创新能力的同时，提高产品质量和劳动生产率，降低成本和资源消耗，兼顾经济效益和

① 2008 年，十一届全国人大一次会议审议通过了国务院机构改革方案，将原人事部、原劳动和社会保障部整合为人力资源社会保障部。

社会效益的共同提高。

4.4.2 职工自我教育学习的基础条件改善

全面提高职工科学素质是一个长期艰巨的过程。营造全民学习、终身学习的社会氛围，加强教育培训阵地建设，开展丰富多彩的教育活动，寓学习于工作中，寓教育于活动中，这是提高职工科学素质的有效途径。通过这些年来各有关部门的努力，职工自我教育学习的基础条件得到了显著改善，便于职工加强自我学习，以提高科学素质水平。

全国总工会大力推进了“职工书屋”的建设，改善一线职工特别是农民工的学习条件，传播先进文化，普及科技知识，引导职工养成爱读书、读好书的良好习惯，激发职工的创造活力。“职工书屋”建设的基本原则是坚持公益性质，坚持多渠道筹集建设资金，坚持把重点放在基层，坚持因地制宜、分步实施。2008—2010年，全国共建设3万多家“职工书屋”，开展了读书知识竞赛、读书会、读书节、读书论坛等丰富多样的活动，为职工群众提供了健康向上、丰富多彩的精神文化产品，提升了职工科学素质。此外，全国总工会还命名了100个职工教育培训优秀示范点和700个示范点，并出资1000万元重点扶持100个职工教育培训优秀示范点建设，发挥出示范引领作用[9]。

除了实地培训外，职工网络学习培训也发展迅速。我国首个全国性职工学习网络——中华职工学习网于2007年7月正式开通。作为我国工人自己的全国性网上学习基地，中华职工学习网致力于打造我国最大、最权威的职工学习资源平台，致力于成为亿万职工的良师益友和推动我国学习型社会建设的强力引擎。一期上线的中华职工学习网（www.51xue.org.cn）分设职业站和情景站两大访问环境，设有信息中心、职工学习中心、中华职工大讲堂、学习资源中心、文化活动中心、职工图书城、企业大学、游乐场等八大模块，拥有完善的信息检索和在线互动功能。职业站以职工群众的现实职业需求为依据，整合了多种职业的相关教育培训资源。情景站让情景动画成为网站展现内容和信息交互的重要手段，界面操作简单并富于人性化，将快乐学习理念贯穿始终。

4.4.3 城镇劳动者科学素质水平提升

经过全社会的共同努力，城镇劳动者中具备基本科学素质的比例从2005年的2.37%提高到2010年的4.79%[13]。城镇劳动者科学素质的提升对我国公民科学素质的整体提高起到了重要作用。但目前我国城镇劳动者的科学素质水平仅相当于加拿大（1989年为4%）和欧盟（1992年为5%）等主要发达国家和地区20世纪80年代末90年代初的水平。要增强我国在国际社会中的竞争力，并让城镇劳动者随着经济社会的快速发展得到更多的益处，提高城镇劳动者科学素质依然任重道远，还需不懈地努力。

4.5 面向城镇劳动者科普实践的未来展望

立足全球新一轮科技革命和产业革命的新形势，我国作出了实施创新驱动发展战略的重大抉择。这是加快转变经济发展方式、赢得经济发展先机和主动权的重要支撑，也是提高社会生产力和增强综合国力的根本大计。实施创新驱动发展战略，关键在于增强全社会的自主创新能力。从产业链低端向高端跃升，从“中国制造”向“中国创造”转变，实现经济发展创新驱动和内生增长，根本上必须依靠具备较高科学素质的大量劳动者和创新型人才[14]。

4.5.1 重视城镇劳动者的创新能力

城镇劳动者作为国家第二和第三产业的核心力量，其科学素质水平的高低直接关系到国家的创新实力。只有广大城镇劳动者掌握科学思想和科学方法，树立科学精神，创新人才大量涌现，整个社会的创新创造活力不断迸发，自主创新能力的提升，才能拥有坚实依托和不竭源泉。因此，中共中央、国务院在《关于深化科技体制改革加快国家创新体系建设的意见》中明确提出，要提高全民科学素质，到2015年我国公民具备基本科学素质的比例超过5%。当前城镇劳动者的科学素质水平已经接近或超过这个要求。但是，应该更进一步巩固通过科学教育培训、技术练兵等形式取得的成果，利用好新媒体发展的良好机遇，把城镇劳动者科学素质水平推上一个新的高度。

4.5.2　保障城镇劳动者充足的继续教育培训时间

当前城镇劳动者在岗培训占大部分，往往是生产工艺需要什么，就培训什么，具有很强的当下应用性。虽然这种培训方式贴近了城镇劳动者的工作实际需求，但对于劳动者自身综合素质的提高所起到的效果有限。人力资源部门和各企业应着眼行业发展的前景，为在岗职工设置相应的继续教育计划，并保障他们有充足的时间学习和消化。

4.5.3　培养城镇劳动者主动创新的意识

在科普实践中，要加强创新文化的传播，让创新的意识在城镇劳动者头脑中扎根，人人争先创新并善于创新。面向城镇劳动者，由浅入深地普及科学创新方法，使劳动者具备创新的基本能力，为科技创新提供智力支持。

参考文献

[1]中国科普研究所. 2007中国科普报告[M]. 北京：科学普及出版社，2007：83.

[2]中华人民共和国国家统计局. 中华人民共和国2012年国民经济和社会发展统计公报[EB/OL]. [2013-02-22]. http://www.stats.gov.cn/tjsj/tjgb/ndtjgb/qgndtjgb/201302/t20130221_30027.html.

[3]第八次中国公民科学素养调查结果发布[EB/OL]. [2010-11-25]. http://www.cast.org.cn/n35081/n35473/n35518/12451858.html.

[4]徐延豪. 抓住机遇突出重点服务民生切实做好新时期城镇社区科普工作——全国城镇社区科普工作会议工作报告[J]. 科协论坛，2013(7)：6-13.

[5]中国科学技术协会科学技术普及部. 全民科学素质行动计划纲要28讲[M]. 北京：科学普及出版社，2008.

[6]劳动保障部课题组. 关于技术工人短缺的调研报告[J]. 中国劳动保障，2004(11)：39-41.

[7]全民科学素质纲要实施工作办公室. 全民科学素质行动发展报告(2006—2010年)[M]. 北京：科学普及出版社，2011.

[8]新华社. 我国印发实施方案启动国家高技能人才振兴计划[EB/OL]. [2011-11-03]. http://www.gov.cn/jrzg/2011-11/03/content_1985594.htm.

[9]全民科学素质纲要实施工作办公室. 2013全民科学素质行动计划纲要年报——中国科普报告[M]. 北京：科学普及出版社，2014.

[10]中华人民共和国国务院新闻办公室. 中国的就业状况和政策白皮书(2004)[J]. 中国职业技术教育，2004，18：5-7.

[11]国务院研究室课题组. 中国农民工调研报告[M]. 北京：中国言实出版社，2006：3-4.

[12]科技梦托起中国梦——2013年中国科协工作综述[N/OL]. 科技日报，2014-01-25(3). http://digitalpaper.stdaily.com/http_www.kjrb.com/kjrb/html/2014-01/25/content_244841.htm?div=-1.

[13]任福君. 中国公民科学素质报告(第二辑)[M]. 北京：中国科学技术出版社，2011.

[14]任福君，翟杰全. 科技传播与普及概论[M]. 北京：中国科学技术出版社，2012.

第 5 章

面向社区居民的科普实践

5.1 引　言

改革开放以来，经过多年的科学知识普及，我国城市社区居民科学素质有了很大提高。第八次中国公民科学素养调查结果显示，城镇劳动者具备基本科学素养的比例从 2005 年的 2.37% 提高到 2010 年的 4.79%，提高了 2.42%，高于全国平均 3.27% 的比例，提高幅度也高于全国平均提高 1.67% 的速度[1]。但是，也要清醒地看到，随着我国城镇化建设的快速推进，社区居民科学健康生活的能力还比较低，城市社区居民科学素质还有待提高。

据国家统计局统计，2011 年，我国城镇人口占总人口的 51.27%，首次超过农村人口，这标志着城镇居民开始在我国居民中占大部分。大量农民从农村居民转变成城镇居民，其身份和生活环境发生了很大改变，带来了思想观念、生活习惯等各个方面一系列的变化。社区承载的社会管理和公共服务功能不断增加，社区在我国正发挥着越来越大的社会公共服务功能。提高社区公共服务能力，需要社区居民有积极参与的意识和较强的参与能力，其中就包括理解和运用科学知识参与公共事务的能力。但是，从近年来各地发生的“张悟本事件”、“抢盐事件”可以看出，我国很多居民还不具备基本的科学判断和认知能力。

2011年6月，国务院办公厅印发的《全民科学素质行动计划纲要实施方案（2011—2015年）》中，在原来纲要工作四类重点人群的基础上，增加了社区居民为重点人群，同时第一次将“社区科普益民计划”作为“十二五”期间纲要的重点工作明确出来[2]。

“十二五”时期，我国社区居民科学素质工作目标任务包括三个方面：

一是推进科学发展观在社区广泛树立。提高社区居民节约能源资源，保护生态环境，保障安全健康，促进创新创造的意识，切实发挥科学发展观对居民生活各方面的指导作用，促进建设资源节约型社会、环境友好型社会重大决策在社区的广泛宣传，推动社区居民形成科学文明健康的生活方式。

二是显著提升社区居民的科学素质。通过形式多样、内容丰富、群众喜闻乐见的科普活动，提升社区居民应用科学知识解决实际问题、改善生活质量、应对突发事件的能力，激发社区居民提高科学素质的主动性和积极性，推动社区居民科学素质达到《全民科学素质行动计划纲要实施方案（2011—2015年）》的目标要求。

三是筑牢和谐社区建设的科学文化基础。围绕建设文明和谐的学习型社区，提升社区科普服务能力，完善社区公共服务体系，在社区居民中普及科学知识，倡导科学方法，树立科学思想，弘扬科学精神，引导社区居民形成良好的社会公德、职业道德、家庭美德和自觉抵制反科学、伪科学、破除愚昧迷信的社会风尚，为社会主义和谐社会建设服务。

5.2　我国城镇社区概况

社区是指聚居在一定地域范围内的人们所组成的社会生活共同体。目前我国社区的范围，一般是指经过社区体制改革后作了规模调整的居民委员会辖区。居民委员会是居民自我管理、自我教育、自我服务的基层群众性自治组织。社区科普是社区建设中的一项基本内容，与社区教育、社区文化等相关社区工作相互促进，发挥着重要作用。城镇包括城区和镇区。城区是指在市辖区和不设区的市，区、市政府驻地的实际建设（已建成或在建的公共设施、居住设施和其他设施）连接到的居民委员会和其他区域；镇区是指在城区以外的县人民政府驻地和其他镇，政府驻地的实际建设连接到的居民委员会和其他区域。与政府驻地的实际建设不连接，且常住人口在 3000 人以上的独立的工矿区、开发区、科研单位、大专院校等特殊区域及农场、林场的场部驻地视为镇区[3]。

据民政部 2012 年社会服务统计数据，我国目前共有 9.1 万个社区[4]。按照适度的人口和地域面积标准，规模调整后的社区管辖的户数一般为 1000—3000 户。规模较大的生活区或高层楼宇较集中的社区，其管辖的户数可适当多些，多者可达 1 万户以上。按居住人群或房屋特点，城镇社区可分为传统街坊社区、单位公房社区、工矿企业社区、商品房社区、城乡结合部社区、村转居社区、城中村社区、廉租房社区、流动人口聚居地社区等。

5.3 我国城镇社区科普工作发展状况

为贯彻落实《国务院办公厅印发全民科学素质行动计划纲要实施方案（2011—2015 年）的通知》[5]要求，推动全国城市社区科普工作开展，2011 年 11 月，中国科协、全国妇联会同有关部门共同研究制定并印发了《社区居民科学素质行动实施工作方案（2011—2015 年）》（以下简称《社区居民科学素质方案》）。

《社区居民科学素质方案》对社区居民科学素质工作指导思想、工作任务、职责分工、保障措施进行了详细描述。《社区居民科学素质方案》指出，要充分发挥政府、社区居委会、民间组织、驻社区单位、企业及居民个人的积极作用，整合科普资源，健全科普网络，创新科普服务方式和方法，强化社区科技服务功能，为社区居民提供更加丰富、更加便捷的科普服务[6]。

5.3.1 完善社区科普工作方案

5.3.1.1 实施“社区科普益民计划”

为深入社区，引领激发广大群众学科学、用科学的积极性和创造性，2012年，中国科协、财政部开始联合实施社区科普益民计划。该计划通过“以点带面、榜样示范”的方式，在全国评比、筛选、表彰一批有突出贡献的、有较强区域示范作用的、辐射性强的科普示范社区。中央财政采用“以奖代补、奖补结合”的方式给予资金支持，带动更多的居民提高科学文化素质，引导居民建立科学、文明、健康的生产和生活方式，推动社区文化建设，教育和引领居民自觉抵制封建迷信和愚昧落后习俗，为社会主义和谐社会建设夯实思想文化基础，推动形成尊重劳动、尊重知识、尊重人才、尊重创造的良好社会氛围。

从2012年起，每年“社区科普益民计划”在全国评比表彰500个科普示范社区。每年中央财政专门设1亿经费，每个科普示范社区奖补资金20万元。奖补资金主要用于奖励和补助先进集体和个人购置科普资料和设备，面向基层群众开展培训讲座、展览等科普活动，发放科普宣传资料等的支出[7]。

5.3.1.2 地方科协制定和实施加强社区科普工作的相关措施

各省科协结合地方特色，精心策划实施了更具体的社区科普工作方案。江西省科协联合省委组织部开展“党旗映社区、科普进楼宇”创建活动。四川省提出了实施社区科普益民行动，其目标是在“十二五”期间，本省60%以上的街道建有科协，50%以上的社区建有科普小组，社区科普组织覆盖面不断扩大[8]；50%以上的社区建有科普活动室，并配有较为先进和完善的科普设施设备，社区科普基础设施水平得到提高。辽宁省出台《辽宁省科协关于加强和改进城区科普工作的若干意见》，提出经两年时间努力，争取在60%的社区建立科普益民服务站，为居民提供实效、便捷、优质的科普服务。江苏省政府出台的《江苏省全民科学素质行动计划纲要实施方案（2011—2015年）》明确了社区居民科学素质行动目标：到2015年年底，全省90%以上的社区建有科普活动室、科普图书室和科普画廊。苏南地区建有科普画廊（宣传栏）的街道（乡镇）、社区（行政村）

的比例达到 100%，苏中、苏北地区分别达 80% 和 60%。

为指导基层组织开展社区科普工作，湖北省科协编纂了《湖北省社区科普工作手册》；宁夏回族自治区科协印发了《自治区科普示范社区认定标准（试行）》，对进一步加强和规范社区科普工作，整合多方资源，建立联合协作的社区科普工作新机制具有重要意义；武汉市科协积极争取市财政局的专项资金，实施“科普助推幸福社区行动计划”，对社区科普中的先进单位和个人进行表彰[9]。沈阳市科协开设社区科普大学历时 10 年长盛不衰；哈尔滨市科协开展了“十星”科普社区建设，将科普惠及民生摆上突出位置；苏州市科协明确提出到 2015 年实现全市社区科普惠民服务站覆盖率达 50%，社区科普惠民服务站日益成为广大居民接受科普教育的新载体和新去处[10]。

案例 1：沈阳市科协开设社区科普大学[11]。社区科普大学在沈阳的分校达 275 所，覆盖 31% 以上的社区，在册学员 1.3 万人。科普大学贴近群众日常生活，开设饮食营养、家庭教育、健康保健、科学健身、心理卫生等 30 多门课程。社区科普大学的活动，寓教于乐，培养居民养成积极健康向上的心态，不仅让居民学到知识、提升能力，而且增加群众的归属感和认同感，促成邻里间的互助、合作、支持、关爱，培养大批二次科普传播的志愿者队伍，为社区和谐发挥了积极作用。

案例 2：哈尔滨开展“十星”科普社区建设[12]。哈尔滨将社区中的科普画廊、科普书屋、市民科普学校等十项内容列为“十颗星”，对科普社区创建实施动态管理，打造了“十星科普社区”民生科普工作品牌。同乐社区、抚顺社区、嵩山社区、重型社区等 32 个社区荣获了“十星”科普社区荣誉称号，占全市社区总数的 4.86%。已挂牌的“十星”科普社区科普活动室建设完备，科普楼道、科普家庭示范点装点其中；科普信息网络平台实行开放服务，社区居民在这里可以免费查阅资料；科普图书室配备的科普书刊比例达到 30% 以上。

5.3.2　开展形式多样的社区科普宣传和教育活动

各地各部门积极推进社区居民科学素质行动，围绕纲要主题，面向社区劳动者、老年人、妇女、少年儿童开展了形式多样、内容丰富、效果显著的科普活动，充分发挥社区教育在服务民生和促进社会和谐方面发挥作用，促进社区居民科学素质行动在各地扎实有效开展。

5.3.2.1 “科教进社区”活动蓬勃发展

中国科协作为我国科普工作的主要社会力量，多年来一直非常重视社区科普工作的开展。2002 年，中央文明办、中央综治办等部门联合开展了“四进社区”活动，其中“科教进社区”活动由中国科协牵头组织。该活动在促进城市社会经济协调发展、提高社区居民生活质量、保持社会安定团结等方面发挥了积极作用。据《中国科协统计年鉴 2012》，2011 年，中国科协、省级科协、副省级城市及省会城市科协、地级科协、县级科协开展的科普活动所覆盖社区总计 75441 个次，科教进社区的次数总计 55862 次（见表 5–1）[13]。

表 5–1　各级科协科普活动覆盖社区情况（2011 年）

	中国科协	省级科协	副省级城市、省会城市科协	地级科协	县级科协	总计
覆盖社区（个次）	9	2352	1871	14141	57068	75441
科教进社区（次数）	3	766	4513	17710	32870	55862

5.3.2.2 围绕纲要主题开展社区科普活动

围绕“节约能源资源、保护生态环境、保障安全健康、促进创新创造”纲要主题，充分发挥政府各有关部门、社区居委会、民间组织、驻社区单位等的积极作用，开展科教进社区、卫生科技进社区、全民健康科技行动、社区科普大讲堂、节能减排家庭行动、心理健康咨询等活动，推进社区居民科学素质建设。

组织开展环保科普活动，宣传环保知识，倡导环保理念，如垃圾分类科普知识宣传进社区。国家环保部编写了《垃圾分类指导手册》，制作了 8 套环保挂图和 3 套政府、企业、学校类别的 PPT 文件，先后在北京、上海、山东、河北、湖南等省市开展了 83 场次宣传普及和培训工作，受众超过 2 万多人。“环保嘉年华”以“绿色生活、快乐环保”为主题，于 2011 年分别在天津、广州、郑州、重庆、济南、大连、合肥、武汉、长沙、佛山、珠海、青岛等全国 10 多个城市开展了 10 多场环境科普、环保宣传活动，吸引了超过 20 万家庭近 60 万人参与[2]。以寓教于乐的形式开展环保宣教活动，吸引社会公众参与，倡导环保理念和环保行为方式，推动生态文明建设，取得了良好社会影响。

5.3.2.3 围绕社区居民需求，开展专家进社区科普活动

围绕社区居民需求，发挥学会的专家和学术优势，开展知名专家进社区活动，普及医疗保健知识，面向社区劳动者、老年人、妇女、少年儿童开展多种宣传和教育活动，如全国妇联实施社区巾帼志愿服务行动计划、健康科普西部行活动等。

案例 1：开展“心系老年”教育项目，关爱社区老年人。为弘扬中华民族“敬老、爱老、助老、孝老”的传统美德，提高老年人的健康素养和健康水平，营建幸福和谐家庭，促进和谐社会建设，2011 年，全国妇联、全国老龄委、中国关心下一代工作委员会等部门全面开展“心系老年”教育项目。“心系老年”项目第一阶段，将通过免费发放各主题知识宣传册、宣传折页、宣传画、教育光盘等宣教资料，举办流动课堂，组织形式多样的宣传活动，开展社会调查，进行关爱慰问活动等形式开展。“心系老年”教育项目围绕老年人自身、子女孝心和社会关爱三方面内容，推出“老年健康工程”等五大工程，包括普及老年人心理、饮食、睡眠、养生、健身、体检以及“老年病”防治等方面的健康知识，提高老年人的健康意识、健康素养及健康水平等[2]。

案例 2：发挥学会的专家和学术优势，开展知名专家进社区活动。为提高我国糖尿病的诊断、治疗和管理水平，中华医学会科普部与中华医学会糖尿病学分会、中华医学会内分泌学分会、卫生部临床检验中心于 2010 年 3 月在北京共同启动了“中国糖化血红蛋白教育计划”，拟用 2—3 年时间，在全国 31 个省市 84 个城市及地区举办糖尿病患者教育活动、糖尿病科普知识巡讲、内分泌代谢科医师及检验技师相关学术培训等活动，计划覆盖三级及二级医院卫生技术人员 1.8 万人，糖尿病患者 2 万人。截至

2011 年 10 月，该计划在全国 45 个城市开展了医务人员培训及相关科普咨询活动，共培训医务人员 15887 人，免费发放课题培训教材数千册，患者科普大课堂参加人数 1 万多人[2]。

慢性骨关节病科普教育项目是由中华医学会主办的公益性科普项目，依托中华医学会骨科分会及各地医学会的专家资源和学术资源，组织相关专家深入社区开展骨关节疾病健康知识科普教育活动。项目于 2011 年 1 月 16 日在广西壮族自治区百色市正式启动，随后在烟台、东莞、四川、南京、重庆等城市全面开展，主要通过健康科普讲座的形式为社区群众提供专业的骨与关节病健康讲座。目前参加慢性骨关节病科普教育健康大讲堂的中老年人近 7 万人次，向中老年人赠送《骨与关节病科普手册》数万册。该项目还深入各地社区开展骨关节健康状况调查，共发放 10 万份慢性骨关节病调查问卷，对目前我国城市老年人骨关节病现状进行了分析[2]。

案例 3：协和健康大讲堂。2011 年，中国医学科学院健康科普中心启动“协和健康大讲堂”项目，服务于社区居民，让科普讲堂进入“大社区”，让健康知识传播到街道、机关、广场等，促进社区卫生服务水平和居民健康素质提高。该活动以中国医学科学院下属各院所、北京协和医院为核心，形成“一带一”科普专家资源库，秉承协和三条礼堂悠久的医学人文氛围，在林巧稚、张孝骞、吴阶平等医学大师曾经工作过的地方为百姓奉献协和医术。

5.3.3 围绕倡导科学、文明、健康的生活方式开展科普工作

社区教育具有提高社区居民素质和文化水平，建设良好的社区文化，推动社区居民形成积极的价值观、生活态度和道德规范的重要功能。2012 年，各地充分利用社区科普大学、科技咨询等社区科普教育形式，普及科学知识，倡导科学、文明、健康的生活方式，有效促进社区居民科学素质的提高和社区和谐社区的建设。

案例：重庆北碚区将心理科普融入社区群众。自 2010 年来，北碚区科协坚持把科普的宣传运用与群众工作相结合，将心理辅导运用于创新社会管理。北碚区燎原社区主任曹春碧是北碚区村（社区）干部社会心态调

适与管理技能提高培训班的毕业学员之一。学习培训结束后，曹春碧自觉地将心理学运用于群众工作，将心理咨询的技术与群众工作相结合，边学边用，学以致用，既宣传普及了心理学知识，又对社区工作进行了有益探索，现曹春碧被群众高兴地称为“心理咨询的曹老师”。像曹春碧这样的社区干部在北碚区总共有 52 名，他们每天活跃于北碚区各村社区，为社区居民服务。

5.3.4 社区科普设施建设不断加强

在社区居民科学素质行动中，各地充分依托社区现有公共服务场所和设施，改造建设社区科普活动室、科普图书室、科普画廊等科普设施，在节约建设资金、避免资源重复投入的同时，拓展社区科普设施。在社区探索推广科普大学等有效举措和新鲜经验，以科普活动开展带动科普设施建设，把优质科普资源更多地引向社区，使社区科普设施得到充分利用。

案例:“党旗映社区、科普进楼宇”示范社区创建工作带动科普设施建设。为加强街道社区党的建设和社区楼宇科普工作，充分发挥科普为经济社会全面协调发展服务的作用，推进社会主义和谐社会建设，江西省科协把社区党的建设和社区科普工作相结合，创造性地开展了“党旗映社区、科普进楼宇”示范社区创建工作。截至 2011 年，全省已创建的 48 个示范社区由省委组织部和省科协分别从每年省管党费和科普经费中向每个创建点提供创建工作经费资助，用于完善社区基础设施、购置科普资源等[2]。

5.3.5 社区科普组织逐渐健全

社区科普组织是持续有效开展社区科普工作的组织者和承担者。作为社区科普工作承上启下的关键一环，县区科协、街道（镇）科协是与社区居民直接接触的基层科协组织。基层科协接受上级科协的工作指导，同时发挥主观能动性，利用自身优势，激励社区组织自发开展科普工作。各地把社区科普组织建设作为社区科普工作重要内容，采取资源共享、合作共赢等多种方式，依托社区内外科技工作者、老教师、老专家等人员，健全街道科协、科普协会和社区科普小组等网络组织，建立社区科普宣传员和科普志愿者队伍，不断增强社区科普力量。

街道科协的逐步健全推动了社区科普工作的开展。2012 年，全国城镇社区科普工作问卷调查结果显示，被调查的 19187 个街道（镇）中，建有 16862 个街道（镇）科协（科普协会）组织，部分街道（镇）科协组织（科普协会）的数量超过 1 个。总体而言，街道（镇）科协（科普协会）组织的覆盖率近 70%，有效地带动了社区科普工作[14]。

5.4 城镇社区科普实践的发展趋势

5.4.1 我国社区科普工作面临的新形势

5.4.1.1 加快“人口城镇化”的迫切需要

“十三五”期间，我国城镇人口将突破 7 亿，人口城镇化率超过 50%，城乡人口格局将发生重大变化[15]。在城镇化过程中，“新居民”的交往方式和生活方式必将发生巨大变化。加强社区科普工作，重点在于开展移风易俗、反对愚昧迷信和陈规陋习等与生活密切相关的科普宣传教育，帮助他们转变观念，提高科学素质，建立科学、健康、文明的生活方式，提高适应新生活的能力，让他们尽快融入城市生活，为促进城镇化建设顺利进行提供保障。加强社区科普工作已经成为健全我国社区公共服务体系的重要内容。

5.4.1.2 为我国创新型国家建设奠定基础

加强社区科普工作，促进城镇社区居民科学素质的提高，不仅是建设创新型城市的基础和依托，为创新型国家建设奠定基础，而且也是我国社区文化建设的重要内容。党的十八大报告提出，要扎实推进社会主义文化强国建设，全面建成小康社会，实现中华民族伟大复兴，必须推动社会主义文化大发展大繁荣，兴起社会主义文化建设新高潮。社区科普是社区文化建设的组成部分，是繁荣社区文化的重要途径。营造创新文化氛围，必须大力普及科学知识，提高社区居民的科学文化素质，形成与城市创新发展、科学发展相适应的鼓励创新、宽容失败、求真务实的创新文化。提升社区科普服务能力建设，加强科普宣传，有助于推动创新文化建设，促进营造创新的良好社会环境。

5.4.1.3 有利于促进社会稳定和谐，为建设美丽中国营造良好社会氛围

“十二五”期间，伴随着经济体制变革、社会结构变动和城镇化的快速推进，城镇居民结构呈现出多元化。社区作为城镇居民生活、活动的主要场所，必然成为各种问题、矛盾聚集、交汇的场所。社区科普工作能有效地满足城区居民多元化的需求，缓解社区各种矛盾，促进社会关系的和谐与稳定。

5.4.1.4 推动我国生态文明建设

随着城镇化的快速推进，城市的可持续发展面临严重的挑战，建立资源节约型和环境友好型的生产及消费模式，增强城市的可持续发展能力迫在眉睫。社区科普工作广泛传播科学的生活方式，有利于提高社区居民的节能环保意识，是促进城镇可持续发展，建设资源节约型、环境友好型社会不可或缺的重要基础，有助于为美丽中国的建设创造更加良好的社会氛围。

5.4.1.5 不断满足居民科学文化生活需求

首先，开展社区科普，通过组织广大居民开展社区科普活动，学习科学知识，有助于提升社区居民应用科学知识解决实际问题、应对突发事件的能力，培养居民社区自治的意识，提高居民的科学决策能力和自我组织与管理的能力，有效地激发居民参与公共事务管理的积极性、主动性和创造性。其次，随着经济社会的发展和新科技日新月异的变化，广大居民对食品安全、健康养生、生态环境等提出了更高的要求。在社区广泛开展科普活动，有助于把科学健康的生活理念、避险自救的知识送进社区、送进家庭，让科技成果惠及更广大的居民，改善他们的生活质量。最后，通过科普途径开展新知识、新技能培训，有助于为社区居民提供学习和提高的机会，提高居民的科学素质，促进人的全面发展。

5.4.2 采取切实措施提升社区科普服务效果

尽管我国社区科普工作取得了一定成绩，为提升社区居民科学素质发挥了重要作用，但是社区作为广大市民接受科学知识、科学精神、科学

思想、科学方法传播的主阵地的作用还没有得到充分发挥，广大市民的科学文化素质与建设文明城市、促进社会和人的全面发展的要求还有较大差距。主要原因有：当前我国社区科普工作领导重视不够，经费投入不足；社区科普组织不健全，科普专业人才队伍缺乏；科普阵地设施建设落后，居民利用率不高；科普活动针对性不强，居民参与性不高；社区优秀科普资源缺乏，资源整合和开发利用力度不够等[16]。

面对新形势的发展，迫切需要社会各界充分认识社区科普工作的重要意义，把社区科普工作摆在更加突出的位置，从地区经济社会发展状况出发，采取切实有效措施进一步加强和改善社区科普服务能力。

5.4.2.1 社区科普工作逐步提上社区工作的重要议事日程

千方百计争取地方各级党政领导对社区科普工作的重视和领导，为社区开展科普工作创造良好的环境和条件。各级科协根据本地区实际，制定加强本地区社区科普工作的相关措施和方案，加强对社区科普工作的指导和服务，并以此为契机大力宣传国家关于社区科普工作的相关政策，进一步争取地方各级党委和政府对社区科普工作的重视。推动地方各级党委政府将社区科普工作作为科技事业的一项重要内容纳入本地区经济和社会发展计划，将社区科普工作作为社区工作重要内容提上重要议事日程，明确社区科普工作发展的目标和要求。

5.4.2.2 社区科普经费投入要建立多元化资金筹措机制

首先，推动地方探索设立专项社区科普项目，如参考“社区科普益民计划”等项目设立专项社区科普活动项目，为社区科普工作提供专项经费保障。其次，社区科普工作经费的投入要从单纯依靠政府投资兴建向政府与社会各界共同投入和社区科普资源共享方面转变。社区科普要注意充分发挥驻社区单位和行业的优势，通过联办、赞助、利用各自设施提供服务、化解活动项目、科普志愿者行动和市场运作等途径，多方筹措资金保障科普工作的正常开展；协商并要求驻社区单位中的各类大型科学场所建成社区科普教育基地，共建共享。以市场化的运作方式，扩大社会对社区科普工作的资金投入，如部分展览、青少年科学工作室等可以部分或完全按市场运作，又如科普画廊和宣传栏可以一面是广告，一面是科普知识，使用的单位和企业需要交纳广告费或使用费。通过大众传媒宣传企业，使企业感受到资助社区科普事业能获得潜在、持久的无形价值，而吸引更多的企业赞助社区科普，支持社区科普事业的发展，形成双赢的局面。鼓励社会各界以捐助的方式为社区科普筹措经费，形成政府投入、社会捐赠、社区自筹的三级投入机制，为社区科普提供必要的资金保障。

5.4.2.3　社区科普组织进一步健全，科普人才队伍结构更加合理

进一步建立健全社区科普工作领导小组，完善科普工作的组织领导机制，建立完善科普协会等群众性科普工作组织；在社区建立科普专兼职管理人员队伍，积极发展社区科普志愿者队伍，加强科普队伍的培训和管理。社区科普队伍既要有一定的数量，更要保证较高的质量。要注重对社区专兼职科普工作者和科普志愿者定期开展培训，以促进其科学素质业务水平的提高。

5.4.2.4　科普信息化日益成为整合、共享社区科普资源的主要手段

要建立完善社区科普益民服务站，丰富社区大小宣传栏、宣传牌、健康宣传栏、环境宣传栏、计生宣传栏的内容，并定期维护宣传栏，更新宣传栏内容；加强社区科普图书室建设；充分利用科普活动中心等社区各种场所，开展科普活动、讲座、展览等多种形式的科普活动；鼓励社区科普学校创新发展，注意整合社区及周边教学资源，建立科普大学、科普讲堂、社区学院、青少年科技辅导学校等多种形式的社区科普学校；重视发展和运用社区科普网络新媒体，鼓励有条件地区的社区建设数字化科普网络，推动建立社区电子科普显示屏、社区网络书屋、数字科普视窗等社区科普阅读终端。利用自媒体（如博客、微博）、即时通信（如微信、飞信）等网络新媒体手段，实现社区居民科普的自服务和自教育；充分挖掘和整合社区辖区和相关单位的人力、物力、财力资源为社区科普工作服务；通过开展各类共建活动，使适宜向公众开展科普宣传的科研机构、高等院校和企业的实验室或者生产车间等有组织地向社区居民开放，为当地居民提供更多更好的科普教育；围绕科普共性需求、热点问题、突发性事件等统一为社区提供科普内容服务，建立科普信息的公共平台共享机制[16]。

5.4.2.5 社区科普活动贴近社区不同人群科学文化知识需求，成为社区文化不可或缺的重要内容

科普活动要围绕群众关注的热点，贴近公众、贴近民生、贴近实际，宣传形式要喜闻乐见，注重特色性、时代性、趣味性、多样性、群众性，将科普与文艺、体育、文化等形式相结合，开展科普文艺会演、才艺表演、知识竞赛、故事会等群众性的活动，把科学知识的宣传普及与娱乐活动融为一体。用群众熟悉的语言、易于接受的方式进行宣传；定期开展科普文明户、科普文明楼、科普文明小区的评选、达标活动，以点带面，推动社区科普工作的全面发展[16]。

参考文献

[1]任福君. 中国公民科学素质报告（第二辑）[R]. 北京：中国科学技术出版社，2011.

[2]全民科学素质纲要实施工作办公室. 2012 全民科学素质行动计划纲要年报——中国科普报告 [M]. 北京：科学普及出版社，2013.

[3]2008 年《统计上划分城乡的规定》（国务院于 2008 年 7 月 12 日国函 [2008]60 号批复）[EB/OL]. http：//news.ifeng.com/mainland/detail_2011_04/28/6037911_0.shtml.

[4]民政部. 2011 年社会服务发展统计公报 [EB/OL]. http：//cws.mca.gov.cn/article/tjbg/201210/20121000362598.shtml.

[5]《全民科学素质行动计划纲要实施方案（2011—2015 年）》[G]. 北京：中国科学技术出版社，2011.

[6]《社区居民科学素质行动实施工作方案（2011—2015 年）》[EB/OL]. http：//kphn.cast.org.cn/n891871/n906056/14001659.html.

[7]中国科协、财政部《关于组织实施“基层科普行动计划”的通知》[EB/OL]. http：//kphn.cast.org.cn/n891871/n988099/13834366.html.

[8]四川提出社区科普益民行动实施目标 [EB/OL]. http：//www.cast.org.cn/n35081/n35473/n35518/12550269.html.

[9]湖北武汉市科协召开科普项目总结培训会 [EB/OL]. http：//www.cast.org.cn/n35081/n35563/n38695/13601381.html.

[10]苏州四个提升打造社区科普益民新亮点 [EB/OL]. http：//www.cast.org.cn/n35081/n35473/n35518/14793353.html.

[11]沈阳市科协创新社区科普大学模式 分校已达 275 所 [EB/OL]. http：//www.cast.org.cn/n35081/n35563/n38695/12742627.html.

[12]黑龙江哈尔滨“十星”科普社区建设成果显著 [EB/OL]. http：//www.cast.org.cn/n35081/n35578/n38800/12526156.html.

[13]中国科学技术协会. 中国科学技术协会统计年鉴 2012. 北京：中国科学技术出版社，2012.

[14]我国城镇社区科普工作调研报告 [R]，中国科普研究所 .

[15]黄晶华. 人口国情逆转在即：城镇人口未来五年将突破 7 亿 [EB/OL]. http：//finance.people.com.cn/nc/GB/12058180.html.

[16]任福君，翟杰全. 科学技术传播与普及概论 [M]. 北京：中国科学技术出版社，2012.

第 6 章

面向领导干部和公务员的科普实践

6.1 引 言

我国的领导干部是指中共中央、全国人大常委会、国务院、全国政协、中央纪律检查委员会的工作部门或机关内设机构的领导成员，最高人民法院、最高人民检察院的领导成员（不含正职）和内设机构的领导成员；县级以上地方各级党委、人大常委会、政府、政协、纪委、人民法院、人民检察院及其工作部门或机关内设机构的领导成员；上列工作部门的内设机构的领导成员[1]。我国公务员是指“依法履行公职、纳入国家行政编制、由国家财政负担工资福利的工作人员”。公务员队伍组成包括党委机关、人大及其常委会机关、行政机关、政协机关、民主党派机关、审判机关和检察机关中符合上述规定的工作人员，人民团体机关工作人员则参照公务员法进行管理[2]。

领导干部和公务员是影响国家决策与发展的特殊群体。具备较高的科学素质，是领导干部贯彻落实科学发展观和科学决策的前提与基础，也是公务员实现科学管理的前提与基础。提高领导干部和公务员的科学素质关系到国家的命运与前途，意义重大。

本章详述我国为提升领导干部和公务员的科学素质而开展的科普实践，其中，重点介绍《科学素质纲要》颁布以来的情况。

6.2 《科学素质纲要》颁布前面向领导干部和公务员的科普实践

新中国成立以来，党和政府高度重视科普工作。在一系列重要政策和措施的推进之下，我国在近十几年中逐步形成了独具特色的科普工作体系，建立了一个包括全国（中国科协及其所属协会）、地方、基层在内，覆盖农村、城市、学校、企业等各方面的规模庞大的组织网络体系和普及工作队伍，在科普理论和实践研究、中国公众科学素质调查、农村科普（例如科技下乡、科普示范推广等）、城市科普创新（例如科普示范区、科教进社区等）、少数民族地区和西部地区科普工程以及青少年科技教育活动等方面成效斐然[3]。群众性的科普活动（例如科技周、科普日）也蓬勃发展，经常性的群众性科普活动丰富多彩。

在此过程中，领导干部和公务员既是科普工作的组织者，同时也是参与者，他们在组织实施科普工作的同时，自身也经历了学习和提升的过程。除此以外，在领导干部的相关培训教育中，科学技术相关的知识与方法也一直是重要的培训内容。但是，客观来讲，在《科学素质纲要》颁布之前，领导干部和公务员未曾作为一个独立群体被提上科学素质提升的议事日程。

6.3 《科学素质纲要》颁布以来面向领导干部和公务员的科普实践

《科学素质纲要》指出，提高领导干部的科学素质，就是要“在面向领导干部普及科学技术知识的同时，突出弘扬科学精神，提倡科学态度，讲究科学方法，增强领导干部贯彻落实科学发展观的自觉性和科学决策的能力。”

2006年年底，《2006—2010年领导干部和公务员科学素质行动实施工作方案》出台，确立了中组部、人力资源和社会保障部为该项行动牵头部门，中宣部、科技部、中科院、社科院、共青团中央、全国妇联、中国科协等单位为责任单位①，规定“牵头单位履行整体谋划、协调服务、督促检查等职能；各成员单位分工负责，按照职能分工切实抓好方案的组织实施。”

领导干部和公务员科学素质行动主要采取四方面措施，促进该人群科学执政、科学决策和科学管理能力的提升。第一，利用干部和公务员培训阵地开展科学素质教育培训；第二，在干部和公务员选拔与考核环节体现科学素质要求；第三，开展科普活动与讲座，促进领导干部和公务员终身学习以提升科学素质；第四，借助媒体宣传为领导干部和公务员科学素质提升营造良好的社会氛围。

6.3.1 强化顶层设计，领导干部和公务员科学素质提升被纳入教育培训

《科学素质纲要》颁布后，领导干部和公务员的科学素质行动从政策层面入手，全局统筹，宏观规划，紧密依托各级党校、干部学院和行政学院等教育和培训阵地，切实开展科学素质教育。

6.3.1.1 确立科学素质相关内容在领导干部和公务员教育培训中的重要地位

自2006年以来，作为我国主管领导干部和公务员培训教育最高职能部门的中组部、人力资源和社会保障部，将提高科学素质的要求写进了若干具有全局指导意义的培训教育规划文件。

（1）中组部出台的相关政策与文件

2006年3月，中组部代中央起草的《干部教育培训工作条例（试行）》将“科学文化素质”首次列为干部队伍要全面提升的各项素质之一。2007年1月，中组部出台的《2006—2010年全国干部教育培训规划》明确提出：

① “十一五”时期增加中国气象局为成员单位，“十二五”时期增加国家公务员局为牵头单位。

"着眼于提高干部的综合素质，积极开展科学文化素养培训。用现代科学文化知识和人类创造的优秀文明成果充实干部头脑，加强科学知识、科学精神、科学方法的教育，开展相关知识的学习培训，帮助广大干部完善知识结构，提高科学文化素养。"2008 年 7 月全国干部教育培训工作会议后，中组部印发的《关于 2008—2012 年大规模培训干部工作的实施意见》又提出了培养领导干部"科学精神"的要求，并指出要在"创新型人才建设工程"中加强科学素质培训教育。

2009 年颁布的《2010—2020 年领导干部培训教育改革纲要》把提高领导干部科学素质作为大规模领导干部培训的重要任务和领导干部教育培训机制体制改革的重要目的。2011 年 8 月，中共中央办公厅印发了该文件，对于进一步增强干部教育培训的针对性、实效性，切实提高干部教育培训的科学化水平，更好地服务于科学发展和干部成长具有十分重要的意义。

与此同时，党和国家领导人对强化领导干部和公务员培训教育的科学素质提升功能予以高度重视。2007 年 5 月，曾庆红同志在中国浦东干部学院、井冈山干部学院、延安干部学院教学工作会议上做重要讲话，要求加强对领导干部和公务员科学素质培训工作的指导。2008 年，习近平在全国领导干部教育培训工作会议上的讲话中强调：要突出抓好科学发展观的教育培训，着力提高领导和推动科学发展的本领，坚持用各类业务知识和科学文化知识培训领导干部；在领导干部培训工作中，要以坚定理想信念、增强执政本领、提高领导科学发展能力为重点，促进学习型政党、学习型社会建设，使领导干部教育培训工作更好地为领导干部健康成长服务、为科学发展服务。进入"十二五"时期，在有关政策文件的推动下，领导干部和公务员培训教育科学素质提升功能得到进一步强化。2011 年 11 月，中共中央办公厅印发了《中共中央组织部关于加强和改进基层干部教育培训工作的意见》。该文件指出："加强马克思列宁主义、毛泽东思想和中国特色社会主义理论体系特别是科学发展观教育，加强社会主义核心价值体系教育，引导基层干部树立正确的世界观、权力观、事业观，增强贯彻落实科学发展观的自觉性、坚定性"，强调了科学发展观在基层干部教育培训中的重要地位。

（2）人力资源和社会保障部出台的文件

2007年2月发布的《“十一五”行政机关公务员培训纲要》，对“十一五”时期行政机关公务员的科学素质培训工作进行了规划部署，要求紧扣“十一五”期间经济社会发展的战略目标，深入学习科学发展观，提高公务员队伍服务大局、推动经济社会发展的本领，通过培训，提高科学素质，提出“有计划地组织境外培训。继续开展科技、文化、历史、心理等知识培训，搞好电子政务、普通话、外语等基本技能培训”。此外，提升公务员科学素质的培训要求还列入了人力资源社会保障部2008年6月出台的《公务员培训规定（试行）》中，要求“对担任专业技术职务的公务员，应当按照专业技术人员继续教育的要求，进行专业技术培训。”

2011年5月，人力资源和社会保障部、国家公务员局共同制定并印发《2011—2015年行政机关公务员培训纲要》，对未来5年国家行政机关公务员培训工作出部署。其中，把科学发展观的学习和培训作为思想政治理论和科学素质培训中的重要内容。

这些具有全局意义的政策、文件与会议精神，确保了“弘扬科学精神，提倡科学态度，讲究科学方法，增强领导干部贯彻落实科学发展观的自觉性和科学决策的能力”等内容和要求，保证了科学发展观在领导干部和公务员的培训教育规划中的重要地位，助推了面向领导干部和公务员科学素质教育培训的发展。

在中央层面宏观规划、指导下，全国各省（市、自治区）的全民科学素质工作领导小组纷纷结合本地区工作实际，出台了相应的地方性文件，为领导干部和公务员科学素质建设创造了有利的政策环境。

（3）其他纲要办成员单位出台的文件

在中组部、人力资源和社会保障部几项具有全局性指导意义文件出台后，其他一些纲要办成员单位也相继出台了培训教育的规划文件，对本部门和系统内领导干部和公务员的科学素质培训教育工作进行指导和推动（见表6-1）。

《2006—2010年全国团干部教育培训规划》和《2006—2010年全国

表 6–1　部分成员单位出台的文件

单　位	时　间	文　　　件
共青团中央	2007 年 2 月	《2006—2010 年全国团干部教育培训规划》
全国妇联	2007 年 3 月	《2006—2010 年全国妇联干部教育培训规划》
		《全国妇联干部教育培训“十一五”规划》
环保部	2008 年	《全国环保系统 2008—2012 年大规模培训干部工作实施意见》
全国总工会	2006 年 8 月	《2006—2010 年全国工会干部教育培训规划》

妇联干部教育培训规划》都提出了“着眼于提高本系统干部的综合素质，积极开展科学文化素养培训。用现代科学文化知识和人类创造的优秀文明成果充实团干部的头脑，加强科学知识、科学精神、科学方法的教育，开展相关知识的学习培训，帮助广大团干部完善知识结构，提高科学文化修养”的相关要求。

《全国环保系统 2008—2012 年大规模培训干部工作实施意见》提出，要着力开阔环保系统颁布领导环保事业科学发展的视野、思路和胸襟，切实提高他们的思想政治素质和开拓创新、驾驭科学发展全局、环境与发展科学决策、环境危机管理等方面的能力，着力增强他们环境保护优化经济增长、领导和推动科学发展的本领。《2006—2010 年全国工会干部教育培训规划》提出，按照全面提高工会干部思想政治素质、科学文化素质、业务素质和工作能力的总体目标，用 5 年时间，将全国专兼职工会干部全部轮训一遍。各成员单位文件的出台，体现出领导干部和公务员科学素质行动的逐步落实到位。文件出台后，全国各级相关单位及时转发文件，指导本地区、本部门领导干部和公务员科学素质培训教育工作的开展。例如，2008 年贵州省发改委制定了“贵州省发展改革系统科学素质工作计划”。

6.3.1.2　依托各级各类培训教育提升领导干部和公务员科学素质

《科学素质纲要》颁布实施后，科学素质相关内容被逐步列入各级党政领导干部、各类公务员脱产培训、干部选学和在职自学中，强化科学知识、科学方法、科学思想、科学精神的学习，并积极开展教材建设工作。

各级党校、行政学院、干部学院和社会主义学院分别举办省部级、地厅级、县处级领导干部《科学素质纲要》专题培训班，系统学习领会《科学素质纲要》。此外，在中组部的指导和要求下，自2008年起，中央党校、国家行政学院、中国浦东干部学院、井冈山干部学院、延安干部学院等干部培训机构，把科学素质教育培训列入教学计划中。

2008年部分干部培训机构科学素质课程情况见表6-2。

表6-2　部分干部培训机构科学素质课程情况（2008年）[4]

培训机构	班　次	课程主题
中央党校	主体班次	当代世界科技
国家行政学院	司局级干部任职培训班 司局级干部进修班 青年干部培训班 西部大开发专题研究班	现代科技与电子政务
中国浦东干部学院	青年干部培训班	科学决策
井冈山干部学院		科技教育发展
延安干部学院		自主创新

自2007年以来，人力资源和社会保障部也要求把科学素质教育作为公务员四类培训的重要内容。在中央机关公务员初任培训、任职培训、培训管理者培训、公务员对口培训等班次中安排了科学素质教育内容，在公务员队伍中大力弘扬科学精神，提倡科学态度，讲究科学方法，提高公务员的科学决策和科学管理的能力。

科学素质相关内容被纳入公务员培训中，在各部门、各省也得到积极落实。例如，2008年，科学素质培训的主题内容在青海省海西州各类公务员培训班中占到培训教学计划的1/4[5]。

（1）中组部指导的基层干部教育培训

近年来，中组部会同科技部、环保部、气象局等部门，针对县处级以上党政领导干部举办“矿产资源可持续利用”、“水土保持生态建设”、“发展循环农业，促进农业增长方式转变”、“增强自主创新能力”等专题培训。另外，中组部还先后举办了“学习贯彻《关于落实科学发展观加强环境保护的决定》”、“科技富民强县”、“科技创新促进社会主义新农村建设”专题研究班次，培训地、县级党政领导干部，有效地促进了干部科学素质的提升。

2008 年，中组部举办了汶川地震灾后重建专题培训班，赴日本集中学习发达国家科学的灾后重建理念、法规和方法，特别是日本提供的《日本防灾应急干部手册》、震灾复兴规划、震灾重建进度表等，给学习者带来了有益的启示。四川省的领导干部参加培训后，组织本省干部开展灾后重建专题培训班，学习科学的防灾救灾方法和灾后重建经验，取得了良好效果。

2009 年，为突出抓好应对国际金融危机、促进经济平稳较快发展的培训，中组部举办了 6 期省部级领导干部、4 期中管国有企业领导人员专题研究班。2009 年，中组部组织了 2 期境外培训班，安排了转变经济增长方式、提高自主创新能力等学习内容。其中，中组部与联合国计划开发署合作举办的“小康社会领导者培训项目”，把提高领导科学发展的能力作为一个重要的培训目标；在英国牛津大学和剑桥大学举办的“当代经济与社会全面协调可持续发展”专题研究班，重点学习研究转变经济增长方式、提高自主创新能力等方面的内容。

2011 年，中组部在做好县处级以上领导干部科学素质培训的同时，重点加强基层干部的教育培训，先后制定下发《关于加强和改进基层干部教育培训工作的意见》和《2011 年全国干部培训教育工作重点》，实施基层干部科学发展主题培训行动计划，指导各地各部门将科学素质相关知识的培训作为干部培训的重要内容，要求利用两年时间，将基层干部集中轮训一遍。同时，扎实推进农村党员干部现代远程教育工作。截至 2011 年年底，利用 68.2 万个终端站点，覆盖全国 99.1% 的乡镇和建制村，突出农业实用科技、科普知识内容，全国专用频道每天 24 小时不间断播出[6]。

（2）环保部系统的干部教育培训

环保部紧密围绕环境保护中心工作，以提高系统干部业务素质和能力为目标，开展注重针对性和实效性的培训工作。

一是以各级领导干部为重点，抓培训带队伍促工作[6]。环保部每年按照中组部统一部署和环保部干部培训计划，选派部、司局、处级干部参加中央党校、国家行政学院、中国浦东干部学院、井冈山干部学院、延安干部学院以及境外培训班学习。2009 年，选派 39 人参加学习。同时，推进参加学习的领导干部围绕中心工作需要授课交流，宣传生态文明和环保的历史性转变。2009 年，全年安排各级领导干部和高级专家应邀为中组部、国家行政学院、中国浦东干部学院、延安干部学院等有关单位培训，为环保部门各类培训授课 200 人次。环保部还组织开展地方党政领导干部环保培训[6]。2011 年，承办 1 期中组部抽调地方党政领导干部“推进污染减排、优化经济发展”专题研究班，33 名地市级和县处级干部参加；为落实西部大开发战略和部省合作协议，联合甘肃省、青海省、宁夏回族自治区、新疆维吾尔自治区等省（自治区）委组织部，举办了 2 期党政领导干部环境保护专题培训班，192 名地市级和县处级干部参加；按照 5 年轮训一遍全国地市级环保局局长的要求，举办了 4 期培训班，共 274 人参加。2011 年，环保部还首次举办新疆基层民族环保干部考察培训班，选调新疆环保系统 40 名基层民族干部到革命老区、沿海地区进行实地考察学习，与兄弟单位交流研讨。环保部还在重点领域开展境外培训。2011 年，在中意环保合作框架下，安排 3 期环境监察主题赴意大利培训，73 名国家级和省级环保监察干部参加了培训；并首次举办赴德国环境管理高级研修班，环保部机关司局长和西部省份环保厅长共 14 人参加培训。

二是推进重点区域、流域地方党政领导干部环保培训工作。2009 年，环保部以解决危害群众健康和影响可持续发展的突出环境问题为重点，开展了重点区域、流域地方党政领导干部环保培训工作（见表 6–3）。

这种专题研究班按不同流域进行整体培训，使流域上下游和不同流域的地方政府领导共商推进全流域水环境治理大计，共谋实现全流域科学发展宏图，取得良好效果。

表 6–3　环保部重点区域、流域地方党政领导干部培训（2009 年）[7]

时间	地点	班　次	培训人员
7 月	秦皇岛	“锰三角”地区党政领导干部环保专题培训班	湖南花垣、重庆秀山、贵州松桃 3 县的各级党政领导和重点企业负责人共 89 人
9 月	武汉	湖北、湖南建设“两型”社会专题培训班	武汉城市圈和长株潭城市群的市县两级党政领导近 120 人
8 月	杭州	太湖水环境管理专题研究班	流域所涉及的地方政府分管环保工作的县（区、市）政府负责人 38 人
9 月	石家庄	海河流域水环境管理专题研究班	北京、天津、河北、山西、河南、山东 4 省两市的 35 个县（市、区）政府负责人
11 月	昆明	滇池、巢湖流域水环境管理专题研究班	29 名党政领导干部

（3）安全监管总局系统的干部教育培训

经过多年实践，安全监管总局逐渐形成了通过视频专题讲座开展系统内从业人员和干部培训教育工作的模式，这里以 2011 年为例进行介绍。

2011 年，安全监管总局面向各省（市、自治区）及新疆生产建设兵团安全生产监督管理局，各省级煤矿安全监察机构，总局和煤矿安监局机关各司局、应急指挥中心，有关在京直属事业单位、社团，共组织开展视频专题讲座 9 期，内容涉及安全生产管理等多方面的科技信息与知识（见表 6–4）。

表 6–4　安全监管总局视频专题讲座主要内容（2011 年）[6]

期　次	主　　题
第一期	矿山井下人员定位与通信联络系统
第二期	井下紧急避险系统知识
第三期	危险与可操作性（HAZOP）分析方法
第四期	现代安全管理
第五期	尾矿库安全技术
第六期	金属非金属地下矿山安全监管
第七期	科技兴安与安全发展
第八期	职业安全健康国际标准和以风险管理为核心的体系化法
第九期	安全生产“十二五”规划

例如，以“科技兴安与安全发展”为主题的2011年第七次视频专题讲座，内容涉及科学技术是驱动安全发展的不竭动力、实施“科技兴安”战略面临的挑战和机遇以及实施“科技兴安”战略的途径与方法。安全监管总局、国家煤矿安监局有关部门，应急救援指挥中心、在京直属事业单位领导和相关人员参加现场讲座，各省（市、自治区）以及新疆生产建设兵团安监局和各煤矿安全监察机构的负责人和相关人员通过视频系统参加讲座。

此外，安全监管总局于2011年11月22—24日举办县级安全监管局局长视频专题培训班。培训班共设置了全国安全生产形势与对策、安全生产法制建设、煤矿安全监管监察、事故调查处理与案例分析、非煤矿山等安全监管、职业安全健康、安全生产标准化创建等10个专题。全国各省级、市级安监机构负责人及5000多名县级安监机构的负责同志（其中县级安全监管局局长3000多名），26个省级煤矿安全监察机构及76个煤矿监察分局相关负责同志参加了学习①。

（4）科技部系统的干部教育培训

科技部系统组织地方和部门各级科技行政管理干部、科研机构负责人和国有企业、高新技术企业技术负责人等科技管理人员开展相关培训工作，在培训教育之中提升科学管理能力与素养。这里仍以2011年的情况为例进行介绍。

2011年7月4—8日，科技部人事司组织了科技部科级干部培训班，就经济与科技发展、国际形势、政治理论、廉洁自律等热点、重点内容进行学习研讨，课程内容包括“当前国际形势与我国外交政策”、“十二五科技规划介绍”等[7]。

2011年10月17—21日，科技部在北京举办科技平台管理与服务培训班，来自全国30个省（市、自治区）计划单列市科技厅（委、局）科技平台建设主管处室、中心和自2005年以来启动建设的国家科技基础条件平台的主要负责同志近百人参加了本次培训[8]。

① 数据来自安全监管总局2011年向全民科学素质纲要实施工作办公室提交的工作总结。

2011 年 11 月 25 日，科技部高新司在云南组织召开了国家高新技术产业化基地专题座谈培训会，来自全国 38 个省（市、自治区）、计划单列市科技部门分管领导和部分高新技术产业化基地的主要负责人参加。培训会上，科技部高新司总结了“十一五”期间产业化基地的发展情况，并对 2011 年产业化基地复核情况进行了分析，黑龙江、河南、湖北、陕西四省科技厅分管产业化基地的同志交流了高新技术产业化基地好的经验和做法[9]。

各省科技系统的培训工作也积极开展，富有成效。2011 年 7 月，湖南省科技厅举办首期创新方法（TRIZ 理论）培训班，培训以教程讲义与互动答疑相结合的方式授课，对“激活思维方法”、“TRIZ 思路”、“解决发明问题的工具”等课程进行辅导学习，来自全省首批创新方法工作试点单位的技术负责人和主要研发人员共 70 余人参加培训[10]。2011 年 12 月，安徽省科技厅举办全省创新型企业技术创新培训座谈会，258 家创新型（试点）企业科技专员和各市及省直管县科技局分管局长、政策法规处有关人员等共 300 多人参加培训[11]。2011 年，河北省科技厅在邯郸市举行了河北省先进制造业创新方法培训；陕西举办省市县科技局长培训会，传达全国基层科技工作会议精神，介绍 2012 年全省科技工作要点及 2012 年科技计划安排；讲解科技与金融结合；解读《陕西省选派中小企业首席工程师管理办法》，介绍县域工业园区及县域高新技术发展、“十二五”农业科技的重点与任务、可持续发展试验区建设、成果转化引导专项等内容。2011 年 9 月，宁波市科技局主办企业创新发展管理暨技术经纪人培训班，来自清华大学、北京大学的教授结合大量事例，从技术商品化与融资、科技项目的运营模式、企业的发展战略、科技项目包装与评估、资金的进入与退出、引导性基金的运作机制、产学研合作进行案例分析。

（5）团中央系统的干部教育培训

2009 年 4 月，团中央制定下发了《团的领导干部学习大纲》，明确要求团的领导干部要以提高科学素养、培养战略眼光、增强服务能力、完善知识结构为主旨，以政治理论、政策法规、业务知识和相关学科为主要内容，通过在职自学，养成自觉学习、终身学习的良好习惯。在此精神的指导下，团中央开展了不同方式的领导干部和公务员科学素质提升相关学习及培训。

一是坚持团中央书记处集体学习制度。自2009年以来，围绕“新媒体的发展及对青年的影响”等主题开展的集体学习，带动了全团在青少年工作中对现代科技特别是信息手段的研究和运用；二是坚持团中央机关年轻领导干部学习交流会制度，在每月一次的学习交流会上，加大对新科技知识的讲解和探讨，提高年轻领导干部的科学素养；三是大规模培训基层团领导干部。从2009年4月起，由团中央书记处成员集体授课，采取集中办班与电视电话培训相结合的方式，对全国所有2902名县级团委书记、1171名地市级团委各部门主要负责同志和2398名省、地、县、乡团组织的负责同志培训一遍，进行了包括科技素质等内容的直接培训，使基层团领导干部依靠科技手段开展工作的意识和能力明显增强[12]。

2011年9月24日，第五期全国青少年生态环保社团骨干培训班在北京林业大学开班，来自全国31个省（市、自治区）的100名青少年生态环保社团骨干和高校团干部参加了为期4天的综合培训。本期培训班的主要内容包括我国生态文明面临的形势和任务、保护母亲河行动的主要工作内容、社团组织管理和骨干领导力提升、青少年生态环保活动策划、社团活动宣传与新媒体运用等[6]。

（6）妇联系统的干部教育培训[12]

全国妇联切实开展妇联系统领导干部教育培训。自2007以来，全国妇联先后面向机关和事业单位局处级干部、地县妇联领导干部、基层妇联领导干部、省区市妇联主席等人群，开展公共管理、科学发展、领导科学等主题研修班。例如，2009年，全国妇联人才开发培训中心举办全国地县妇联领导干部科学发展专题培训班7期，来自全国28个省（市、自治区）的850多名基层妇联领导干部参加了公共管理研修班培训。再如，2009年，全国省级妇联共举办各类培训班326个，培训学员34192人次。

全国妇联还通过推动新形势下具有时代特色和妇女工作特色的教材体系建设，推动妇联系统领导干部科学素质提高。2009年，组织编写妇联领导干部教育培训参考教材，共14本，内容涉及马克思主义妇女理论、国内外妇女运动历史、妇女工作实用理论、维护妇女儿童权益法律法规、妇联能力建设和妇联工作基本知识等。

依托农村妇女现代远程教育专栏开展干部教育，是全国妇联开展系统内领导干部素质提升的一条常规途径。2009 年，根据中组部全国远程办工作部署，全国妇联在全国农村党员领导干部现代远程教育频道开辟了“时代女性”栏目，面向广大农村妇女开展现代远程教育，拍摄制作了法律政策解读、家庭教育、和谐家庭创建、女性健康、成功女性典型、致富技能和妇女工作等具有妇联特色的教学节目，为广大农村妇女参与经济、政治、文化、社会以及生态环境建设提供知识、技能等智力支持。

（7）中国气象局系统的干部教育培训

2011 年，中国气象局培训中心更名为中国气象局气象干部培训学院，开展了 5 期司局级领导干部、14 期县局长培训班，受训学员超过 2000 人。其中，中国气象局举办的地方党政领导干部防灾减灾能力专题研究班，全国 28 个省（市、自治区）的 29 名市县政府领导接受了培训[6]。

6.3.1.3　各地积极落实干部教育培训中的科学素质内容

全国各地的全民科学素质工作领导小组也积极推动在干部培训教育中落实科学素质相关内容。江苏省推动全省各级党校、行政院校将提高科学素质内容纳入教学计划。江苏干部在线学习中心网开设科普角，宣传科学思想，弘扬科学精神，倡导科学态度；举办系列高端科技报告会，开展《江苏省全民科学素质行动计划纲要实施方案（2011—2015 年）》的宣讲和解读，促进领导干部科技素质和科学决策能力的提高。把党员干部和公务员的培训纳入“十二五”规划和各级党校、行政学院的教学内容中。另外，还增设了经济结构调整与新兴产业发展、园林城市建设、文化产业发展等系列专题培训班，按照干什么学什么的原则，组织各相关领导干部深入学习规划，并分别到各市县开展“十二五”宣讲活动。

宁夏回族自治区区党委组织部和环保厅在全区各市、县（区）党政领导干部、环保部门、区直机关有关部门和区属部分国有大中型企业负责人中开展了环保专题培训班，增强了新时期适应新形势，进一步做好环境保护工作，扎实推进和谐富裕新宁夏建设的责任感、使命感和紧迫感。

浙江省委组织部开展“推进节能减排，切实加强资源节约与环境保护，增强可持续发展能力”等专题培训，与省直有关厅局举办经济转型升级、社会管理创新、医疗卫生体制改革等专题研讨班。省公务员局举办了省级机关公务员主体班、欠发达县区基层公务员培训班、处级公务员任职培训班等。2011 年 1—6 月，全省共有 14618 名县处级公务员和 74867 名科及以下公务员参加网络培训[6]。

江苏省把提高科学素质作为领导干部和公务员教育培训的重要内容，进行了分层次重点培训。2008 年，共有 11 名省、市级领导干部和县（市）委书记参加了中央党校、国家行政学院、中国浦东干部学院、井冈山干部学院、延安干部学院 8 个班次的学习；选调 79 名县处级以上领导干部参加中央和国家有关部委组织的 60 个班次的培训。依托高校和有关基地，强势推进“新农村建设带头人科学发展能力培训工程”，计划用一年左右的时间，对全省 3.6 万名镇、村主要干部进行集中培训，同时将教材印发全省每一位乡镇领导班子成员，指导市、县有计划地举办镇、村干部培训班，实现培训效果的最大化[5]。

广东科学中心打造党校教学实践基地。为贯彻落实《科学素质纲要》，加强党政领导干部前沿科技和现代产业知识培训，适应产业转型升级新形势，广东科学中心与中共广东省委党校于 2011 年 7 月 7 日联合挂牌成立了“广东省委党校（广东行政学院）广东科学中心教学实践基地”。广东科学中心在已有常设展览资源的基础上，紧抓科技热点及现代产业发展方向，专门研制了科技前沿展和 LED 体验展等特展，形成了主题鲜明、内容丰富的教学资源。广东科学中心和广东省委党校通过共同开发教育资源，共同探讨教案、编写教材，共同授课和总结教学的联合教学模式实现基地现场教学。这种在科普场馆常态化开展领导干部培训的模式，得到了中央党校、中国科协及科普场馆等业界的一致认可。截至 2012 年 11 月，共培训广东省委党校各级培训班学员 47 批，共计 2005 人次[6]。

6.3.1.4 编写科学素质培训相关教材，加强课程体系建设

教材是教育培训活动的核心组成部分。为了加强科学素质课程体系建设，推进领导干部和公务员科学素质行动实施，还组织编写全国干部和公

务员的学习培训教材和专业教材以及各类科普读物。

2006 年，四川省成都市金牛区组织编写了金牛区党政干部科学素质读本《观念与创新》；2007 年，山西省承担了提高领导干部和公务员科学素质试点的任务，组织力量编写了《领导干部和公务员科学素质读本》，并且在国家行政学院和省党校（行政学院）先行列入教学课程；2008 年，人力资源社会保障部组织编写了《应对突发事件读本》，作为领导干部和公务员培训的重要教材。此外，2008 年，第二批全国干部培训教材《科学发展观》一书专门增加了阐述“节约能源”方面的内容。2009 年，中组部组织编写第三批全国领导干部学习培训教材，教材以科学发展观为主题，围绕自主创新、城市规划、危机处理等专题，采取案例编写体例。同年，为适应领导干部培训教育工作改革发展的需要，对《全国领导干部教育通讯》进行了改版，改版后的《全国领导干部教育通讯》将科学发展观作为领导干部教育培训工作的指导方针，重点突出了提高党政领导干部科学素质的重要性、紧迫性和长期性。科学素质课程教材建设不但有助于领导干部和公务员群体科学知识的获取，科学方法的学习，同时对领导干部和公务员科学态度与精神的培养也具有深远意义。2011 年，全国干部培训教材编审指导委员会组织编写并出版了 10 本科学发展主题案例教材，由胡锦涛总书记亲自作序。科学发展主题案例教材以案例集撰为主要形式，包括《自主创新》《城乡规划与管理》《社会主义新农村建设》《生态文明建设与可持续发展》《金融发展与风险防范》《民生保障与公共服务》《社会服务与管理》《基层民主建设》《突发事件应急管理》《公共事件中媒体运用和舆论应对》等 10 种，已被列入第三批全国干部学习培训教材，由人民出版社、党建读物出版社出版。这批教材以深入学习实践科学发展观为主题，针对干部推动科学发展面临的新形势和新任务，突出资助创新、生态文明建设等迫切需要解决的问题，着力提高领导干部推动科学发展、促进社会和谐的能力。这套教材的推出，对提升领导干部和公务员科学素质起到重要推动作用。中央纪委、中组部、中宣部等 36 个部门和单位参与了这套教材的编写工作。此外，环保部遴选 2008—2010 年部系统干部培训成果，编印了《探索中国环境保护新道路的若干思考》[4]。

综上所述，面向领导干部和公务员的科学素质教育培训从内容上可以分为四类。

第一，通过现代科学技术知识的传授，使领导干部和公务员了解科学和高新技术领域的最新发现与研究成果以及在此基础上形成的新兴产业，把握国际经济发展与结构调整的科学技术取向，指导和管理国家及地方产业结构调整和区域经济发展的实践；了解人类认识自然的新手段，树立节约资源、保护生态、改善环境、安全生产、循环经济等观念，掌握管理现代经济和社会文化事务的新知识、新方法。

第二，通过科学发展观、科学民主决策、科学技术与社会、电子政务等专题培训，使领导干部和公务员增强贯彻落实科学发展观的自觉性，掌握服务经济社会的本领；提高科学决策的能力和水平，杜绝弄虚作假、主观蛮干与不负责任，推进决策科学化、民主化；推进电子政务的全面实施，提高科学管理水平。

第三，通过对《科学素质纲要》本身的专题培训，提高领导干部和公务员对《科学素质纲要》的认识和重视程度，调动他们提高自身科学素质的积极性和主动性，在全社会起到示范和带头作用，并积极、主动地推动各级政府全面实施《科学素质纲要》。

第四，根据本系统领导干部和公务员提升岗位技能和业务水平的需求开展相关培训，实现业务学习与科学素质学习的有效结合。

6.3.2 严抓干部录用选拔与考核评价环节，突出科学素质要求

建立科学、合理、有效的人才录用选拔与考核评价体系，是从源头上提升人才整体素质的保证。为提升领导干部和公务员群体的科学素质，从源头上保证这一队伍具备较高综合素质，作为该项行动牵头单位的中组部、人力资源和社会保障部齐抓共管，在公务员选拔录用与领导干部考核评价中体现科学素质要求。

6.3.2.1　干部考核评价中体现落实科学发展观及科学决策管理的要求

2006 年，结合开展深入学习实践科学发展观活动，中组部印发实施《体现科学发展观要求的地方党政领导班子和领导干部综合考核评价试行办法》，把科学决策、提高发展质量、搞好生态文明建设、节约利用资源作为考核地方党政领导班子和领导干部的重要指标。随后，还制定下发了《地方党政领导班子和领导干部综合考核评价办法（试行）》。2007 年 8 月，在中组部起草的《关于建立干部学习培训考核和激励机制的意见》中，将科学文化知识掌握的情况作为干部考核的重要内容。

有的省也开始探索在干部考核评价中体现落实科学发展观及科学决策管理的要求。例如，河北省纲要工作办公室会同河北省发展改革委员会、河北省统计局研究出台了《关于建立和完善设区市党政领导班子和主要领导干部综合考核指标体系的意见》（冀发［2008］3 号）和《体现科学发展观要求的设区市党政领导班子和主要领导干部工作实绩综合考核评价实施办法（试行）》（冀字［2008］5 号），初步形成了以“一个中心、两个体系、三个转变、四项原则、五个结合”为特色的干部考核新机制，突出了科学素质的要求。

6.3.2.2　公务员录用考试中加强科学素质测查

2008 年，人力资源和社会保障部在公务员录用考试中，强化了科学素质内容。在中央机关招考公务员公共科目笔试和面试中设计了定义判断、演绎推理、数量关系、资料分析、问题分析、措施应对、创新能力等内容，充分体现了科学素质测查在公务员录用考试中的应用。

6.3.3　开展科普活动，促进领导干部和公务员终身学习

面向领导干部和公务员开展各类科普活动，促进领导干部和公务员学习蔚然成风。

中科院、社科院、工程院等单位通过举办院士专家科技讲座、科普报告和参观科研场所等形式，为领导干部和公务员开展专题科普宣传。例如，2008 年，中科院与中组部和中央党校合作，组织中央党校高级班学员

到中科院的科研院所参观，为领导干部和公务员举办科普专场活动，了解我国最新科技动态和科教兴国的重要意义。

与此同时，历年的全国科普日、全国科技周等重大科普活动已经成为领导干部和公务员提升科学素质的重要机会。例如，2007 年全国科普日北京主场活动举办了领导干部和公务员专场，参观人数达 200 余人次①。2009 年，中组部机关还带头开展“节约能源资源、保护生态环境、保障安全健康”活动。

此外，各地针对领导干部和公务员的科普活动更是多样化、重实效，许多地方积极倡导领导干部和公务员读科普书、听科普讲座、参加科普活动。上海市开展公务员科学讲座，邀请科技专家每月为市、区两级党政机关的公务员举办一次科学讲座，打造“思齐讲坛”品牌；山东省面向领导干部和基层群众举办“齐鲁讲坛”，邀请科技专家开展科普讲座，在社会上产生较大反响。2009 年，北京市举办公务员科学素质大讲堂，针对城八区及各委、办、局，北京市统一在地坛体育馆举行每场 2000 人的讲座 3 场，共计 6000 余人次，内容分别是“科技北京”、“关于全球变暖及其对策的几点思考”、“我国十年来城镇化的进程及其空间扩张”，并将现场讲座录制成课件，上传到北京继续教育网、北京科普在线网，提供给领导干部和公务员自选学习。在此基础上，还举办北京市公务员科学素质竞赛，18 个区县队参加，推动公务员深入理解科学发展观，为提高全社会科学素质树立典范。广东惠州市开通干部网络大学堂，开设科学技术、业务知识等课程 200 多门，干部上网学习超过 35 万人次。浙江每周定期为省管干部和有关人员发送科普短信，全年累计发送短信 15.6 万条[4]。

6.3.4 加强宣传，营造良好舆论氛围[4]

为了推进领导干部和公务员科学素质提升，全国各类媒体加大对《科学素质纲要》的舆论宣传力度，为领导干部和公务员科学素质行动营造有力的社会氛围。“十一五”期间，《人民日报》的“科教周刊”、新华网的

① 数据来自中国科协 2007 年全国科普日北京主场活动总结。

“新华科技”、《光明日报》的科技栏目以及《科技日报》《学习时报》等，都已成为领导干部和公务员学习科技知识、提高科学素质的好参谋、好助手。另据统计，中央人民广播电台“新闻和报纸摘要”、“全国新闻联播”等栏目积极介绍《科学素质纲要》相关内容，并结合“落实科学发展观”、“节能减排”、“自主创新”重大主题报道，大力宣传党和政府科学执政、科学决策的理念、思想，及时反映我国科学技术领域发展的重大成果，大力宣传科学知识，倡导全民尊重科学、终身学习，提高自身科学素质，共播发 400 余条有关科普的报道。

例如，中国环境报社于 2009 年创办了环保科普宣传专刊——应知版，读者对象定位为各级领导干部和环保战线的干部职工，刊物紧跟时事新闻、重大事件、突发事件进行环境科普宣传。每周刊出一期。

此外，中国国际广播电台面向国际报道党和政府在推动落实《科学素质纲要》、加强科普宣传方面出台的政策及措施，先后采制有关科技、科普内容的新闻 300 余条。

6.4　面向领导干部和公务员科普实践的未来发展趋势

领导干部和公务员是国家公共事务的决策者和管理者，其科学决策能力和科学管理能力的高低，直接影响到国家的前途和命运。因而，通过加强科学普及与科学教育，不断提升领导干部和公务员科学素质，始终是当前及未来科学素质建设的重中之重。

从根本上讲，提升领导干部和公务员的科学素质，前提是要把好干部和公务员的录用关和考核关。因而，在录用和考核的程序、标准中，科学合理地设计科学素质相关内容，是未来需要不断探索和完善的工作。

与此同时，鉴于我国面向领导干部和公务员的培训教育网络体系完整、层次丰富、覆盖面广、执行力强等优势，今后仍将依托此阵地开展面向领导干部和公务员的科学素质教育。因而，稳定、高素质的师资队伍建设与系统、完善的教材建设，将是今后的一项重点工作。与此同时，伴随着科学素质培训被纳入领导干部和公务员培训教育中，并实现了制度化，科学素质培训教育工作如何抓实效将成为一个重要的导向问题，需要加强评估研究与实践工作。

为了营造有利于领导干部和公务员科学素质建设的社会氛围，还需要积极整合资源，面向领导干部和公务员搭建和开放科普活动平台，并加强媒体的宣传报道。

参考文献

[1]党政领导干部选拔任用工作条例[EB/OL]. http://news.xinhuanet.com/ziliao/2003-01/18/content_695422_1.htm.

[2]中华人民共和国公务员法[EB/OL]. http://www.gov.cn/ziliao/flfg/2005-06/21/content_8249.htm.

[3]任福君，翟杰全. 科学技术传播与普及概论[M]. 北京：中国科学技术出版社，2012.

[4]全民科学素质纲要实施工作办公室. 全民科学素质行动发展报告（2006—2010 年）[M]. 北京：科学普及出版社. 2011.

[5]全民科学素质纲要实施工作办公室，中国科普研究所. 全民科学素质行动计划纲要年报 2009[M]. 北京：科学普及出版社. 2010.

[6]全民科学素质纲要实施工作办公室，中国科普研究所. 全民科学素质行动计划纲要年报 2012[M]. 北京：科学普及出版社. 2013.

[7]高技术中心青年在科技部科级干部培训学习中获得锻炼提高[EB/OL]. [2011-08-29]. http://www.most.gov.cn/jgdj/jcdt/201108/t20110829_89391.htm.

[8]科技平台管理与服务培训班圆满结束[EB/OL]. [2011-11-10]. http://www.most.gov.cn/kjbgz/201111/t20111109_90775.htm.

[9]国家高新技术产业化基地专题座谈培训会在云南召开[EB/OL]. [2011-12-01]. http://www.most.gov.cn/kjbgz/201112/t20111201_91178.htm.

[10]湖南省举办首期创新方法（TRIZ 理论）培训[EB/OL]. [2011-07-19]. http://www.hnst.gov.cn/zxgz/kjtj/gzdt/201107/t20110719_310123.htm.

[11]安徽省科技厅举办全省创新型企业技术创新培训座谈会[EB/OL]. [2011-12-28]. http://www.most.gov.cn/dfkj/ah/zxdt/201112/t20111228_91627.htm.

[12]全民科学素质纲要实施工作办公室，中国科普研究所. 全民科学素质行动计划纲要年报 2010[M]. 北京：科学普及出版社. 2011.

第 7 章

科学教育与培训实践

7.1 引　言

科学教育与培训为公民提供了学习科学知识和技能的机会，是促进公民科学素质提升的重要手段，是国家科普能力建设的重要组成部分。我国的科学教育培训近年来有较大发展，但我们也要看到由于起步较晚，在科学教育与培训基础工程的建设中，还存在不少问题[1]，包括学科学教师和各类培训教师的学历有待提高、各类培训教材和培训基础设施建设需要加强等，因此科学教育与培训工程尚需进一步提升，从而作为完善国家科普能力建设的重要支撑。

科学教育与培训的发展表明一个国家对公民综合素质的持续关注，《科学素质纲要》从整合资源、促进发展的高度，突出强调加强科学教育与培训资源建设与整合，提出加强中小学科学教育教师队伍建设、建立科技界和教育界合作推动科学教育发展的有效机制、加强科学教育与培训志愿者队伍建设以及加强教材教法和教学基础设施建设等多种可操作的措施。为具体落实《科学素质纲要》提出的任务，2007 年 3 月，教育部、原人事部会同有关部门共同研究制定了《科学教育与培训基础工程实施方案》，科学教育与培训基础工程的主要工作内容与目标任务包括：加强教师队伍建设，培养一支专兼结合、结构合理、素质优良、胜任各类科学教育与培训的教师队伍；加强教材建设，改革教学方法，形成适应不同对象需求、满足科学教育与培训要求的教材教法；加强教学基础设施建设，充分利用现有的教育培训场所、基地，配备必要的教学仪器和设备，为开展科学教育与培训提供基础条件支持。

根据以上目标和措施，以教育部门为核心，各相关单位坚持联合协作的工作机制，主要通过项目的方式推进科学教育与培训基础工程的实施。国培计划、科技辅导员培训等实践以提高教师的科学素质为主要目标，是推进我国科学教育与培训发展的重要举措。

7.2　我国科学教育与培训的历程

我国科学教育培训实践与继续教育和职业技能培训具有重要联系。继续教育是面向所有完成学校教育之后的社会成员特别是成人的教育活动，是终身学习体系的重要组成部分。从宏观上来看，职业技能培训也是继续教育的组成部分，但是职业技能培训的针对性和目标性更强。随着经济和社会的不断进步与发展，继续教育实践领域不断发展，研究范畴也在不断地扩大和深入，特别是终身教育思想已经为越来越多的人所接受。公众对继续教育在经济、社会中的地位、作用、方法等都有一定的初步认识，继续教育科学研究也有了重大发展。《科学素质纲要》颁布以后，我国科学教育与培训实践的目标和任务更加明确，成果也更为显著。

7.2.1　中华人民共和国成立以来继续教育的发展

1949 年 10 月，《中国人民政治协商会议共同纲领》指出："有计划有步骤地实行普及教育，加强中等教育和高等教育，注重技术教育，加强劳动者的业余教育和在职干部教育，给青年知识分子和旧知识分子以革命的政治教育，以应革命工作和国家建设工作的广泛需要[2]。"这是我国明确提出进行继续教育的文件，就此形成了不脱产学习与脱产学习两种继续教育的模式，并在相当长的时期内影响着我国继续教育的发展。此后，国家还制定了针对农民、干部职工、企业人员等不同人群的继续教育方案，如1982年制定了《关于举办职工、农民高等院校审批程序的暂行规定》和《关于职工大学和职工业余大学建校审批工作及毕业生学历等若干问题的意见》，1987年制定了《关于开展大学后继续教育的暂行规定》，这些文件对各类人群的继续教育都有很重要的促进作用。1989年，教育部、原人事部等部门印发了《关于开展岗位培训若干问题的意见》，该文件的颁发对职工、干部继续教育的进一步发展起到了促进作用[3]。据统计,1996年，全国各类职工参加岗位培训和继续教育的达4374万人，其中干部参加岗位培训和继续教育的人数达1282万人[4]。

特别值得注意的是，针对教师的继续教育在“文化大革命”后有较大发展，1977年12月，教育部就中小学教师的培训工作做了重要部署，其中一项就是要求尽快建立和健全省、地、县的教师培训网络。培训网络自上而下包括教育学院或教师进修学院、教师进修学校及教师培训站[5]。1978年10月，教育部在《关于加强和发展师范教育的意见》中进一步指出:“要力争在三五年内，经过有计划的培训，使现有文化业务水平较低的小学教师大多数达到中师毕业程度，初中教师在所教学科方面大多数达到师专毕业程度，高中教师在所教学科方面达到师范学院毕业程度。”国家教委又于1991年和1999年分别颁布了《关于开展小学教师继续教育的意见》和《中小学教师继续教育规定》，对中小学教师继续教育的类型、教育教学机构与形式、教学时间及条件保障、行政管理和奖惩措施等作了具体规定。

2013年，人力资源和社会保障部出台《国家级专业技术人员继续教育基地管理办法》[6]，这标志着我国专业技术人员继续教育基地工作步入规范化轨道。国家级继续教育基地是依托高等院校、科研院所和其他施教机构建设的培训实体，主要承担相应区域、领域和行业国家级高层次、急需紧缺和骨干专业技术人才的培养培训工作，国家为基地提供一定的专项经费资助和政策项目支持。

7.2.2 《科学素质纲要》颁布以来科学教育与培训工程的进展

科学教育与培训同继续教育有相似的方面，但科学教育与培训相对来说更微观、具体，对各项任务提出更明确的建设方向。在《科学素质纲要》颁布后，教师队伍建设、教材、培训等都有很大进展。

7.2.2.1 科学教育与培训教材建设

教材建设在科学教育与培训中发挥着重要作用，科学教育的教材建设与教法改革对深化科学课程改革发挥着促进作用。在面向重点人群的科学教育与培训中，培训教材的建设起着不可或缺的作用，《科学素质纲要》中提出，要加强职业教育、成人教育和各类培训中科学教育的教材建设。根据未成年人、农民、城镇劳动者、领导干部和公务员的特点和需求，有关部门以科学发展观、先进适用技术、职业技能、现代科技知识为主要内容编写教材，增强行政院校和干部学院，高等院校、科研院所，职业学校、函授学校、广播电视学校等机构的科学教育和培训功能。

2001—2006 年，中小学校课程改革逐步推进，学生逐渐开始使用按照新课程标准编写的教材，到 2006 年上学期，小学共有 8 套、中学共有 4 套科学教材使用。同时，从小学至高中设置综合实践活动，并作为必修课程，其内容主要包括信息技术教育、研究性学习、社区服务与社会实践以及劳动与技术教育。以学生为中心的教育模式逐步形成，强调学生通过实践，增强探究和创新意识，学习科学研究的方法，发展综合运用知识的能力。自 2006 年起，基础教育阶段科学课程标准的修订工作开始启动。2011 年 12 月，教育部印发了义务教育包括初中科学、地理、化学、生物、数学、物理等学科在内的 19 个课程标准（2011 年版）。新的课程标准是对 2001 年印发的义务教育各学科课程标准（实验稿）的修改和完善，并于 2012 年 9 月开始实施。为落实《科学素质纲要》，全面提高中小学科学教材质量，2012 年，教育部建立中小学科学教材建设电子管理平台，对初中物理、化学、生物、科学等学科共 21 套教材进行了全面修订，并组织包括高等院校教授、科研机构研究员和一线教师等各方面的专家 348 人对相关学科起始年级教材进行了严格审查[1]。通过此次修订，初中科学相关学科教材质量全面提升、难度把握适度、特色更加鲜明、体系更加完善。

在科学教育与培训大方向的指引下，部门与行业之间进行积极的沟通协调，发挥行业企业在提高职工科学素质方面的作用，广泛开展科普宣传、技能培训，着力加强科学方法、科学思想和科学精神教育，提高城镇劳动者的科学文化素质。在面向城镇劳动者的科学培训中，尤其以安全生产类教材的编写最为显著。安全监管总局组织编写了大量针对性强的安全生产培训教材，如《农民工安全生产知识读本》和《职工安全生产知识读本系列丛书》等。此外，还编辑出版《画说安全生产法》《煤矿重大安全生产事故隐患认定办法图解》《煤矿职工安全心理健康辅导读物》和《安全理念用语》等安全科普读物。开发制作安全生产应急救援科普展板、构建和谐校园、保障中小学生安全健康成长展览等宣传展板挂图。安全监管总局与教育部联合拍摄了“煤矿新工人生产安全多媒体系列培训教材”，免费发放给全国所有煤矿和各级煤矿安全培训机构。安全监管总局宣传教育中心拍摄了《职业安全健康与个体防护》《为了人民的生命财产安全》和《煤矿安全规程》等安全科普宣教片及安全科普动漫公益广告。北京市科委、市卫生局、市教委等单位编制了《社区科普工作者培训教材》和《健康科普人际传播能力培训模式》等培训教材，培训工作不断向制度化、规范化和专业化发展[1]。各级党校、行政学院、干部学院和社会主义学院分别举办省部级、地厅级、县处级领导干部《科学素质纲要》专题培训班，同时也不断编写相关的培训教材。2006 年，四川省成都市金牛区组织编写了金牛区党政干部科学素质读本《观念与创新》；2007 年，山西省组织编写了《领导干部和公务员科学素质读本》，并且在国家行政学院和省党校（行政学院）先行列入教学课程；2008 年，人力资源社会保障部组织编写了《应对突发事件读本》，作为领导干部和公务员培训的重要教材。第二批全国干部培训教材《科学发展观》一书专门增加了阐述节约能源方面的内容。2009 年，中组部组织编写了第三批全国领导干部学习培训教材，教材以科学发展观为主题，围绕自主创新、城市规划、危机处理等专题，采取案例编写体例[1]。

上述培训教材结合社会热点问题，围绕重点人群提升科学素质的核心，对于推动科学教育与培训基础工程建设发挥着不可或缺的作用。

7.2.2.2 科学教育与培训教师队伍

在培养学生的科学素质方面，甚至可以说在提高全民科学素质方面，教师都起着重要的作用。学生从教师身上学到的远远不止是一些科学知识和技能，教师的言行，可以引导学生感受到一个具有科学素质的公民典范。在面向农民、城镇劳动者、领导干部和公务员的科技培训中，虽然此类培训与系统的学校科学教育的性质与功能不同，教师对被培训人员的影响力也没有学校教师对未成年人那么大，但是培训教师仍然是各类被培训人员与教学资源之间的重要中介，可以通过言传身教作用于被培训人员，促使他们的科学素质进一步提高。因此，提高专业教师、培训教师和各类科技辅导员的水平，在推进科学教育与培训基础工程中具有非常重要的作用。

教育部积极鼓励师范院校设置涵盖理、化、生等领域的综合性科学教育专业，培养具有宽阔视野、较高专业水平和能力的科学教育教师。据统计，2006—2008 年，全国开设科学教育专业的高等院校科学教育专业本科招生 5723 人，毕业生 2054 人，年均在校生 6557 人；专科招生 7017 人，毕业生 4068 人，年均在校生 7988 人[7]。自 2006 年起，教育部在组织实施的高中课改实验省骨干教师培训、农村义务教育学校教师远程培训、边境民族地区中小学骨干教师培训等国家级项目培训中，对义务教育和高中阶段的数学、物理、化学、生物、地理、信息技术及通用技术等学科的骨干教师开展了培训，为提高中小学教师的科学素质提供了保障。中国科协组织青少年科技创新人才培养项目，项目以“项目孵化”和“聚焦课堂”教师培训与“科学精神”教师培训为核心。中国科协农村青少年培养项目、求知计划、科技馆活动进校园等项目通过与高校合作，每年均通过举办教师培训班、国际交流等形式，有针对性地提高基层科技教师的素质和能力。

7.2.2.3 科学教育基础设施建设

教学基础设施是保证学生进行科学课程实践的基础。2012 年，全国各级各类学校教学、科研仪器设备资产总值 5110.8 亿元，比上年增加 592.5

亿元，增长 13.1%。其中，初中教学、科研仪器设备资产值增长较快，增长 18%。随着仪器设备投入总量的增加，各级各类学校人均教学、科研仪器设备值均比上年有所提高，其中初中、中职增长最快，分别比上年增长 25% 和 18%[8]。

根据《2012 年全国教育事业发展统计公报》[9]，2012 年，全国普通小学数学自然实验仪器达标学校比例为 50.75%，比上年提高 3%；初中理科实验仪器达标学校比例为 75.05%，比上年提高 4%；高中理科实验仪器达标学校比例为 85.81%，比上年提高 4%，建立校园网学校比例为 80.29%，比上年提高 3%。从表 7-1[10] 可看出，全国中小学实验仪器达标校比例自 2008 年以来有所提升。

表 7-1 全国中小学实验仪器达标校比例情况（%，2008—2012 年）

年份	2008	2009	2010	2011	2012
小学	54.70	53.29	54.62	47.52	50.75
初中	73.51	73.14	74.55	70.91	75.05
高中	83.38	83.74	84.63	82.11	85.81

同时，为进一步推进科学教育与培训基础工程，教育部启动了“促进中小学科学教育网络资源建设”、“一流科普资源进校园、进社区”项目和“中小学科学教育实验条件建设示范工程”等项目。为改善农村教育状况，国家投入中央专项资金实施农村义务教育薄弱学校改造计划，为农村义务教育薄弱学校改造校舍，配备教学实验仪器、图书、音体美等器材，为农村薄弱学校每个班级配置多媒体远程教学设备，共惠及中西部 23 个省。

7.3 我国科学教育与培训的实践探索

科学教育与培训的实践探索主要集中在面向科学教师、科技辅导员以及以项目形式开展的教师培训方面。

7.3.1 “国培计划”发挥引领示范作用

教育部、财政部于 2010 年开始实施中小学教师国家级培训计划（简称“国培计划”），这是国家旨在提高中小学教师特别是农村教师队伍整体素质、促进教师专业发展的重要举措。“国培计划”包括中小学教师示范性培训项目和中西部农村骨干教师培训项目两项内容。中小学教师示范性培训项目主要包括中小学骨干教师培训、中小学教师远程培训、班主任教师培训、中小学紧缺薄弱学科教师培训等示范性项目；中西部农村骨干教师培训项目主要包括农村中小学教师置换脱产研修、农村中小学教师短期集中培训、农村中小学教师远程培训。

2011 年 1 月，教育部发布《关于大力加强中小学教师培训工作的意见》，指出当前和今后一个时期中小学教师培训工作的总体目标是：以实施“国培计划”为抓手，推动各地通过多种有效途径，有目的、有计划地对全体中小学教师进行分类、分层、分岗培训。其中特别指出，“要加强农村音乐、体育、美术、英语、信息技术、科学课程等紧缺学科教师培训。重视幼儿教师和特殊教育师资培训。加强民族地区双语教师培训。适应教育现代化和教育信息化的新要求，进一步推进‘全国中小学教师教育技术能力建设计划’，促进信息技术与学科教学有效整合，提高教师在教育教学中有效应用现代教育技术的能力和水平。”

2010 年，“国培计划”中央财政投入 5.5 亿元，共遴选 165 所高水平院校和机构承担了培训任务。各级政府和教育、财政部门高度重视培训工作，精心组织，重点加强了对农村地区和紧缺薄弱学科教师的培训，培训了 115 万名教师，其中农村教师占 95% 以上，培训成效显著。2011 年，项目共培训 95 万名教师，其中，县以下农村教师 50 余万名。同时，经过资格审查、初审和复审，共遴选确定“国培计划”资源库首批推荐课程资源 662 件，其中，涉及科学教育相关资源近 200 件。2012 年，共培训科学、数学、物理、化学、生物、信息技术、通用技术、综合实践、地理等科学教育相关学科骨干教师近 50 万人，为各地实施科学教育培养了一大批“种子”教师[10]。

2012 年 10 月 9 日，教育部发布了关于实施《“国培计划”课程标准（试行)》(以下简称《标准》)的通知，目的是规范“国培计划”项目管理，提高培训质量。“国培计划”——中小学教师示范性培训项目、中西部农村骨干教师培训项目、幼儿园教师国家级培训计划的培训任务承担院校（机构）要根据《标准》及使用指南，设置“国培计划”培训课程，研制项目实施方案。各地要将《标准》的贯彻落实情况作为项目立项评审、绩效评估的重要内容,《标准》及其使用指南可以在“国培计划”网站（www.gpjh.cn）下载。

为了扩大“国培计划”的影响，加强交流，专门建立了“国培计划”网站。自“国培计划”实施以来，根据网络匿名评估统计，参训学员对中小学教师示范性培训项目总体满意率达85%，对中西部农村骨干教师培训项目总体满意率达80%。

7.3.2 中国青少年科技辅导员协会的培训实践

中国青少年科技辅导员协会由中国科协批准，于1981年在北京成立，是在关心、支持、从事青少年科技教育工作的全国各族青少年科技教育工作者、社会各界人士、各类院校（中小学校等）、有关机构、企事业单位及团体等自愿联合结成的，依法登记、非营利、科普类的社团组织，是中国科协的组成部分。学生在进行科技活动中，由于自身的知识结构不完善，经历经验有限，需要科技辅导员的正确引导与指导。同时，科技辅导员具备的知识和能力，是学生的一面镜子，对学生起到了潜移默化的影响。可见，科技辅导员在学生个性发展、促进学科学习、团结协作、培养学生创新能力和学生科学世界观形成等方面具有举足轻重的作用。

2009年3月，中国青少年科技辅导员协会与天津师范大学签署了共建科技辅导员业务培训基地的协议，该基地是国内首家专门研究和践行青少年科技辅导员教师教育模式的机构，通过完善我国科技辅导员业务培训标准和内容，健全我国科技辅导员业务培训体系，推动我国科技教育学科的建设和发展。基地的发展按照“立足天津，辐射区域，领跑全国，在全国范围内具有示范作用”目标建设，为科技辅导员培训的可持续性奠定了良好基础。

目前，中国青少年科技辅导员协会依据培训基地，已经形成了规模化的科技辅导员培训结构，结构化的培训课程，包括中学科学教师培训班、小学科技辅导员培训、小学科技辅导员高层论坛等，同时每年还会依据不同情况，组织不同内容的培训。表 7–2 是中国青少年科技辅导员协会开展的培训课程内容①。

表 7–2　中国青少年科技辅导员协会培训课程内容

培训名称	培训内容
中学科学教师培训班	• 政策理论:《发达国家科技教育最新理念与实践》 • 方法途径:《青少年科普活动设计组织实施》《青少年科学探究活动》《上海青少年创新型科技活动项目介绍》《校外科技教育资源包的开发与利用》 • 实践交流:《新能源科技小制作和竞赛活动》《机器人活动设计与组织》《模型制作与科技创意》《头脑奥林匹克活动与创新思维训练》《信息竞赛活动与青少年信息素养》《抓住区域经济的社会热点问题开展青少年科普活动，提高青少年科学素养》
小学科技辅导员培训	• 国际非正规教育中科学教育的现状与发展趋势，科学教育与创新人才培养的关系 • 物质与物理科学、生命科学、地球与空间科学和设计与技术四大领域中，适合小学生的主要科学概念示例，及其校内外科技教育主题活动的组织与实施 • 考察当地优秀科技科色学校，研讨和学习校内外科技活动策划、组织与实施 • 科技教育活动中学生创造能力、探究能力、综合解决问题能力和社会情绪能力的培养 • 全国青少年创新大赛（小学组）优秀项目评析，科技论文撰写和创新大赛（小学组）指南培训
小学科技辅导员高层论坛	• 国际非正规教育中科学教育的现状与发展趋势，科学教育与创新人才培养的关系 • 物质与物理科学、生命科学、地球与空间科学和设计与技术四大领域中，适合小学生的主要科学概念示例，及其校内外科技教育主题活动的组织与实施 • 考察当地优秀科技科色学校，研讨和学习校内外科技活动策划、组织与实施 • 科技教育活动中学生创造能力、探究能力、综合解决问题能力和社会情绪能力的培养 • 全国青少年创新大赛（小学组）优秀项目评析，科技论文撰写和创新大赛（小学组）指南培训 • 校外科普活动的开发与设计

① 根据中国青少年科技辅导员协会网站资料整理。

7.3.3 以项目为载体的教师培训

在未成年人科普实践中，青少年科技创新人才培养项目、“求知计划”和科技馆活动进校园项目[①]发挥了重要作用，上述项目也在不断探索针对教师的培训。

中国科协组织的青少年科技创新人才培养项目以培养教师的课堂教学能力和科学精神为核心。2011年6月，中国科协青少年科技创新人才培养项目三期（2011—2015年）正式启动，重点以“科教合作”为切入点，探索高中科技创新拔尖学生的教育培养模式，加强试点高中与高等学校、科研院所、科技场馆和其他校外机构之间的教育资源共享，并通过多种模式培训提高师资队伍的专业化水平。目前，各项目县的青少年发展培训中心初步建成，具备了开展青少年培训的基本条件，并已经组建了课程培训教师团队。项目与北京教育学院合作，分两期培训80多名课程培训教师。2012年，为更好地为基层教师提供支持和服务，项目组织编写了青少年课程培训中存在的现象和问题，供培训教师在实践中参考；组织北京教育学院的培训专家7次深入项目地区组织教师座谈和给予面对面指导。各省级项目办也安排了到项目县实地听课调研活动，组织开展省级教师交流活动，提高基层人员组织青少年培训活动的工作能力。

“求知计划”项目所组织的教师培训注重教师间的交流。例如，2012年，项目组织教学支持专家与北京、山西的项目教师一同到黑龙江进行课程观摩并举办东北地区教师交流会，与当地教师探讨教学中存在的问题、对教学内容和方式的思考，解答教师的疑问，提出教学方法方面的建议，提高了教师的教学能力和理论水平。

科技馆活动进校园项目在为未成年人提供更多科学学习机会的同时，也注重探讨科学教师培训工作。2012年，科技馆进校园项目分别与中国科学技术馆、广西师范大学科学教育研究所、北京自然博物馆合作，开发设计不同主题的培训方案，两次共培训80名示范推广区的校外科技辅导员。培训初步做到分别以物质科学、生物学和天文学为主题，满足不同背景和

① 在本书第二章中已介绍过上述项目。

工作内容的辅导员的需求。

7.4 我国科学教育与培训实践的发展趋势

7.4.1 科学教育与培训逐渐社会化

社会化是未来科学教育与培训的重要走向。一是表现在教育与培训的组织方式上，企业、社会、学校等都将成为教育与培训的重要参与主体；二是表现在培训活动的管理上，无论是长期学习还是短期培训，都不可能是单一部门的管理，必将由各级政府部门、教育部门、企业、学校等进行自主举办与管理，以提高培训质量和效率。

政府部门是科学教育培训的指导机构，其政策导向决定我国科学教育与培训的发展方向，是国家整体科学教育能力的一个重要体现。学校作为开展科学教育与培训的主要机构，承担了大部分的工作，目前在教师和教材建设方面有很大的发展空间，可结合政府决策开展深入的教学和教法研究。企业是注入科学教育与培训实践的一股活力，未来的科学教育培训可依靠企业开展，为教育培训的社会化提供效率和质量保证，从而使科学教育培训更高效和更有针对性。

7.4.2 通过信息化提高科学教育培训效率

信息技术、新媒体等现代通信技术和网络技术的发展，为提高科学教育与培训效率提供了基础。未来科学教育与培训的手段和形式可以更丰富多样，培训效果能够更快捷和高效。现代电信为远程教育提供了支持，网络技术为远程教育教学互动提供了可能，教师与学生不仅能随时沟通、交流，而且还能做到资源共享、信息共享，这样科学教育与培训的成本就会大大降低，效率效益就会提高。

因此，今后需要利用好信息化方式为科学教育培训服务，利用网络、新媒体等形式加强资源共建共享，建设网络化的培训机构与机制，提高科学教育培训的效率，降低成本，扩大受众面。

7.4.3 形成多样化的教育与培训方式

目前科学教育与培训的方式还比较单一，培训对象大多通过被动接受的方式来学习知识。由于教育培训对象的文化背景、受教育程度、行业差异很大，因此，科学教育与培训也需要具有多内容、多层次、多形式的特点，形成多样化的教育培训网络。

从培训内容方面来讲，既要满足培训对象的首要需求，还需涉及多学科和领域的内容，如在科学教师培训中，除了加强教师对本专业知识的学习外，对相关领域知识的介绍也应是一个重要部分。以相互交流为基础的教学将逐渐成为教育与培训的一个主要形式，以往的教育与培训基本上以培训对象被动接受知识的方式为主，以项目形式开展的教育培训则注重施教者和受教者之间的交流，能够取得较好的培训效果，是今后科学教育培训的一个重要发展方向。

参考文献

[1]全民科学素质纲要实施工作办公室. 全民科学素质行动计划纲要年报(2006—2010年)[M]. 北京：科学普及出版社，2011.

[2]中央教育科学研究所. 中华人民共和国教育大事记(1949—1982)[M]. 北京：教育科学出版社，1983.

[3]张宝书. 我国继续教育的发展历程研究[J]. 继续教育研究，2007(1)：1-6.

[4]中国教育年鉴编辑部. 中国教育年鉴(1997年)[M]. 北京：人民教育出版社，1997.

[5]吴遵民，秦洁，张松龄. 我国教师继续教育的回顾与展望[J]. 教师继续教育研究，2010(2)：1-8.

[6]人力资源和社会保障部办公厅关于印发《国家级专业技术人员继续教育基地管理办法》的通知[EB/OL]. http：//www.mohrss.gov.cn/SYrlzyhshbzb/ldbk/rencaiduiwujianshe/zhuanyejishurenyuan/201305/t20130529_104053.htm.

[7]全民科学素质纲要实施工作办公室. 2009全民科学素质行动计划纲要年报——中国科普报告[M]. 北京：科学普及出版社，2010.

[8]2012年全国教育事业发展统计公报[EB/OL]. http：//www.moe.gov.cn/publicfiles/business/htmlfiles/moe/moe_1485/201308/xxgk_155798.html.

[9]教育部. 2012年全国教育事业发展情况[EB/OL]. http：//www.gov.cn/test/2013-10/29/content_2517264.htm.

[10]全民科学素质纲要实施工作办公室. 2013全民科学素质行动计划纲要年报——中国科普报告[M]. 北京：科学普及出版社，2014.

第 8 章

科普资源建设实践

8.1 引　言

科普资源是科学知识、科学方法、科学思想以及科学精神传播和弘扬的物质承载者。科普资源是科普工作的工具，也是科普能力的载体，一个国家的科普能力集中体现为向公众提供科普产品和服务的综合实力，科普资源为国家科普能力提供了坚实的物质保障。

科普资源建设工作作为科普工作的重要一环受到我国政府的高度关注。我国《国家中长期科技发展规划纲要（2006—2020 年）》把加强国家科普能力建设，提高国民科学素质作为该纲要实施的重要保障措施。

2006 年国务院发布的《科学素质纲要》提出了四大基础工程，其中之一就是科普资源开发与共享工程，其任务是“引导、鼓励和支持科普产品和信息资源的开发，繁荣科普创作。围绕宣传落实科学发展观，创作出一批紧扣时代发展脉搏、适应市场需求、公众喜闻乐见的优秀作品，并推向国际市场，改变目前科普作品‘单向引进’的局面。集成国内外科普信息资源，建立全国科普信息资源共享和交流平台，为社会和公众提供资源支持和公共科普服务。”《科学素质纲要》中另外三大工程（大众传媒科技传播能力建设工程、科普基础设施工程和科学教育与培训基础工程）也都与科普资源建设紧密相关，都在一定程度上可以视为提升科普资源服务能力的工程。

我国的科普资源建设以满足国家需求、社会需求和公众需求为目标，为此，做了许多卓有成效的工作，如推动科普资源共建共享、繁荣科普创作等。

8.2 科普资源及其现状

8.2.1 科普资源的概念

“科普资源”这个名词一度在我国科普实践中概念十分混乱，关于科普资源的定义和分类的方式很多，最多时可达十余种，每个定义的外延和内涵均有不同[1]。概念的分歧固然反映了学术争鸣的热烈，但也同时体现了科普工作者思路的不统一甚至混乱，对科普资源建设工作的开展非常不利。中国科普研究所长期进行科普资源的理论研究，在此方面取得了大量的研究成果，这些成果逐渐从理论上厘清了科普资源的概念，在一定程度上消除了概念分歧的混乱状态，推动了科普资源实践工作的开展[2]。

在我国科普实践的语境中，可以从广义和狭义两个不同的方面来理解和界定科普资源：广义的科普资源包括科普事业发展中所涉及的所有资源，例如政策资源、人力资源、财力资源、物力资源、信息资源、内容资源及其要素等；狭义的科普资源主要指的是科普的内容资源及其载体，包括为社会和公众提供科普服务的内容、信息及承载这些内容和信息的产品、作品等，如图书、期刊、挂图、影视作品、科普展示展览、数字化科普资源等。科普的内容资源属于科普资源体系最基础的组成部分，通常意义上的科普资源往往指的就是内容资源，也是我国科普实践工作中大多数情况下指的科普资源。这些内容资源被广泛应用于科普活动、科普设施和科普传媒中，是开展科学技术传播与普及工作必不可少的物质条件，其数量和质量（包括品种的多样性、内容的科学性、形式的趣味性等）在很大程度上影响着科普活动、科普设施和科普传媒的效果或者功能[3]。

科普资源在形态上有复杂的表现形式。例如，仅就表达和承载科普内容的作品或产品而言，就有实物类科普资源（如各种科普场馆的展品、实物、模型、装置等）、印刷类科普资源（如图书、报刊、挂图等）、电子声像类科普资源（如利用电影、电视、广播、网络传送的各种作品）等。根据这些作品或产品在科普中发挥的作用和功能，可以分为宣传类、培训类、活动类、教育类、科技场馆展览展示类，等等；或是根据作品或产品的应用范围，分为场馆类作品（产品）、传媒类作品（产品）和活动类作品（产品）。例如，科技类博物馆等场馆场所的各种实物、模型及数字化展品，大众传媒领域的科技新闻作品、电视科普栏目、科普图书及各种形式的电子制品，科普活动中的科技周/科普日主题活动、科普展览、科普报告，等等[4]。

科普资源的分类是目前科普理论与实践中迫切需要研究的一个基础性问题，科学分类方法的建立有助于更加全面地了解和掌握现有科普资源的分布情况，有针对性地加强资源建设，促进资源的整合、集成和开发利用，并为开发新的科普资源要素形态、丰富科普资源体系提供重要的指导。当然，在科普实践中，资源要素的表现形态可能是复杂多样的，有些形态的资源要素可能具有复合特征，科普实践也需要综合利用不同的资源要素提升传播普及的效果。而且不同的分类方法往往与理论研究的目标和实践的目的相关联。一般而言，科普资源的分类方法需要在科普理论的指导下，根据资源要素本身在科普中的功能属性、表现特点以及满足公众科普需求、科普工作需求方面的实际作用来确定[4]。

8.2.2 科普资源的界定标准

科普理论与实践中的另一个重要而基础的问题是界定科普资源的标准。鉴于科普资源体系的复杂性和资源要素的多样态特征，需要有一般性的标准和针对具体类别的具体标准。

一般性的标准是促进科普事业发展、服务科普工作、提升科普能力、承载科普内容、发挥科普作用、拥有提升公民科学素质功能的各种资源要素，这也是所有科普资源要素应该拥有的基本特征。

而就针对不同资源类别的具体标准而言，需要考虑资源类别的属性与特征来确定，例如就科普作品或产品而言，其参考性标准可以包括：宣传、普及、传播、使用通俗化方法解释科技知识、科学原理和方法、科学思想、科学精神等内容的作品或产品；用于提高公众科学素质的宣传、培训作品或产品；用于专题（如节能减排、生态环保、卫生健康、航天及纳米等科技领域等）科普宣传、活动的作品或产品；解释、宣传科学与公众、科学技术与社会发展关系的作品或产品；反对迷信和伪科学的作品或产品；含有丰富科技内容的文学艺术作品（包括科幻作品等）；宣传科学技术发展、科学技术普及工作、公民科学素质建设相关法律、政策、法规的作品或产品等[4]。

在我国目前的科普资源体系中，下列资源要素尤其发挥着基础性的作用，主要包括：科普基地：包括各种具有较强科普功能、面向社会公众群体、拥有丰富科普资源的科技类场馆或园区，例如，自然博物馆、科技馆、青少年科普教育基地、农村科普示范基地等；科普主题展览：包括针对社会公众需要、体现某种主题思想、向公众传播普及科学技术的各种展示展览；科学技术普及性展品：包括用于展示、说明、解释科学技术知识、原理、现象、事实的实物、标本、模型、装置及其与图片、影像的复合制品，帮助公众学习、理解科学技术的相关内容；科学体验项目：帮助公众感受科学现象、体验探索过程的互动性科普展项、模拟实验项目以及科学观测、科学实验等活动；电子音像类科普资源：包括各种电子化的图像、声音、文字等的集合体，可能真实记录了一个科技的事件或过程，也可能生动讲述了一个科学的故事和事实；动漫科普作品：包括各种以动画片、漫画、flash 等手段传播科学知识、原理、方法、思想、精神等内容的科普资源，因形象、活泼、直观、生动、有趣等特点受到公众的喜爱；科普报告 / 讲座：包括针对某一方面的知识举办的各种专业性的高级科普讲座或大众化的通俗性科普讲座；科普图片 / 挂图：包括各种以图像加文字解说的方式体现科普内容的资源形态，可以方便用于许多不同的场合与场所，服务于科普工作[5]。

8.2.3 我国科普资源的现状

虽然我国的科普资源建设工作不断完善，科普资源的数量和质量有了很大提高，但是，我国科普资源地区差异大、学科内容分布不平衡、目标群体不清晰、重复性建设和资源利用率不高等问题越来越突出。这对科普工作的进一步开展和科普服务水平的提高产生了很大影响，尤其是与社会公众日益增长的科普需求不相适应。我国科普资源建设面临“资源相对较少，优质资源更少，不能满足社会多元化的需求”和“社会资源未能有效整合，效益未能充分发挥”等现状，这必然制约科普资源公共服务能力的提升。

8.2.3.1 科普资源总量相对不足，分布不够合理

据调查，我国科普资源虽总体而言呈现量大种类丰富的特点，但由于地广人多的国情，总量显得相对不足，分布不均，结构也不够合理，优秀原创资源甚少。我国的科普资源基本呈现一种倒金字塔的分布，首都、省会城市科普资源最多、最丰富，越到基层，科普资源越少。2010年，中国科协科普部对四川、新疆、广东、辽宁、上海、山西6省（市、自治区）297个县市科协做了调查，257个县市科协认为当前的科普资源建设工作不能满足公众的需求，278个县市科协表示在科普工作中缺乏科普资源[6]。

科普宣传栏是基层公众获得科学知识、提高科学素质的重要途径和主要科普设施。根据调查，由于缺乏挂图，我国西部70%的科普宣传栏（画廊）内容不能定期更新[7]。由于缺乏展品，临展也少得可怜，地方大量科普场馆（所）常年处于闲置状态甚至改变使用功能。这些既导致了基础设施资源的巨大浪费，也阻碍了基层公众获得科技知识和信息。

8.2.3.2 科普资源利用效率及效益未能充分发挥

一方面，我国的科普资源相对不足；另一方面，现存科普资源的利用效率和效益也未能得到充分发挥。

目前，我国科普资源来源渠道单一，基本来自科协系统，但中国科协系统的现有科普资源大多由于内容陈旧、模式单一，不能激发公众的科

普热情，而创新形式的科普资源又由于经费短缺、人才匮乏等原因迟迟不能制出。相反，拥有先进技术及丰富科教资源的高等院校、国家科技基础设施平台、科研院所等机构，在科普资源共建共享方面热情不高，投入不足，造成了大量的可改造用于科普的科技和教育资源浪费和设备闲置。具体问题体现在：科普资源分散，整合集成效率低：由于各部门、各系统和各行业各自为政，信息的交流和沟通不畅，科普资源总体上处于条块分割状态，导致了掌握科普资源的组织没有进行科普实践活动，而要进行科普宣传活动的单位由于缺乏科普资源使得活动效率降低。科普资源重复建设，科普内容和方式缺乏创新：由于各科普机构之间缺乏联动，科普资源缺乏共建共享机制，因此，许多科普机构为了满足活动的需要，往往会重复建设科普资源。另外，许多科普机构热衷于开展科技下乡启动仪式、科技活动周等大型科普活动，并且科普的内容大多以相同内容为主，忽视了针对不同人群的特色活动，内容和形式均缺乏创新性。

一些数据可以说明上述状况，根据中国数字科技馆项目的科普资源调查结果，教育部系统拥有的平面展览资源占调查资源总量的 70.58%、科协占 15.46%、中科院占 11.9%、其他单位占 2.06%，该调查共收到 62 家单位填报的 1714 件（套）科技馆展品，重复展品共 496 件（套），重复率为 29%[4]。这些资源分散在各个部门，由不同部门投资开发建设，所有者不同，没有形成使用的共赢互利机制。目前这种条块分割、各自为政的科普资源建设模式使得科普资源利用率低，重复建设现象严重，导致了科普资源的浪费，影响了科普资源质量，显然不符合节约型社会建设的内涵，制约了社会科普合力的形成[1]。

8.3　我国科普资源共建共享实践

针对社会科普资源分散、优质原创科普资源供给不足的突出问题，实现科普资源共建共享具有十分重要的意义。科普资源共建共享是指科普资源拥有主体（包括机构及个人）之间，通过建立各种合作、协作、协调关系，利用各种技术、方法和途径，开展共同建设、共同利用资源的一切活动。

科普资源共建共享的根本目的在于提高科普资源的利用效率，降低资源开发成本，提高科普公共服务水平，最大限度地为广大公众提供更丰富、更高水平的科普服务，提高科普资源使用的社会效益和经济效益。

8.3.1 中国科协开展的主要科普资源共建共享实践

实施《科学素质纲要》以来，中国科协作为科普资源共建共享的倡导者和主要推动者，在科普资源共建共享方面开展了很多工作。早在2006年年底，中国科协、科技部会同有关部门共同研究制定了《科普资源开发与共享工程实施方案》，旨在规划纲要办成员单位的科普资源建设工作。

中国科协于2008年5月成立了科普资源共建共享工作办公室，设立该职能机构的目的在于进一步推动组织实施，加强科普资源集成和共建共享，该办公室随后下发了《中国科协科普资源共建共享工作方案（2008—2010年）》。方案提出，中国科协作为《科学素质纲要》中科普资源开发与共享工程实施工作的牵头单位，将通过中国科协机关的直属单位、全国学会和地方科协分工负责、通力合作，并联合纲要办成员单位和社会力量共同参与开展科普资源共建共享工作，形成以各级科协为主体，纲要办成员单位及社会力量广泛参与的科普资源共建共享工作体系。

2007—2010年，中国科协每年都发布由中国科普研究所完成的《科普资源开发指南》，其目的是保持科普资源开发工作的有序性和连续性，避免重复开发，进一步引导、鼓励和支持社会各界参与科普资源的开发工作，为社会和公众提供优质科普资源。2007年，中国科协颁布了《科普资源质量与规格要求》，其目的是提高我国科普资源的质量和水平，实现科普资源的有效集成与共享，逐步规范科普资源的开发及数字化集成工作。2008年，中国科协联合发展改革委、科技部、财政部共同颁布《科普基础设施发展规划（2008—2010—2015年）》，旨在围绕《科学素质纲要》提出的战略目标和重点任务，充分发挥政府的主导作用，从国家层面强化总体战略部署，加强对科普基础设施建设和运行的宏观指导。通过提升各类科普基础设施的服务能力，切实发挥科普教育的效果，不断满足广大公众的需求；加强科普资源的共享，充分利用现有科普设施资源，积极挖掘潜在社会资源，优化配置新增资源，推动全社会科普设施资源的合理分布和高效利用；推动科普工作体制机制创新，强化科普政策保障体系和科普人才队伍建设，实现科普基础设施可持续发展。

在《中国科协事业发展十二五规划》(2011—2015 年）中提到，要“完善科普资源共建共享机制”，举措包括以下几方面。开发集成科普资源：推进科研创新成果、生产技术成果和学术交流成果转化为科普资源，引进国外优质特色科普资源，打造一批健康生活、低碳生活等主题科普资源精品及“科普大篷车”电视栏目等科技传播精品节目；实施科普创作资助：开展系列科普作品创意大赛，提升原创科普作品的开发和创新能力，开展优秀科普作品评选和推介，形成一大批深受社会公众欢迎的科普作品；加快中国数字科技馆的开发与应用：建立以中国数字科技馆为龙头、以专业型数字科技馆为重要支撑的数字科技馆发展格局，平均每日访问人次达 30 万以上，访问页面数达 120 万左右；搭建科普资源共享信息平台：推进科普出版物、科普广播电视、科普活动等共享服务，向社会发布和推介国内外优质科普图书、挂图、广播电视节目和科普活动资源包。

这些政策文件代表着科普资源共享工作的实践思路和运行轨迹，也成为开展科普资源共建共享工作的坚实政策支撑。中国科协科普资源共建共享工作取得了许多卓有成效的成绩，如建成开通了中国数字科技馆，将大量科学研究、科学教育和科技活动的成果转化为数字化科普资源并实现全社会的共享；实施中小科技馆支援计划，资助全国各地数十家展教能力薄弱的基层科技馆；开办“科普大篷车”广播电视节目并在全国 2000 多家电视台播出，形成覆盖全国的科普节目电视播出网络；围绕《科学素质纲要》工作主题，开发一系列科普活动资源包，向基层科协组织提供，用于开展科普活动；利用科学普及出版社等单位的专业优势和发行渠道，将现有科普资源进行科学化定制，整合各方优势力量，建立一个高效、稳定的科普资源物流网；中国科协与安徽省政府联合主办了五届中国（芜湖）科普产品博览交易会，为全国科普产品和技术展示交易提供平台。

围绕《科学素质纲要》的实施，纲要办各成员单位也积极践行职能，推动科普资源建设工作，例如，围绕北京奥运会、航天探月、食品安全、抗灾救灾等社会热点事件与突发事件，中国科协与成员单位开发、集成多种科普资源。在国务院颁布的《全民科学素质行动计划纲要实施方案（2011—2015年）》中制定了各成员单位在“十二五”期间的任务。中国科协也积极推进与这些单位在科普工作包括科普资源共建共享方面的合作，如中国科协积极推进与中科院的科普工作战略协作。中国科协和中科院在科普工作的人才、资源、组织网络和公众活动等方面各具优势，在科普工作中多次成功合作。推进形成中国科协和中科院在科普工作方面的战略合作关系，不仅能够大力提升双方开展科普工作的能力，也以此探索和积累不同部门之间共建科普平台、共享科普资源的经验。

8.3.2 科普资源共建共享的项目案例

8.3.2.1 中国数字科技馆科普资源共建共享实践

中国数字科技馆是顺应互联网正日益变革着知识传播方式的趋势而诞生的，由中国科协、教育部、中科院共同建设的一个基于互联网传播的国家级公益性科普服务平台，其目标是：“把社会上已有的、分散的、各种形式的可利用科普资源进行优化、集成和数字化入库，搭建为全社会提供科普资源共享服务的平台。”该项目自2005年年底启动以来，中国数字科技馆建设已取得明显成效。通过有关部委、社会各界共同参与网络数字科普资源的开发、集成和服务工作，基本建成国家科普资源的网络平台与门户，并探索出网络科普资源汇集、社会共享的机制。截至2013年年底，中国数字科技馆已经集成并可以通过网络提供给公众的优质科普资源总量达到6.546TB[8]。在众多的科普网站中，中国数字科技馆是整合现有资源、充分发挥资源功能、提高资源社会效益的具有代表性的科普网站之一，是我国政府在新形势下搭建的一座数字化科普资源共享平台。

中国数字科技馆本着以质量为核心、整合科普资源，以服务为宗旨、建立共享机制，以用户为中心、提高服务效果的原则，建造了一座构架合理、内容丰富、形式多样的网络科普平台，发挥了较好的科普资源共享作用。

从资源整合效果来看，中国数字科技馆涵盖了众多学科门类的知识，传播涉及范围广泛。天文、地理、医学、生物、化学、机械、艺术、教育、军事等方面的基本知识都以不同的方式进行了详细的讲解。平台和结构设置以科学、实用、美观大方为主调，符合技术先进、经济合理的技术经济先进标准。体现了用户至上的人本主义思想，表现在不同的资源设置了不同的导览模式，依据科普工作实际，采取了不同的分类标准，从而使人们可以根据不同的需要通过不同的方式寻找所需的资源。在不同的导览模式间资源又完全统一，平台统一。

从内容上来看，科学知识传播达到了科学性与时效性的结合和统一。例如，针对出现的 H5N1、H7N9 流感，网站及时对此进行知识的传播和讲解。

从网站传播的效果来看，网站采用先进的技术传播形式，如图文、音视频、动漫、虚拟现实等，实现了良好的传播效果。采用多样网络技术，使其具备了许多传播优势，如仿真、模拟现实等技术的使用，使科学知识更加形象生动地展现在受众面前，更易于受众理解知识。

从资源共享效果来看，网站开通以来，各地开展科普工作的单位，直接或间接地从中国数字科技馆获得了大量的科普资源。

8.3.2.2 中国流动科技馆科普资源共建共享实践

中国科协于 2006—2010 年实施了科普资源共享项目——中小科技馆支援计划。中小科技馆多位于经济欠发达地区。经费不足、人员缺乏、展品匮乏、展教活动少、展教水平较低等因素，严重制约了欠发达地区的科普事业发展。在国家财力有限的情况下，此项目通过科教展品的巡展，旨在扶持、丰富地方中小科技馆展教内容，培养和提高中小科技馆展教人员的工作能力，推进科普资源共享，提升各地方科技馆的科普展教能力。

2011 年，在中小科技馆支援计划工作基础上，中国科协启动了中国流动科技馆项目。流动科技馆综合了固定科技馆和科普大篷车的部分特点，是小型化科普展品展项的集中组合。在展示内容方面，有科普互动展品、科学实验、体验项目等，内容较为丰富，展示效果较好；在资源建设方面，以固定科技馆基础科学展品为基础，并配以其他主题展品，可开展各种类型的科普活动，具备科技馆的基本展教功能；在展览场地方面，没有固定统一的形式，具有很强的灵活性，体育场、图书馆、学校报告厅、青少年活动中心等都可以作为展览活动场地；在规模定位方面，展品数量可多可少；在展览中转方面，布展以展项的简单串联为主，撤展方便快捷，运输机动灵活，可在各基层区域巡回展出。

在中国流动科技馆项目启动当年，首批开发的9套展览分别支援山东、云南、青海、四川、宁夏、新疆、贵州、陕西、甘肃9个省（自治区），并由这9个省的省级科技馆负责组织在本省进行县级站点的巡回展出，不断扩大流动科技馆的覆盖面。这是中国科协与地方科协、中国科技馆与各省级科技馆共同协作、支援并带动我国薄弱地区科技馆事业发展的一次联合行动，使国家财政投入的科普资源惠及更多的基层群众。

一些实力雄厚的地方科协也曾策划类似中国流动科技馆的项目，如北京市科协策划了“1831流动科技馆”，为科普资源实现在基层和在全国的共享进行了有益尝试。“1831流动科技馆”以提高科普场馆利用率、扩大展览受众面、有效整合社会资源、探索科普工作与市场相结合的新模式为目的，突出流动性、互动性、模块化、市场化的特点，以巡回展览的形式，通过模块化滚动发展，围绕当今科技前沿、社会关注热点确定展览内容，逐步成为覆盖主要学科领域的综合性科普展览。这种科普活动与巡展相结合的方式，一方面减少了科普活动因为“一次性”而产生的浪费，另一方面实现了北京市优质的科普资源为全国服务的目的。

8.3.2.3　上海科普资源开发与共享平台建设实践

上海科普资源开发与共享平台于2008年8月与广大市民见面，该平台的建设主要为解决科普作品原创不足、科普创作人才匮乏、科普资源条块分割的三大核心瓶颈问题，已经取得了很好的效果。上海科普资源开发与共享平台旨在建设一个以政府推动、社会参与、以点带面、具有资源整合及战略辐射功能的科普资源大平台。上海科普资源开发与共享平台运用网格思想及技术，实现了上海全市范围数字资源的共享，使科普资源能够分散存储、各自拥有、集中共享，为使用者汇聚上海各系统和部门拥有的、异地分散的科普资源，促使科普资源非集中式整合、共享和服务，提高科普资源共享的有效利用率。

上海科普资源开发与共享平台的一些栏目很有创意，如“科普雷达”，这个搜索引擎帮助公众既快又准地找到权威的科普信息。身处后台的网页推荐与审查系统设下了访客、推荐者、审核者、管理员等多重关卡，24 小时无休地层层把关——先由科普志愿者向搜索雷达推荐信得过的网站，再请相关领域的专家审核内容。

“创意互助园”栏目是一个网罗民间智慧的虚拟园区（科普网上创意互助园）。若公众有科普原创需求，如制作一个科普视频，可以入园发帖，需求一经发布，系统就会自动按流程将其拆解为若干个小项目，参与竞标的个人或机构临时组建虚拟团队，分工、协作提供低成本的科普创作。

“科普 114”也很有特色。科普场馆遍布上海全市各区县、各社区，上海科普资源开发与共享平台“科普 114”板块与“丁丁地图”合作推出公交、自驾路线的网上导航。热心的虚拟“科普导游”精心设计了适合一日游和多日游的科普旅游路线，以及个性化的地铁沿线科普一日游、长三角科普游等特色线路。

8.3.2.4 广东科普画廊建设实践

自 2006 年以来，广东省科协积极探索科普设施建设市场化运作的道路，遵循多赢的原则，与社会力量合作，联合市、县（区）科协共建科普画廊。广东省科协以画廊养画廊，既保证了投资方的利益，又使科普画廊的使用、维护和管理有了长期的保障。投资方的利益包括：在科普挂图显要位置上冠名、在科普挂图上展示企业品牌形象及产品图片、在广东省科普资源网链接赞助单位的网站等。

为了确保画廊的科普宣传功能，科普画廊的使用权归广东省科协及市、县（区）科协所有，按照年度科普宣传统一安排，画廊每两个月最少更换一次科普挂图。同时，发动纲要办成员单位和市、县（区）科协、政府部门、企（事）业单位共享画廊资源，与省科协联合开发、喷制系列科普宣传挂图。几年来，广东省科协科普信息中心发动省委宣传部、省发改委、省经贸委、省教育厅等 30 多家单位共同开发喷制系列科普宣传挂图。市、县（区）科协也围绕当地党委政府的中心工作，组织编制个性化科普挂图，提高宣传效果，开展相关的科普工作。

据报道，广东省科协建设的2000座科普画廊只用了短短2年时间就完成了。同时，这一做法有效地吸引了更多的社会资源兴办科普事业。实践证明，利用社会力量建设科普画廊是可行的，联合社会资源共享科普画廊也是可行的[9]。

8.3.3 我国科普资源共建共享实践工作的主要问题

8.3.3.1 社会共享意愿低，整合社会资源乏力

我国科普资源的共建共享渠道仍然过于单一地集中于科协系统内部和相关科普资源占有单位内部，而且也只是由中国科协牵头进行的一些科协系统的上下协作，横向联合相对较少，未能将社会资源整合进科普资源库，共建共享渠道较为单一、狭窄，共建共享的协作机制尚未建立。科普资源共建共享涉及的单位众多，科普工作在各单位的地位不尽一致，因此，各单位的利益诉求不一致，导致一些单位共享意愿不强烈。

我国还没有完全形成社会化科普工作格局，即使在科普资源比较集中丰富的中科院、教育系统，在科普工作并不是其主要任务也没有有效的评价激励机制的情况下，科普工作也没有得到充分重视，科普资源共享需求牵动力不强。即使在科协系统内部，在现有的评价体系下，科普资源共享的内在驱动力也不足。整体来说，在我国现行体制及科普工作环境下，科普资源共享意愿不强，这也是推进科普资源共享工作的难点。

8.3.3.2 科普资源共建共享制度体系建设不完善

科普资源共建共享体系是指一个能全部支持科普资源共建、共享、应用与服务以及运营管理的资源建设体系。科普资源共建共享体系主要包括三大要素：以共建共享机制为核心的一系列制度体系、物质与信息系统、服务于系统建设和运行的专业化人才队伍。作为顶层设计的以资源共建共享机制为主要特征的制度体系是科普资源共建共享体系赖以存在的灵魂。制度体系除共建共享及服务制度外，也包括建设过程中的标准、规范，如共享资源质量标准、网络接口标准等，这对于保障建设工作的运作十分重要。我国科普资源共建共享制度体系建设滞后，这是科普资源共建共享工作推进的瓶颈。

8.3.3.3 科普资源共建共享实践思路及认识上存在误区

妨碍科普资源共建共享制度体系建设的因素除了理论研究的不到位外，也有实践思路的模糊及误区。例如，在调研中发现，很多科普实践工作者在科普资源共建共享相关概念、要素、条件、原则、机制等方面还没有达到高度共识，甚至有很多的错误认识。例如，将共建共享中的共享与面向公众的共享混为一谈，前者是科普资源拥有者之间的资源共享工作，而后者是面向公众的科普活动运营，显然二者遵循不同的运行规律，将其混淆也必然导致工作思路混乱。

存在一味追求建设规模的趋势，而对于在实践中摸索的某些规模小、效益高的共享模式推广不够。似乎建立一个像中国数字科技馆那样的大平台，共建共享机制就健全了。其实不然，按中国数字科技馆的建设模式，资金、版权都是困扰其发展的瓶颈。

建设工作过于依赖资金投入。事实上，资源共享是建设一种协作协调关系，是整合集成已有资源，是建立动员协调共同利用机制，需要一定的资金或人力物力投入，但随着工作的进展，除必要的政策保障外，最可持续性的驱动力是资源拥有者之间的双赢需求，而不仅仅是资金投入。

8.3.3.4 信息服务平台建设滞后

共享的前提是共知，信息资源的集成在科普资源共享中发挥着基础性的作用。以图书馆资源共享（这也是一种较为成熟的共享模式）为例，图书馆间的联机检索实际上也是对信息的搜索，只有知道某本书的信息，读者才可能拿着图书证有目标地去某个图书馆借阅该书。科普资源建设和服务过程中必然涉及信息的交互，只有将海量的科普资源信息归集和整理后呈现在公众和科普工作者面前，各取所需，才能促进共建共享各方沟通，才能协调、顺畅、科学地推进各方工作，才能提高科普资源使用效率和服务公众的能力。

当前，科普资源服务环节主要侧重于实物资源、数字化资源的服务，而忽视信息实际上也是一种资源，其集成和服务对科普资源建设工作更具基础性的作用。应加强信息服务平台（科普资源公共服务门户）建设，该平台在科普资源公共服务体系中占据重要地位，其搭建对资源建设和服务工作乃至整个科普工作都具有重大的现实意义和创新意义，有助于推动形成社会化科普大格局，大大提高科普服务效率和能力。该平台侧重信息交互和服务，为公众和科普工作者提供资源开发与共享相关信息，提供资源发现、使用、分享的途径，提供信息交流和沟通的渠道。

8.4 我国科普创作实践

8.4.1 科普创作现状

科普创作是科普资源开发的源泉，没有科普创作，科普资源就是无源之水、无本之木。科普创作成果主要包括科普图书、科普影视、科普动漫、科普展教品和主题展览等。当前我国不仅科普资源相对较少，资源的质量也有待提高，这与我国科普创作水平息息相关。总体来说，目前我国科普创作能力薄弱，科普创作理念、手法落后，科普产品总体质量不高、科普内容和方式单一，缺乏精品，优秀的原创作品少，科普创作的发展后劲严重不足，难以适应新形势下公众的需求。下面以科普展教资源、互联网科普和科普图书为例进行简要的分析。

我国的科普展教资源缺乏创新和特色，简单模仿、相互雷同的现象十分普遍。展览只是单纯的展品罗列和堆砌，缺少清晰的展览设计理念和主题思想已经成为展教资源的主要问题。展览内容往往局限于对科学现象和科技知识的表现，而对于科学精神、科学思想、科学方法和科技进步给予生活、经济、社会、文明发展的重大影响等表现不够，对于塑造受众的科学观念、科学世界观的设计展示表现得不够充分。据全国科技馆发展状况监测评估专题组2009年统计的全国240家科技馆的展品来看，展品数以万计，但从其设计科学乃至科学原理上分析统计，展品总体数量不超过550件[10]。

对于互联网科普作品，我国科普网站信息拷贝的现象很普遍，大量的文章都是转引自其他地方。习惯于从网上获得科普信息的人都会有这样的感觉，就是许多科普网站和科普频道，不仅在页面设计和布局方面多有雷同，而且所报道的科普内容也大同小异。某些科普网站，除了本单位、本部门的一些通知和简单的活动报道以外，几乎所有科普内容都是转载自其他网站或期刊、图书，科普内容表现形式陈旧，缺乏创新，缺乏互动，少有自己的原创作品，难怪有人说，这简直就是把科普网站办成了公告栏。

我国出版的科普图书，其内容过分集中在农业、医药、生活保健、计算机等几个学科领域，少儿科普读物低水平重复问题比较明显。过分追求和关注所谓的热点，造成部分科普图书创作选题扎堆、内容相近、水平偏低、流于形式，市场过于饱和。选题失衡使科普图书的创作出版同时遭遇供过于求与供不应求的尴尬局面。我国的科普图书与欧美相比，差距较大，欧美科普图书已从直观描述发展为深层次的哲学伦理思考。这种充满人文关爱、体现科学精神与奉献精神、讲究创作技法的科普图书在我国原创书籍中尚不多见[11]。

出现上述情况的直接原因在于：科普创作者尤其是优秀的科普原创作者十分匮乏，许多企事业单位也因市场、资金、人才、技术等客观条件的限制，在科普作品创作或科普产品研发领域缺乏钻研和投入力度。当前，我国从事科普创作的人员很少，真正意义上的职业科普创作者更是凤毛麟角。纵观全国，科普创作队伍后继乏人，以中国科普作家协会会员为例，截至 2008 年年底，年龄在 40 岁以下的中青年作家所占比例仅有 20.6%，许多已退休的学者或科普工作者仍然在发挥余热，为科普创作不懈地努力着，但毕竟精力有限，无论知识结构、思维方式、写作手段或创作方法，与新一代读者的需求在一定程度上有所脱节[1]。

8.4.2 繁荣科普创作的思路

纵观古今，任何事业的发展人才都是关键。健全组织、壮大科普队伍是科普创作的发展之路。过去，科普创作者主要是在科技工作者中成长的。到了现代科普阶段，编辑、记者、摄影家、美术家等都是潜在的科普创作者，需要进一步鼓励这些人投身科普创作。需要把年富力强和年轻有为的，在一线从事科技工作的专家、学者和技术人员以及在校博士生作为科普创作的骨干力量，鼓励他们投身科普创作，把专业知识转化为面向公众的通俗化知识。

我国科普创作者的潜在力量非常巨大，但科普创作者却异常匮乏，其根本原因在于缺乏有效的激励机制，导致社会各界参与科普创作的积极性不高。例如，在很多场合，完成一篇能使受过普通教育的外行愿意读和读得懂的科普文章，并不比写一篇学术论文容易。同样是一个具备一定能力的人，如果把时间和精力花在自身业务上，不仅能得到单位的物质支持，成果也是其晋职的条件；相反，如果把时间和精力花在科普作品创作上，也许要付出更艰苦的努力，但因与本职工作基本没有关联，会被视为不务正业，不仅得不到单位的鼓励和支持，对自己的业务水平提高也几乎没有任何帮助，评职称还不算数。因此，造成了人们对科普作品的创作缺乏动力。

解决激励问题的措施有很多，如确立倾向科普创作的绩效考核标准，但这涉及科研评价标准等国家层面制度的革新，需科研观念和高层决策的大转变，非一蹴而就。现实最重要的一种选择是对科普创作者进行物质支持，保障其创作经费，鼓励有潜力、有创意、有热情的个人投身科普创作，从而培育一批专兼职科普创作者，产出更多优质科普成果。

在重视对人才激励的同时，也要调动广大企事业单位参与科普创作的热情，因为许多优秀的科普作品是由单位组织编创的，某些科普产品也只能集单位之力才能很好地开发。应大力扶持一些热心科普创作的企事业单位，鼓励他们多出好作品，研发更多的公众喜闻乐见的科普产品。应培育和壮大一批科普创作基地，使他们持续不断地出精品力作，在产品开发的同时培育科普创作人才。

当前，公益性科普事业与经营性科普产业并举的策略已在科普界达成共识，发展科普产业，通过市场为公众提供更为优质和更加丰富的科普产品与服务，满足社会多元化的需求，能弥补国家公益科普行为的不足。应积极鼓励企业、社会捐助科普事业，兴办科普公益设施，鼓励社会力量兴办各类科普文化产业，努力拓宽科普投资渠道，逐步形成政府拨款、单位自筹以及市场融资等多渠道筹集科普经费的新格局。目前，中国科协在自己的职能和能力方面积极推进科普产业发展，例如，争取政府税收、金融等宏观政策支持，协助政府在政策、法规、奖励等方面制定一系列符合实际、操作性强的制度体系，建设市场规范，以大型科普项目的建设带动科普产业发展、科普产业发展理论研究，等等。

8.4.3　科普作品资助和评奖

创作经费的保障对于开展科普创作至关重要。目前我国个别地方设立了科普创作出版专项基金，但不论其资金数额还是影响及作用都远远不能和国家财政直接划拨的科研资金相提并论。一旦高水平的科普作（产）品能与研究和开发工作一样，有创作经费的保障，就会吸引大批的创作者（包括科研人员）和研发单位加入科普创作队伍中来，已有的科普创作者的热情也会大大提高。

中国科协于 2009—2011 年实施了繁荣科普创作资助计划。该计划旨在通过增加科普创作环节的投入，激励全社会范围内有能力、有意愿的创作机构、团队和个人从事原创科普创作，引导优秀创作人才向科普创作领域投入，达到丰富优秀科普作品数量、提高原创科普作品质量、促进科普产品与市场化运作机制接轨、为更多社会力量参与科普创作营造良好社会环境的目标。

繁荣科普创作资助计划开发的科普资源分为科普图书、科普影视作品、科普动漫作品、科普展品四类，均为可直接投入社会公共服务、已制作完成的科普作品。其中，科普图书（含丛书）41 种，科普影视作品 30 种，科普动漫作品 16 种，科普展品 11 件。资源的主题涉及各个学科领域，内容既有对自然科学知识的普及，也有对实用技术的普及；既有与日常生活息息相关的知识，也有应对紧急突发状况的知识；既有以故事性为主的作品，也有哲理性作品。资源适用范围较广，实现了不同年龄、不同层次、不同地域的多种人群的覆盖。

从繁荣科普创作资助计划实施效果来看，计划的实施促进了科普创作领域相关人员的积极性，扩大了科普创作的影响力。但也存在着一些问题，比如资助的对象是已获得各级各类相关领域奖项的作品，属于“锦上添花”，而不是“雪中送炭”；并未将一些有良好前景的创意和具有创作热情的新人纳入资助范围，起不到扩大创作队伍、培养创作后备人才的作用；资助对象众多，资助金额有限，资助效果不够理想等。为此，从2012年开始，中国科协开始实施科普创作与产品研发示范团队创建项目，该项目的工作核心是通过引导、鼓励和支持科普产品创作研发团队的能力建设，产出一批优质科普产品资源，搭建科普产业发展的公共服务和技术服务平台，为科普产业的全面发展起到引领和示范作用，进而推动科普产业联盟和区域性特色科普产业集群的形成，逐步建立起公益性科普事业与经营性科普产业并举的体制。

对于繁荣科普创作，除了资金资助以外，表彰奖励也能起到激励作用。经国家科学技术奖励工作办公室批准，中国科普作家协会设立中国科普作家协会优秀科普作品奖，每两年评选一次，是我国科普创作领域的最高荣誉奖，也是中国科协系统组织开展的八项奖励活动之一，用于表彰奖励中国国内公开出版发行的中文优秀科普作品（科普图书和科普影视）的作者和出版机构。2010年和2012年分别颁发了第1届和第2届中国科普作家协会优秀科普作品奖。第1届:《月球密码》等18种科普图书获优秀奖,《化石真相》等40种科普图书获提名奖,《利器之首——国庆60周年阅兵中的电子装备》等6种科普影视动画类作品获优秀奖,《中国大鲵》等12种科普影视动画类作品获提名奖。第2届:《钱学森故事》等27种科普图书获得图书类优秀奖,《变暖的地球》等12件作品获得影视动漫类优秀奖，另有48种科普图书和5件影视动漫作品分别获得各自组别的提名奖。

两届获奖作者中，既有两院院士、科技专家，也有文学作家和科普作家。其中，相当多的获奖作者多年从事科普创作，具有丰富的创作经验，但也有许多人是初次涉及科普创作而一举成功。获奖作品的共同点是做到了思想性、科学性、实用性与通俗性的完美结合。这些获奖作品能较准确地反映近几年来我国科普创作和出版工作的真实水平，不仅推出了一批精品佳作，奖励了获奖作者和出版单位，而且对于今后进一步提高创作水平、引导创作方向，都将起到积极的示范和推动作用，是繁荣我国科普创作活动的重要举措之一。

8.5 我国科普资源建设实践的发展趋势

随着我国社会、经济和文化的发展以及科普实践的不断深化，科普资源建设工作面临着新的形势。突出表现为科普在国家的和谐稳定、创新发展以及公民素质提升中的作用越来越重要，国家、社会和公众对科普的需求更为强烈，对科普资源建设提出了更高的要求。另外，以互联网、移动媒体等为代表的新兴媒体正在带来跨媒介、跨产业融合的全球传播新格局，正推动着全球科学传播模式和方式发生着质变，在这样的背景下，科普资源建设实践迎来了前所未有的机遇，也面临着严峻的挑战。

8.5.1 科普资源内容和形式亟待创新

三个主要因素迫使科普资源内容和形式亟待创新：

第一，我国公众的科普需求越来越呈现个性化与多元化，在经济、文化越发达的地区，个性化差异表现就越强烈，人们的具体要求就越多，表现出微观和琐屑。因此，科普资源建设只有关注到对象需求的多样性和个性特点，在具体建设工作中做好对象的细分，才能实现科普效果最大化，那种粗放的、普适性的科普方式往往不能取得很好的效果。

第二，经过数十年的社会变革，中国人的心理状态和价值取向都产生了很大的变化，尤其是功利性的社会心态对于纯粹的科普宣教持排斥态度。科普及科普资源在设计思路上必须有所调整，科普资源不能仅有教化的功能，而应娱乐与教化兼容，融科学、人文、艺术为一体，满足人们更广阔的心理期待。

第三，新兴媒体已经成为人们获取和交流信息的重要途径，持续有力地冲击着传统媒体。因此，大幅推进便捷、便宜、高效的新媒体资源在满足公众科普传播需求中的应用势在必行。

8.5.2 科普资源建设导向将进一步明确

目前，科普资源建设总体上偏重“供给拉动型”建设模式。我国科普基础设施、科普挂图、图片等科普资源都是由政府投资建设和提供的，很多资源反映的是不同时期国家的重要政策、方针、路线及发展战略、经济社会建设、科技进步等理念和内容，资源建设侧重满足国家经济社会的总体发展需要，基本满足的是一种国家需求，对于公众和个体自身的需求重视还相对不够。

因此，进一步推进公众需求在科普资源建设中的作用，真正实现“需求推动型”建设模式已成为一项重要课题。国家与社会公众需求在科普资源建设中的导向作用将更加明确。

8.5.3　科普资源建设机制将进一步完善

目前，我国的科普资源建设基本由国家公共财政的投入来完成，单纯的国家财政投入远不能满足这项事业大发展的需要，科普资源无论是品种还是数量离实际需求还相距甚远，只有大力发展科普产业，才能通过市场为公众提供更为优质和更加丰富的科普资源，科普产业已成为科普实践的积极选择。

科普资源共建共享已经取得了很好的进展，但是还未完全达到预期的目标，其根本原因是因为整合各方资源的机制建设迟迟没有根本性突破，社会化科普格局远未形成。在此背景下，科普资源建设必须实现资源共享内容和共享机制建设并重，进行共享模式多样化的探索，努力推动科技资源等社会资源投入科普。

参考文献

[1]中国科普研究所. 中国科协科普资源共建共享“十二五”规划研究[R]. 2010.

[2]谢小军. 科普资源研究进展[A]// 中国科技传播与普及报告——中国科普研究进展报告. 北京：中国科学技术出版社，2013.

[3]任福君，谢小军，等. 科普资源理论与实践研究报告[R]. 中国科普研究所，2011.

[4]任福君，郑念. 中国科普资源报告（第一辑）[M]. 北京：中国科学技术出版社，2012.

[5]任福君，翟杰全. 科技传播与普及概论[M]. 北京：中国科学技术出版社，2012.

[6]中国科普研究所. 基层科协科普资源调查研究报告[R]. 2011.

[7]全国科普基础设施建设研究课题组. 全国科普基础设施建设研究专题报告[R]. 2010.

[8]中国科协科普部. 中国科协 2013 年科普工作总结[EB/OL].[2014-02-14]. http：//www.cast.org.cn/n35081/n35533/n38605/15353848.html.

[9]广东：构建科普画廊共建共享市场机制[EB/OL].[2014-02-10].http：//scitech.people.com.cn/GB/9381741.html.

[10]任福君. 中国科普基础设施发展报告（2009）[M]. 北京：社会科学文献出版社，2010.

[11]Ren Fujun，Xie Xiaojun. Characteristics of Chinese Public Demands on Science Communication[C]//Proceedings of Portland International Center for Management of Engineering and Technology：Technology Management for Emerging Technologies，PICMET'12：72-79.

第 9 章

大众传媒科技传播能力建设实践

9.1 引 言

大众传媒是指在传播路线上用以传达信息的报纸、书籍、杂志、电影、电视、互联网等诸多形式[1]。大众传媒是面向广大公众进行信息传递的，它不但传播范围广、规模大，而且影响深远[2]。在概念上，广义的大众传媒是指报纸、图书、广播、电视、电影、音像制品、影视文化公司、网络等；狭义的大众传媒包括印刷媒介、电子媒介和数字媒介。其中，印刷媒介有报纸、图书和期刊等；电子媒介有广播和电视等；数字媒介包括计算机、互联网、多媒体和手机。此外，它还包括传统媒介的数字化，如电子书和电子报刊、数字电视等[3]。无论大众传媒采取何种形式，都在我们的生活中发挥着极其重要的作用[4]。

大众传媒科技传播，指的是通过报纸、广播、电视、网络等大众媒体进行科技传播活动。大众传媒是科技传播与普及的重要工具、方式和渠道，也是我国公众获得科技信息的主要渠道。随着科技的不断进步和传媒技术的迅猛发展，大众媒体的功能逐渐多元化和专业化，在科技传播中所发挥的作用也越来越大。

2002 年 6 月 29 日《科普法》正式颁布实施，其中第 3 章第 16 条明确规定："综合类报纸、期刊应当开设科普专栏、专版；广播电台、电视台应当开设科普栏目或者转播科普节目；影视生产、发行和放映机构应当加强科普影视作品的制作、发行和放映；书刊出版、发行机构应当扶持科普书刊的出版、发行；综合性互联网站应当开设科普网页。[5]" 国家用立法的形式确立了新时期大众传媒科技传播事业发展的基本方向和战略方针，推动了我国科技传播事业的繁荣和发展。2006 年，国务院颁布了《科学素质纲要》，明确提出重点实施包括大众传媒科技传播能力建设工程在内的四项基础工程。2006 年 12 月，中宣部牵头制定了《大众传媒科技传播能力建设工程实施方案》(以下简称《实施方案》)，对与公民科学素质纲要建设相关的大众传媒科技能力建设工作做出系统安排。《实施方案》明确了"十一五"期间的目标任务，主要包括：加大各类媒体科技传播力度。电视台、广播电台科技节目的播出时间，各类科普出版物的品种和发行量，综合性报纸科技专栏的数目和版面，科普网站和门户网站的科技专栏等大幅度增加；打造科技传播媒体品牌。提高科技频道、专栏制作传播质量，培育一批读者量大、知名度高的综合性报纸科技专栏、专版和科普图书、报刊、音像制品、电子出版物，形成一批在业内有一定规模和影响力的科普新闻出版机构；发挥互联网、移动通信等新型媒体的科技传播功能。培育、扶持若干对于网民有较强吸引力的品牌科普网站和虚拟博物馆、科技馆[6]。

2010 年第八次全国公众科学素质调查表明，我国公众具备的基本科学素养比例为 3.27%，与美国 1990 年的 6.9% 相比仍有很大差距。而"大众传媒的科技传播力度不够、质量不高"便是造成我国公民科学素质偏低的重要原因之一[3]，这与当前经济社会发展和科技进步对公众科学素质的要求形成巨大反差，大力提高大众传媒科技传播能力已迫在眉睫。

9.2 大众传媒科技传播发展

我国大众传媒具有科技传播与普及的优良传统，经过新中国成立 60

多年特别是改革开放30多年的建设，我国大众传媒科技传播工作取得长足发展，成为开展群众性、经常性科普工作的重要工具。

1953—1956年，我国掀起了第一次科普工作的高潮。文化部在20世纪50年代中期，先后在上海、北京建立了两家科教电影制片厂。科普图书的编辑、出版工作也异常活跃，科学小报和地方报纸的科学副刊已有30多种，广播电台也经常举办科普讲座。这些工作都和那时党和政府的中心工作紧密配合。党和政府一些大型的全国性的政治、文化、经济活动，都伴有生动、活泼、有声有色的科普宣传活动。

我国报刊图书具有科技传播与普及的优良传统。1915年，一批中国留美学生发起成立中国科学社，创办了《科学》杂志，它传播科技知识，提倡科学方法，鼓励科学探讨，团结和培养了一大批著名科学家。中国天文学会于1922年创办的《宇宙》、中华自然科学社于1932年创办的《科学世界》、中国科学社于1933年创办的《科学画报》、上海交大电机工程系于1937年创办的《科学大众》，都是早期的科普期刊[7]。《世界博览》《电脑爱好者》《少年科学画报》《大众医学》《知识就是力量》《科技新时代大众科技版》《环球科学》《中国国家天文》等一大批著名科普期刊先后出版，在面向全社会普及科技知识方面发挥了重要作用。当前，我国比较有代表性和影响力的科普期刊有《中国国家地理》《舰船知识》《科学世界》等。

科技报纸是在党中央的亲切关怀下成长起来的。中华人民共和国成立后的第一份科技报由北京市科学技术普及协会主编，创刊于1954年3月，刊名为《科学小报》。1956年，党中央发出了"向科学进军"的号召，随后一批报道科学技术知识和信息的专业报纸相继诞生[8]。也有报纸上办的科学副刊，如《人民日报》的"卫生"副刊、《工人日报》的"学科学"副刊、《大公报》的"科学广场"、上海《文汇报》的"人民科学"周刊等[4]。当前，我国全国性的科技报有《科技日报》《中国科学报》《大众科技报》，许多省（市、自治区）也都有自己的科技报。

1956年，我国第一个专业出版科普图书的出版机构——科学普及出版社在北京成立。一大批著名科学家如华罗庚、钱伟长、戴文赛、高士其、傅连璋、竺可桢、茅以升、苏步青、谈家桢、郑作新、朱弘复、裴文中、黄家驷、裘法祖等上阵宣传科普。20 世纪 60 年代，像《十万个为什么》等这样的优秀科普图书曾影响了好几代人。

广播是 20 世纪 80 年代以前我国最具影响力的大众传媒，尤其是在边远的乡村，广播几乎成为农民获得信息的唯一渠道。新中国成立初期，广播电台便开办了科普节目，电视台放映科学电影等，1949 年 8—9 月，上海人民广播电台和中央人民广播电台相继开办了科普节目，播放科普文章和系列讲座。科普节目（栏目）顺应时代的发展，积极利用广播开展趣味性、贴近性、服务性和实效性并重的科技传播活动，如“科技与社会”、“科技 · 知识 · 生活”、“科学 1+1”、“科技大世界”、“专家热线”、“医药咨询台”等品牌科技（科普）节目，在社会上产生了广泛影响[4]。

随着国家实施科教兴国战略以及国务院《科学素质纲要》的颁发与实施，电视科技传播节目有了长足的发展和进步。在节目制作理念上，由以往注重科技知识专题片和讲座介绍发展为形式多样、内容丰富和生动形象的科普（科技）节目；在传播内容上，电视科普（科技）工作者在普及科技知识、倡导科学方法、传播科学思想的同时，更加注重弘扬科学精神；在节目规模上，由单独的科普（科技）栏目发展到以众多专业电视频道为支撑的集群化报道。因此，电视科技传播越来越受到公众的喜爱，中国科协历年的公众科学素养调查统计显示，我国公众从电视获取科技信息的比例最高，近四次的调查结果都在 90% 左右。

随着电子通信技术的迅猛发展，以网络媒体为代表的新媒体力量迅速崛起，1988 年，互联网正式在国际上被冠以“第四媒体”的称号；近年来出现的手机媒体则被称为“第五媒体”。这些不断涌现的新媒体给传统媒体带来了极大的挑战[9]。CNNIC 在 2011 年 8 月发布的《中国网络科普市场现状及网民科普使用行为研究报告》中显示[10]，所有被调查的网民中，30.9% 的网民访问过比较专业的科学传播网站。50.5% 的用户访问科普知识的频率大约是一周 1—3 次，近 69.4% 的用户是通过搜索引擎在获得科普知识。新媒体作为一种新的传播形式，对提高我国公众科学素质起着积极的作用。

9.3 大众传媒科技传播实践

9.3.1 科普图书

9.3.1.1 图书科普实践

图书是大众传媒中传统而重要的组成部分，尽管随着时代特征、生活节奏和文化习惯的改变，人们对于图书的需求与消费发生了较为明显的转变，但这种传统媒介始终在人们的文化生活中占有顽强的一席之地。

科技部的《中国科普统计》结果显示，2006—2012 年，我国科普图书的出版种数持续增长，并于 2009 年起在图书出版种数和出版总册数方面有了较大幅度的提升（见表 9-1）。2012 年，全国共出版科普图书 7521 种，出版科普图书 0.66 亿册，单种图书平均发行量为 9736 册。科普图书出版量大幅提升。

表 9-1 科普图书出版统计数据（2006—2012 年）

年 份	2006	2007	2008	2009	2010	2011	2012
出版种数（种）	3162	3525	3888	6787	7043	7695	7521
出版册数（亿册）	0.49	0.47	0.45	0.69	0.65	0.57	0.66
单品种出版册数（册）	15567	13420	11674	10120	9257	7402	9736

2009 年，中国科协科普部与国家新闻出版总署出版管理司联合进行了 2002—2008 年科普图书出版状况调查，共采集了全国 135 家出版社科普图书出版的有关数据。调查结果显示，135 家相关出版社在 2002—2008 年共出版科普图书 11772 种，其中重版重印的科普图书为 5063 种，占总数的 43%；新版图书为 6709 种，占总数的 57%。引进版和原创科普图书分别为 2052 种和 9720 种，各占总数的 17% 和 83%。而这两组比例数字在 1990—2001 年的同类调查中则分别为 33% 和 67% 以及 25% 和 75%。前后两次调查的比较结果显示，重版重印图书以及原创图书所占的比例有所增长，说明受到读者喜爱、市场欢迎的再版图书不断增多，出版社加强了

自主编创图书的能力，科普图书的出版结构有所优化。

新华书店总店信息中心对全国在销图书数据的监控结果显示，目前综合类书店在销的2012年出版的科技类图书共有18846个品种，分别由379家出版社出版。科技图书主要由综合大社和专业社出版，还有一部分大学社和社科出版社涉猎其中。虽然社科出版社出版科技图书的品种较少，但出现畅销书的几率较大，实力不可小觑。在畅销书的排行榜上，科普图书占据了科技畅销书榜上的半壁江山。

尽管我国科普资源建设不断完善，科普创作的种类不断扩展，数量初具规模，质量有所提高，但群众喜闻乐见的优质科普创作资源仍然缺乏，尤其体现在原创性科普资源方面。并且，我国科普图书创作能力较为薄弱，创作理念、手法比较落后，科普图书产品总体质量不高、缺乏精品，优秀的原创作品少，科普创作的发展后劲严重不足，难以适应新形势下读者的需求。

9.3.1.2 图书科普实践典型案例

案例1:《十万个为什么》丛书

《十万个为什么》丛书是少年儿童出版社（上海）在20世纪60年代初编辑出版的一套青少年科普读物。50年来，这套丛书先后出版了6个版本，累计发行量超过1亿册，是新中国几代青少年的科学启蒙读物，已经成为我国原创科普图书的第一品牌。该丛书在传播知识、普及科学方面发挥了积极的作用，影响几代青少年走上了科学的道路。第六版《十万个为什么》于2013年8月13日首发，以全新面貌再次走进读者视野。“十万个为什么”一度成为少儿科普类图书的代名词。

1956年，中央发出“向科学进军”的号召以后，作为当时仅有的两家专业少儿出版社之一的少儿社，中国少年儿童出版社的编辑们很受鼓舞，一心想为孩子们出一些科普好书，打破当时科普读物非薄即少的现状。然而1958年，他们和全国人民一样经历了一场令人难忘的“大跃进”，由于各方面都不成功，编辑们也从只讲速度、不讲质量的图书生产上停下来，思考只有注重质量才是唯一的正道。1959年，他们就着手准备为高小、初中学生编一套自然科学百科式的回答各种问题的书，经过一段时间的组稿实践，才逐步确立了突破教科书和课堂教学框框的编辑思路，为今后《十万个为什么》的编辑工作定了调。自1970年6月起，对以前所出14册再一次进行了修订，并增编了第15册至第23册。1995年，中央确立了科教兴国的基本国策，编辑们意识到全国上下这样的氛围，为全面更新老版本《十万个为什么》提供了很好的契机，他们从1995年就开始了准备工作，并直接将目标朝向新世纪。1998年，《十万个为什么》荣获了国家科技进步奖二等奖的殊荣。新中国成立50周年前夕，这套书被千千万万的读者推选出来，成为感动共和国的50本书中的一种。2008年，《十万个为什么》（新世纪版）被授予首届“中国出版政府奖”图书奖。

虽然《十万个为什么》系列是以少年儿童为目标读者，但是由于其文字生动活泼、内容深入浅出，所以青年人乃至成年人也很喜欢读它。尤其是在“文化大革命”期间，可读的图书非常少，工农兵版的《十万个为什么》发行量达到上千万册。另外，《十万个为什么》中非常多的“为什么”，都来自于日常生活，也使它极具实用性。许多人从中汲取了大量科学知识，取得了参考资料，甚至由此获得了科学的启蒙。截至20世纪90年代末，30多年来，这套科普读物畅销不衰，发行量庞大，总计600万套（8000万册），现在每年仍有10万套的发行量。由此派生出了多种类似的科普类图书，如《小学生十万个为什么》《幼儿十万个为什么》《新编十万个为什么》《社会科学十万个为什么》等[11]。

案例2：当代科普精品书系资助

“当代科普精品书系”是中国科普作家协会遴选资助的系列科普图书。由中国科普作家协会组织编委会，多次召开专题会议，坚持以正确思想为指导，以质量为优先考虑，以国家和群众实际需求为出发点进行选题和创作；统一出版格式，制定出版指南和《“当代中国科普精品书系”图书质量管理办法》，有序推动出版发行和宣传工作。该书系学科门类较为齐全，作者队伍比较庞大，大多图书为科普作家的原创作品，图文并茂，装帧精美，已经出版的丛书受到各界读者的广泛赞誉，取得明显的社会效益与经济效益（表9–2）。2012年，广西人民出版社出版了《航天》丛书，此套丛书获得2012年中国科普作家协会优秀科普图书奖。

表 9-2 “当代中国科普精品书系”已出版书目

书　系	作品名称	作　者	出版单位
航天丛书	《到太空去》	邸乃庸	广西人民出版社
	《神州巡天》	刘登锐	
	《太空城市》	吴国兴、薛　滔	
	《天河群星》	孙宏金	
	《奔向月宫》	紫　晓	
	《火星漫步》	周　武	
	《走进火箭》	孙欣荣	
	《太空医生》	吴国兴、欧大岭	
	《宇宙简史》	李龙臣	
	《深空探测》	尹怀勤	
现代兵器图文读本	《枪炮逞威的世界——枪炮的性能发展与战争经历》	李书宝、李秀芹、张春晖	解放军出版社
	《军用飞机的秘密生活——航空兵器的性能发展与战争经历》	焦国力	
	《无形战场的较量——信息战武器的性能发展与战争经历》	李　莉	
	《核武器的前世今生——核武器的性能发展与战争经历》	肖旭光	
	《箭弹无间道——火箭·导弹的性能发展与战争经历》	傅前哨	
	《深海杀机——海战兵器的性能发展与战争经历》	李杰、谭蒙、绪明、田冰	
	《铁甲凶猛——装甲武器的性能发展与战争经历》	张国力	
科普童话绘本馆·绿家园	《生病的小鱼》	程昱华 著，巧克丽丽 绘	电子工业出版社
	《小鸟的午睡》	程昱华 著，巧克丽丽 绘	
	《失去妈妈的小斑马》	程昱华 著，巧克丽丽 绘	
	《失去的世界》	程昱华 著，巧克丽丽 绘	
	《孤单的树爷爷》	程昱华 著，黄虫肚子 绘	
	《有用的再生纸》	程昱华 著，巧克丽丽 绘	
	《北极熊的家》	程昱华 著，巧克丽丽 绘	
	《花园小路》	程昱华 著，黄虫肚子 绘	

（续表）

书系	作品名称	作者	出版单位
科普童话绘本馆·绿家园	《森林里的绿色饭店》	程昱华 著，黄虫肚子 绘	电子工业出版社
	《太阳车城》	程昱华 著，巧克丽丽 绘	
当代中国科普精品书系	奇妙的大自然丛书	何永平	科学普及出版社
	应对自然灾害丛书	张春山	
迈向现代农业丛书	《同一个地球，同一个家园——世界野生生物保护故事》	孙悦华、尹峰	中国农业出版社
	《有机农业 110》	中国农学会	
	《食用农产品安全消费 100 问》	农业部农产品质量安全监督局	
	《多姿多彩的农业》	李玉、李晓	
	《外来生物入侵——一场没有硝烟的战争》	隋淑光	
	《休闲农业》	严贤春	
	《身边的健康杀手——人兽共患病》	李　明	
	《沼气点亮新生活——中国农村生态家园建设纪实》	毕星星	
古诗中的科学丛书	《读古诗，游中国》	于向昕	甘肃少年儿童出版社
	《读古诗，看生命》	郭　耕	
	《读古诗，识自然》	翟雪莲	
	《读古诗，爱科学》	陈健翔	
	《读古诗，知历史》	马晓惠	
	《读古诗，赏艺术》	张春晖	
	《读古诗，察天文》	于向昀	
	《读古诗，懂民俗》	郑培明	
新兵器大观园丛书	霹雳惊雷	于守诚、于海、于涛	时代出版传媒股份有限公司，安徽教育出版社

9.3.2　科普报刊

报纸是科普的重要媒体。报纸的传播速度快、信息密度大、传播范围广泛，具有时效性强、普及面广、宜于保存等特点，是群众喜闻乐见、既经济又实惠的媒介。作为主要的大众传媒之一，报纸为科学普及做出了重要贡献。在我国几次大的公众科学素养调查中，都反映出报纸在公众获取科技信息的渠道中占有极为重要位置的结果，是除了电视以外拥有最多数受众的媒介。

9.3.2.1　报刊科普实践

2006 年《科学素质纲要》颁布后，全国各级报纸在原有基础上积极开拓科技专栏，设置科技版面。新华社开设了“新华科技”专栏，《人民日报》开设了“科教周刊”专栏，《中国妇女报》开辟了“乡土中国”专栏，《中国绿色时报》开辟了提高林业从业人员科学素质与推动现代林业建设专栏，《广西日报》开设了“科普广场”专栏，《贵港日报》开设了“农科园地”科普专栏等。尤其是《科技日报》作为一份专门向公众介绍科学技术及其政策的报纸，在介绍各类科技新闻和新成果、推广先进科技产业化运行模式、解释科技法规及国外科技发展概况等方面更是加大了力度。

《中国科普统计》数据显示[12]，近年来，科技类报纸的年发行量有所起伏，2006—2010 年一直呈下降趋势，2011 年出现增长势头，2012 年，科技类报纸的年发行量为 4.11 亿份（见图 9-1）。科普期刊的出版种数一直相对稳定，未出现大起大落的状况，2012 年，全国出版 1007 种科普期刊，

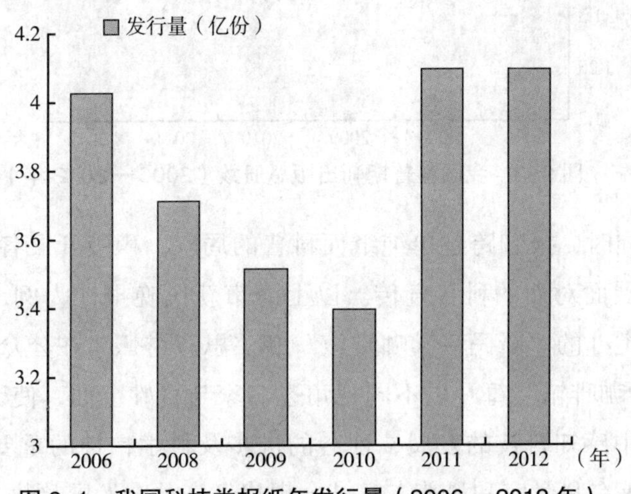

图 9-1　我国科技类报纸年发行量（2006—2012 年）

出版总册数达到 1.39 亿册（见图 9-2、图 9-3）。

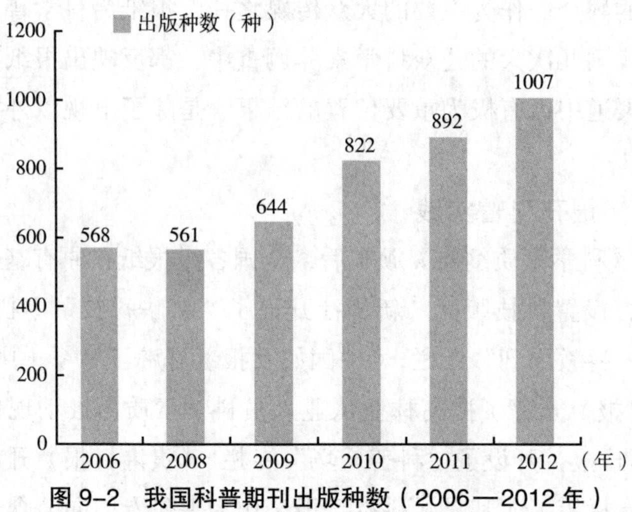

图 9-2　我国科普期刊出版种数（2006—2012 年）

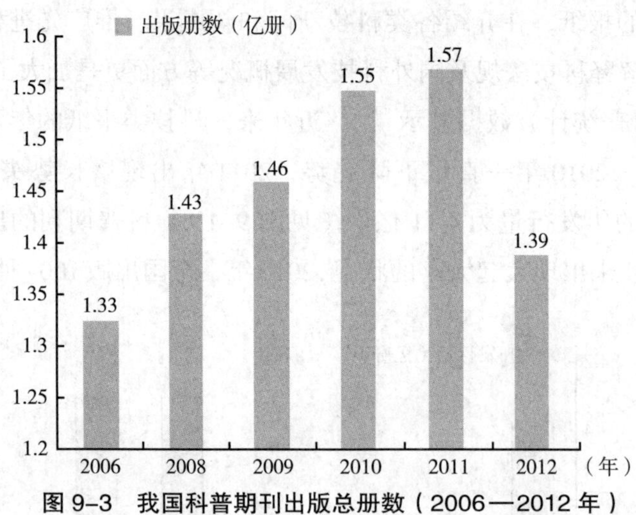

图 9-3　我国科普期刊出版总册数（2006—2012 年）

与此同时，报刊跨越单纯纸面科普的局限，积极开展各项科普活动，与公众开展面对面的科普宣传。以上海市新民晚报社为例，其与上海市科协共同主办的“新民科学咖啡馆”和“思齐讲坛”在公众中反响强烈。“新民科学咖啡馆”每月以不同视角邀名家与百姓会面，使受众在品尝咖啡的浓香中感知科技的发展、社会的进步及科学精神的重要性；“思齐讲坛”邀请著名科学家和科普专家结合现代经济社会发展趋势，聚焦科学热点和焦点，面向公务员、领导干部和广大市民开设科普讲座，使公众聆听科普知识，分享智慧经验，提高科学素质。

在市场方面，科普期刊适应市场细分的趋势，找准自己的定位，从而得到目标受众的支持，扩大了自己的影响力。比如，《牛顿科学世界》和《环球科学》属于专业科普类刊物，定位于受教育程度较高的人群。《百科知识》走的是平民路线和传统路线，这个价格仅为 3.9 元的科普刊物面对的是生活在中小城市收入较低的读者群。《中国国家地理》占据了人文地理科普类杂志的重要市场份额，与准确的市场和读者定位是分不开的。

为了顺应时代的要求，科普期刊在积极开展国际合作的例子也不鲜见，较有代表性的有《新知客》《新探索》和《环球科学》。其中，《环球科学》固守传播科学知识的原则；而《新探索》和《新知客》则走上印刷图片精美、内容新颖、知识新潮、略带嬉皮风格的欧洲路子。《新知客》是意大利著名科普刊物 *FOCUS* 引进中国后的刊名，前身是《科学与生活》;《新探索》是我国和法国之间合作的文化项目，法国的刊名为 *Quo*。

在新兴媒体的冲击下，也是在新兴媒体的支持下，科普报刊也走上了电子化道路，像《中国科学报》《科学时报》《中国国家地理》都建立了自己的电子版。而且，许多报刊也开始积极利用微博等新兴媒体来扩大自己的影响力。

9.3.2.2　报刊科普实践典型案例

案例 1：我国自己的 *DISCOVERY*——《北京科技报》

《北京科技报》的前身是我国第一张科技类报纸——1954 年创办的《科学小报》。它曾以丰富的科技资讯报道和科普知识影响了几代人。半个世纪以来，《北京科技报》始终坚持科普定位，为国家的科普事业做出重要贡献。2004 年 1 月改由北京青年报社主办后全新改版，理念为“阅读科学也是享受”；2007 年 9 月再次改版，定位为中国人自己的探索发现类周刊。内容涵盖天文、地理、生物、军事、技术、人类学、考古、健康、心理、行为、艺术等领域，报道一周以来世界和中国在自然科学和人文科学领域的新探索和新发现。

《北京科技报》是全国率先面向市场的科技类报纸，承担科学精神传播的神圣使命，以提高全民科学素质为己任，立志打造全国都市科普传媒品牌。始终坚持科普定位不变，坚持科学打假科学维权维护公众利益的科学立场，用科学探索精神做成了一份高品质而又形式独特的报纸，从而被科技新闻界誉为“新锐科技传媒”。《北京科技报》具有两大鲜明特色：一是坚持科学探索精神，对学术腐败、伪科学、假借科学名义蒙骗百姓的行为坚持批评的立场，如在社会上产生影响的“方舟子专栏”，以及《揭开碟仙笔仙惑众真相》《业内人士自揭网络占卜骗术》《保鲜水，植物激素欺骗消费者》《质疑哈慈吸油基减肥神话》《记者暗访黑市迷魂药真相》《频谱水能治病纯属骗局》等揭露性文章；二是“可爱的阅读”，即通过有趣的选题和生动的表达形式，使阅读科学成为享受。这一类选题不胜枚举，是科技报操作的常态。

《北京科技报》以其新奇特的内容和独特的视角报道，使其拥有一批转载超过千家的报道，最高转载超过万家。并且，在改版后创造了 6 个第一——创造了独一无二的科普传媒样式、国内第一家在零售市场销售的科技类报纸、第一家以灯箱为媒体介质的“灯箱报纸”、第一家走出国门（随《侨报》在北美发行）的科技类报纸、第一家转载率超过 80% 的科技类报纸、第一家科技类手机报。

案例 2：名品科普期刊——《中国国家地理》

《中国国家地理》原名《地理知识》，由中科院地理科学与资源研究所和中国地理学会主办，月刊。杂志内容以我国地理为主，兼具世界各地不同区域的自然、人文景观和事件，并揭示其背景和奥秘，另亦涉及天文、生物、历史和考古等领域。因该社隶属中科院，有一大批自然地理和人文地理的专家学者作为该社顾问，同时还有许多战斗在科考第一线的工作者与杂志社保持着密切的联系，因此具有很强的独家性和权威性，已经成为我国著名的地理杂志品牌。

《中国国家地理》杂志自 2006 年以来，每期平均发行量稳定在 100 万册以上。以“内容为王”一直是该杂志践行的原则。在理念上，是要建构中国的地理形象；而在技术上，是给地理插上媒体的翅膀，把媒体运作规律引入地理科学的传播。《中国国家地理》杂志不仅重视形式的呈现，更注重用新的观念来替代既有观念的常识地位，亦即重构常识。因此，也使该杂志成为很好的科普读物范本。2012 年，《中国国家地理》联手德迈国际举办了“中国国家地理号”首航南极活动，扩大了杂志的影响力。

《中国国家地理》杂志积极运用新媒体技术，其传播具有数字化特色。2004 年，推出手机彩信杂志；2007 年，推出首个中国移动全网手机报；2008 年，全面进军新媒体平台，成立北京全景国家地理网络科技有限公司（后更名为北京全景国家地理新媒体科技有限公司）。2009 年 7 月，推出《行天下》电子杂志。现在其新媒体业务包括网络、手机媒体、电子媒体三大块，还推出邮件杂志《地理 e 周刊》等。当下其媒体业务脉络更加清晰，不仅融合手机媒体（手机报、手机电视）、电子杂志等新媒体形式，还积极拓展 iPhone、iPad 等终端，在 Appstore 推出集成应用，取得上线 3 个月用户突破 30 万的佳绩。2011 年，《中国国家地理》荣获第二届中国政府出版奖期刊奖。

9.3.3 科普电视

2010 年第八次中国公民科学素养调查数据显示，我国公民获取科技信息的媒介渠道位列前三的分别是电视、报纸和互联网，通过电视获取科技信息的受访者比例为 87.5%，电视在提高公民科学素养中扮演着重要角色。根据科技部《中国科普统计》的数据[12]，2012 年，我国播放科普（技）电视节目 18.44 万小时（见图 9–4）。

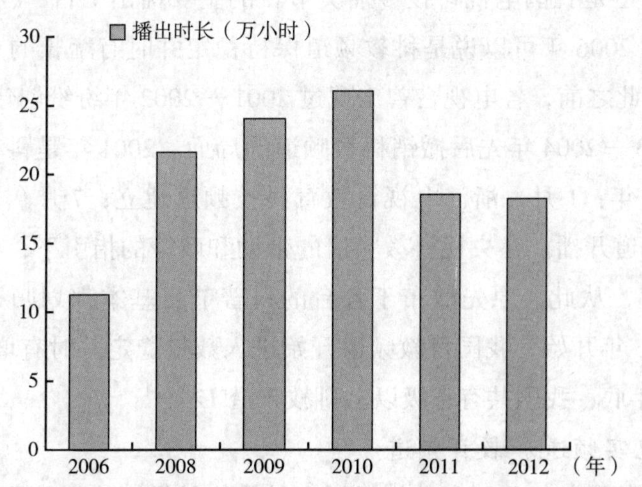

图 9–4 我国电视台播出科普（技）节目时间（2006—2012 年）

9.3.3.1 电视科普实践

我国的电视事业从1958年5月开始，当时在电视频道中虽然没有开设专门的科技栏目，但在新闻和专题节目中还有一定比例的科技节目。到了1977年，专门科技栏目才开始在中央电视台出现。当时的教育部与中央电视台联合主办了英语、数学、电子技术讲座，受到了党和国家的极大重视。讲座开始，国务院有关部委、全国科协和部分著名科学家在电视中同观众见面[13]。1978年，全国科学大会的召开、“科学的春天”到来、“科学技术是生产力”的提出促进了科普栏目出现了第一次设立的高峰，“科学与技术”、“向科学现代化进军”、“动物世界”等栏目相继设立。1996年，八届全国人大四次会议正式提出了国民经济和社会发展“九五”计划和2010年远景目标，科教兴国成为我国的基本国策，在这一大背景下许多优秀的科普栏目应运而生，其中一些仍是当前电视科普的主力，比如中央电视台的“科技博览”和“走近科学”[14]。目前，我国有代表性的老牌自制科普栏目有“走近科学”、“探索发现”、“科技之光”，近几年新出现的比较有影响力和特点的有：中央电视台科教频道的“原来如此”、北京电视台科教频道的“科学实验室”、东方卫视的“1001个真相”、东南卫视的“全民大猜想”以及湖南卫视的“快乐大本营”中的“科学实验站”版块。

（1）科教频道

科教频道是我国电视科技传播类节目的主要播出平台，《科学素质纲要》颁布的2006年可以说是科教频道保持稳定并时有增长的一个重要时间节点，在此之前，各电视台曾出现过2001—2002年纷纷创建科教频道，但又在2003—2004年先后撤销科教频道的局面。2001年是科教频道大规模建立的一年：1月，浙江电视台教育科技频道建立；7月9日，中央电视台科教频道开播。在央视科教频道的带动和政策的指引下，各地纷纷设立科教频道，从此，原先散布于各台的科普节目基本都划归科教频道播出。从2006年开始，我国科教频道开始进入数量稳定并时有增长的状态，到2013年年底，我国共有省级以上科教频道12个[15]。

（2）纪实频道和教育频道

除科教频道外，设置科普栏目播出科普节目最多的频道是纪实频道和教育频道，根据央视—索福瑞媒介研究有限公司（CSM）35 城市、29 省网和广告监测系统的数据，到 2010 年，我国省级（市、自治区）以上电视台中，有上海电视台纪实频道、湖南电视台金鹰纪实频道两个纪实频道；根据《中国电视收视年鉴 2010》，到 2009 年，我国共有 13 个省级（市、自治区）以上教育台，其中国家级教育台 3 个。除山东电视台既设置科教频道又设置教育频道、上海电视台既设有纪实频道又设教育频道、湖南电视台既设置纪实频道又设置教育频道外，其他省都不存在科教频道、纪实频道、教育频道重复设置的情况。

根据 2008—2010 年两个频道的节目单，上海电视台纪实频道的主要科普栏目为“寰宇地理”、“探索”；湖南电视台金鹰纪实频道的主要科普栏目为“探索”、“奇趣大自然”、“寰宇地理”、“传奇”，均为国外引进栏目。

教育台中，根据 CSM 监测数据，2008—2010 年，上海教育台播出的科普栏目的数量最为稳定，2008 年、2009 年均为 4 个，2010 年为 5 个。上海教育中作为“全国教育电视节目制作联合体”的牵头单位，联合了来自全国 11 个省级教育台、3 个综合电视台的 50 多家电视机构，在当前科普节目投入较少的现状下，共享人力和物力资源，开创了我国科普节目制作的新形式。合作体自 2005 年成立以来，到 2007 年已经制作完成了 300 部节目，并有多部获奖，其制作的“身边的奥秘”、“身边的科学”在多家电视台播出，取得了不错的社会效果。与科教频道科普栏目较为固定不同，非科教频道科普栏目的调整较频繁。以湖北教育台为例，2006 年，其设置有 3 个自制科普栏目：“科技冲浪”、“科教时讯”、“科技与文明”；2007 年，频道栏目设置更为关注健康类科普栏目，播出“健康之路”、“健康生活”、“健康讲座”3 个栏目；2009 年，自然、生命类栏目成为其主题，播出“生命的奥秘”、“探索生命”、“奇趣大自然”。因此，对于某个非科教频道，很难用一段时间内的播放情况对其进行评价，但整体上，非科教频道科普栏目设置和播出状况不佳。

（3）公共频道、少儿频道

到 2009 年，我国共有省（市、自治区）级公共频道 24 个，2010 年播出科普栏目36个，播出时间8743小时。其中国外引进栏目“传奇”（4个频道播出）、“寰宇地理”（3个频道播出）、“动物星球”（3个频道播出）的播出频道较多，国产的“走近科学”（3个频道播出）、“科技博览”（3个频道播出）的播出频道也较多。

2008—2010年，CMS监测到14个省（市、自治区）级以上电视台少儿频道（青少频道）共播出31个科普栏目。中央电视台少儿频道是唯一的国家级少儿频道，主要科普栏目为自制的“神奇之窗”、“异想天开”、“芝麻开门”（科学泡泡），都以青少年作为目标受众。省（市、自治区）级少儿频道播出栏目与其他频道的情况相同，国外引进栏目中，“奇趣大自然”、“寰宇地理”、“探索”的播出频率非常高，国内制作栏目中，“走进科学”的播出频率最高，青少年的针对性不强。中央电视台少儿频道自制的3个科普栏目，仅有“芝麻开门”（科学泡泡）在南方电视台少儿频道播出。

9.3.3.2 案例：中央电视台科教频道

中央电视台科教频道于2001年7月9日正式播出，定位为“科教”，以科、教、文节目为主，至今它已经进行过3次改版。2005年年底，中央电视台科教频道进行了开办以来的第一次改版，围绕品牌化建设和精品化栏目打造，频道播出栏目由33个压缩到23个。2006—2007年，两年的收视份额均超过了1%，调查数据显示：科教频道的观众满意度高达85%，入户率达到70%，进入了A类频道的高水平稳步发展阶段。2008年12月29日，科教频道第二次改版。改版后的科教频道更强调频道品牌化，注重资源整合和编排，强调服务社会、服务大众的传播诉求。2010年12月12日，科教频道第三次改版，此次改版重点加大了对科学发现、科学知识普及、生产生活中的技术推广和科学生活方式的宣传力度，推出了四档原创科普栏目：“地理·中国”、“创新无限”、“自然传奇”、“原来如此”[16]。改版后的科教频道科普栏目增加到10个，科普含量明显增强，据称，其改版播出当天的收视份额就比前一日提升了21%。

2010年，中央电视台科教频道共有科普类栏目10个，这些栏目以播出自然地理、医学健康、科技发展、科学人物等主题的内容为主，如“走近科学”、“探索·发现”、“科技之光”、“绿色空间”为延续栏目至2010年仍在播出。科教频道为全天24小时播放频道，2010年，科教频道科普类栏目的周播出时间约4938分钟。科普栏目的播出时间较为合理，基本上所有栏目或首播或重播会有一个观众相对易于收看的时间段，尤其是“走近科学”和“探索·发现”两个栏目，近5年一直在黄金时间段播出。

除科普类栏目外，中央电视台科教频道还播出文化、教育类栏目，如“人与社会”、“百家讲坛”、“大家”，这类栏目中也有一定比例的科普类节目，如“大家”栏目，采访对象是我国科学、教育、文化等领域内做出过杰出贡献的“大家”，科学家占较高比例，物理学家、化学家、植物学家等科学家事迹的讲述必然也是一次对这一学科知识的普及过程。

除每年固定的栏目外，科教频道也有一定的专题节目播出，如2008年播出的“众志成城科学抗灾”、2009年播出的“天象奇观日全食”、2010年播出的“科学启示录”。每次面临重大科学及公共热点事件时，科教频道都会根据需要制作一些专题节目或是某个栏目的特别节目，挖掘事件背后的科学点及故事，利用热点事件进行科普，往往能达到事半功倍的效果。

9.3.3.3　科教栏目不断创新节目形式

近几年，科教栏目创新的途径主要是引入和借鉴其他节目形态的特点和元素，结合节目内容产生出新的节目形式，常见的方式有：

（1）引入“真人秀”

“真人秀”是目前国内外比较流行的节目形态，多出现在娱乐类节目当中，科教节目推出“真人秀”的形态首先出现在一些栏目的特别节目中，“走近科学”在2004年推出长假特别节目“状元360”，2005年年底，中央电视台科教频道改版时把该节目作为固定栏目，成为科教节目中第一个完全使用真人秀形态作为栏目主体的节目。

（2）拍摄“虚拟剧”

“虚拟剧”也是国外电视市场深受观众欢迎的新形态，近几年，在国内的科教节目中可以看到一些“虚拟剧”形态的节目，像浙江电视台教科频道的少儿探案互动栏目“大侦探西门”中就是由主持人、演员参与案件的表演和解析，剧里剧外将法律知识形象地进行了演绎。

（3）娱乐化

科教节目的娱乐化，是指引入娱乐节目的传播观念，借鉴娱乐类节目的节目形态，把节目要传播的内容以更加轻松、更加吸引观众的方式来传播给受众。像中央电视台科教频道曾经播出的“危机大营救”就是对科教节目进行娱乐化的尝试。此外，中国农业电影电视制作中心、山东电视台制作的农业科普节目也充满了诙谐、幽默的色彩，让农村观众喜闻乐见。

（4）新闻化

科教节目的新闻化，是指以动态报道的方式加强社教类节目实效性并通过节目本身产生新闻效应。如 2004 年 10 月 25 日—2005 年 1 月 18 日，中央电视台科教频道推出的“挺进南极冰盖最高点”大型科普节目，基本上达到了当日节目、当日录制、当日播出，改变了科普节目制作周期长、实效性弱的不足，也使南极科考行动成为广大电视观众关注的新闻焦点；2005 年 9 月 19 日—11 月 11 日，中央电视台科教频道推出的“可可西里大穿越”大型科考体验节目再次实现了科普节目的新闻化。

（5）直播

近几年，直播作为新闻节目的重要手段，在科教节目中使用得越来越多，是科教节目新闻化的进一步升级。中央电视台科教频道于 2002 年与本台新闻中心和美国探索频道联合直播的埃及法老墓穴探密行动、2003 年与中央电视台新闻频道联合直播的纪念人类攀登珠峰 50 周年特别活动、2004 年与中央电视台新闻频道和美国探索频道联合直播的火星探测行动等，使原来只能提前制作或滞后播出的科教节目能够像新闻类节目一样，实现实时播出。2006 年 8 月 26 日，中央电视台科教频道推出了大型恐龙化石挖掘直播节目“回到恐龙时代”，节目从下午 3 点到下午 6 点播出，时长 3 个小时，直播节目选取了新疆昌吉将军戈壁和宁夏灵武南磁湾两个恐龙挖掘点的工作进行现场直播，让观众看到一个真实的恐龙化石埋藏场景，还为观众再现从三叠纪到侏罗纪、白垩纪的恐龙时代的各种生活、战争、嬉戏、生育场景，同时也对我国境内的具有代表性的恐龙化石发掘地点进行了盘点，让观众了解一个真实、壮观的恐龙王朝。此次直播行动在中央电视台科教频道、宁夏卫视、新疆卫视、宁夏经济频道、新疆昌吉州电视台同时播出，实现了科教节目的首次独立大型直播[17]。

9.3.3.4 与新媒体融合

互联网的高速发展对电视等传统媒体造成了相当大的冲击，但同时也带来新的发展机遇。目前我国的网络电视台发展较好，中央电视台科教频道及省级科教频道的主要科普栏目都在网上播放。科普栏目可以在网络电视台上重复多次播放，解决了以往电视节目一闪而过，难以给人留下深刻印象的弊端。科教频道及各科普栏目也纷纷利用新兴的交流平台，像微博、微信，创建自己的账号，发布节目消息，吸引更多人的关注。

9.3.4 互联网科普

随着网络信息技术的迅猛发展，互联网已被公认为是继报纸、广播、电视之后满足公众获取信息和知识的第四媒体，成为集各媒体优势的大众传播手段。在信息技术的推动下，互联网科普将视觉、互动、娱乐等特性结合在一起，具备了以往实体科普所无法具备的优势和感召力。如今，网络科普早已不局限于仅用文字来进行科普，同时将科普相关视频、音频、flash 等放上网络已不鲜见，而虚拟博物馆、网络直播、网上实验、互动游戏等独特的网络科普方式也逐渐被更多的科普网站所采用[18]。同时，在用户创造内容的 Web2.0 时代，科普内容在论坛、社区、互动式问答等网络服务形式中也占有一定的位置。

我国网络科普始于 20 世纪 90 年代中期，1995 年，《北京科技报》开通了网络版，迈出了网络科普发展的第一步[19]。十几年来，党和政府通过制定各种政策来支持网络科普的发展，推进网络科普健康快速发展。一批深受公众喜爱的数字科技馆、科普网站陆续建成，其内容质量、交互性、专业化水平不断提高，构建了覆盖全国的科普网站群。在国内重大科技事件、科普活动的宣传报道中发挥着重要作用，向社会公众提供科普信息服务的能力明显提升。目前，依托网络进行科普宣传，已经成为我国科普工作的重要形式之一。

科技部2012年的统计数据显示，截至2011年年底，我国共建成科普网站631个；科普网站的页面数量达到47112046个；科普网站的音频、视频数量达到176483个，音频、视频已经成为科普网站传播科普知识的重要途径之一；科普网站的动漫数量达到60275个；科普网站的图片数量达到9762010张。76.8%的科普网站访问成功率达到100%。中国公众科技网推出的“科普网站导航系统”筛选收录了国内科普网站已达348个之多，主要集中在科协组织科普网站、企业和媒体科普网站、科研教育机构科普网站、科普场馆科普网站、政府部门科普网站、个人科普网站等[20]。其中影响较大的综合类和专业类科普网站有数十个，如中国科协主办的“中国公众科技网”和“中国科学技术馆”、科技部的“中国科普网”、中科院的“中国科普博览”、科学时报社的“科学网”以及网易、新浪、搜狐等门户网站设立的科技教育栏目等[4]。

中国公众科技网（www.cpst.net.cn）。该网站是基于互联网面向社会和公众提供科技知识和信息的社会化信息服务平台。它有27个一级栏目、100余个二级栏目和10个专项数据库，向公众提供科学新闻、科普知识、科技书刊等信息。

中国科普网（www.kepu.gov.cn）。该网站以青少年为主要对象，兼向全社会发布科技信息、进行科学普及，以提高全民科学素质为宗旨。网站设有科技新闻、科学生活、科学漫谈、科普论坛、校园科普、政策法规、展览馆等栏目，是一个综合性科普网站。

中国科学技术馆（www.cstm.org.cn）。该网站根据实体馆进行内容的组织，分设A、B、C三馆。A馆主要是材料、航空航天、交通、能源、机械、电子、控制、通信、电磁、环境、生命科学等；B馆是穹幕电影；C馆是儿童科技乐园，用户可以进行图文并茂的浏览。

中国科普博览（www.kepu.net.cn）。该网站以中科院为依托，并与全国一些著名的科研机构、科普机构合作，系统采集科普信息，内容包括天文、地理、生物等各领域。将每一类科普信息重新加工编写，并组织整理成“虚拟科普博物馆”与“科普专题”，融知识性和趣味性为一体。

科学网（www.sciencenet.cn）。该网站按学科领域组织内容，涉及生命科学、医药健康、基础科学、工程技术、信息科学、资源环境、前沿交叉、政策管理等方面。

新华网—科普博览（www.xinhuanet.com/st/kpbl.htm）。该网站由“科学探索”（科幻天地、科普讲堂、历史考古、宇宙奥秘、自然地理、奇闻轶事）、“热门科技”（科技万花筒、军事科技、环保节能、生命科技、生活百科）、“科技创新”（媒体、业界、海外）等主题板块组成。

北京科普之窗（www.bjkp.gov.cn）。北京科普之窗是一个集科技、文化、教育、娱乐于一体的综合性科普网站。该网站内容丰富，具有北京科普门户的功能。它设有科技前沿、探索自然、科学博览、科普场馆、科学长廊等栏目。其中，科技前沿按学科进行信息分类，涉及能源科学、空间科学、生命科学、信息科学、材料科学、海洋科学等领域；探索自然内容包含动物、昆虫、植物、古生物、地理等；科学博览则涉及数理、生命起源、环境、机器人和宇宙等主题；科普场馆涉及博物馆、科普基地、科技馆、公园、展览馆、图书馆、旅游的相关信息；科学长廊的内容涵盖人物、读物、科学与艺术。

中国地震科普网（www.dizhen.ac.cn）。中国地震科普网以“探索地震科学奥秘、学习防震减灾知识”为宗旨进行地震科普教育。它由“防震知识”、“科普文苑”、“地震百科”等 10 个板块组成。该网站通过图片、视频、动画等多种形式进行地震科普宣传。

人民网科技频道（scitech.people.com.cn）。该网站由科技强国、寰宇、地球和身体旅程等部分组成，内容涉及知识产权、自然、航天、生命、产业、发明、天文、医学、心理、地震等多个方面。

为了贯彻落实《全民科学素质行动计划纲要实施方案（2011—2015年）》，各部门依托网络开展了众多科普活动，如中国科协科普部、农业部科教司于 2011 年 8—10 月联合开展的全国农民科学素质网络竞赛、中国青少年宫协会和中国青少年广播网在 2011 年 5 月全国科技活动周期间联合举办的 2011 全国青少年科普知识大赛，互动百科网于 2011 年 10—12 月开展的 2011 知识中国盛典活动，中国网、新浪网、腾讯网、互动百科网等网站于 2011 年 9 月开展的寻梦“天宫”——全国青少年载人航天科技知识竞赛，中国互联网协会网络科普联盟和中国农村专业技术协会于2011年3—7月联合开展的全国农村信息技术科普培训等。

9.4 大众传媒科技传播未来发展趋势

为了适应信息时代的需要，科普正在进一步利用新媒体作为有效传播手段，加强对科技信息的分众传播，如利用大数据、云计算等技术，实现科普信息资源的挖掘、加工和分享；运用移动互联网、物联网等技术，满足公众细分的科普个性化需求；运用人工智能、全息仿真、虚拟现实等技术，促进科普线上与线下的结合、科普与艺术的结合、科普与人文的结合、中国化与国际化的结合，增强科普的开放性、参与性、体验感和游戏化。

9.4.1 手机报科普作为分众媒体的传播功能不断拓展

手机报最先是作为分众媒体，为某一领域的特点用户使用而发展起来的。随着手机报数量的不断增多，手机报受众不断扩大，分众聚合成较大规模，手机报对大众传播的影响力也越来越大。2004年，我国第一份彩信手机报《中国妇女手机报》诞生，标志手机报科技传播能力的基本确立。自2006年以来，在科技传播的功能上，手机报内容由最初的农业、健康延伸到心理、航空航天、军事科技、自然地理和突发公共科技事件领域。

手机报科技传播的栏目增多，品牌栏目逐渐形成和确立。2005年，广东日报集团与广东移动合作推出《信息时报手机报》，其“食尚养生”栏目向用户推送医学健康相关的科学知识。2006年，“科技新知”成为《鲁中手机报》的固定栏目，也是迄今较早的以科技主题命名栏目的一家手机报的科技栏目。另外，在综合类手机报中，科技传播的固定栏目也开始出现，如《新闻早晚报》中的“学堂”栏目和《新华手机报》中的“生活百科”栏目。

随着2007—2008年的发展和调整，手机报对信息内容和用户挖掘的不断深入，除了医学健康外，包含自然地理、气象、生物、心理、考古、军事等内容的手机报不断增多。发展至今，通过移动梦网网站监测，中国移动总共 63 份全国手机报和 68 份地方手机报（统计数据截至 2010 年 11 月 7 日），包含科技传播内容的非科技类专业手机报无论在中国移动全国手机报还是地方手机报中都占据 20% 左右的份额，总共有 27 份，显示出发展的强劲势头[21]。

以我国发展较好的科技类手机报——山西科技新闻出版传媒集团为例，可以看到 2012 年手机报的发展状况。山西科技新闻出版传媒集团下面包含综合类、农信通、新农宝、新视点等 4 大类共 42 种手机报，手机报在线人数稳定在 100 万左右。其中比较有代表性的有以下几种:《山西科技手机报》，这是一份可读性很强的科技类手机报。它利用山西科技报刊总社特有的系统资源优势，一改科技类内容呆板枯燥的形象，强调科技与生活的完美结合，让读者在享受趣味阅读的同时，领略科学智慧之美;《今日健康手机报》，这是山西科技手机报刊群中订户数量最大的一份手机报，订户量最高时拥有近 50 万人次，2012 年，订户量有所下降。《今日农业手机报》，这是目前山西科技手机报刊群中订户量最多的一份农业类报纸，订户数曾突破 30 万份，其面向全省，以宣传农村经济生活为主线，服务于“五农”，这一用户数相对稳定。其他几十种手机报也发展平稳，但基本用户群数量相对稳定，很难再取得突破性进展。总体来说，2012 年，手机报与其他形式相比，发展相对缓慢。

9.4.2 移动电视将成为利用公众碎片化时间开展科普的有效手段

移动电视一般主要是指在公共汽车等可移动物体内通过电视终端以接受无线信号的形式收看电视节目的一种技术或应用。作为一种较新的媒体形式，移动电视以其先进科学的电视运营模式进而成为社会公众瞩目的大众媒体，其兼有报纸、广播、电视、互联网等已有媒体的优点，被誉为“第五媒体”。

2007 年，由烟台市科协与烟台移动数字电视中心联合开办的移动科普电视节目“科普快车”开播，凭借其新颖的宣传方式、丰富的宣传内容和宽广的覆盖面，迅速被广大公众所认可。“科普快车”将科普知识经过数字化编辑和数字化制作，以数字化传输的方式在全市公交车辆和公共场所播出，每周二期，每天5—6次滚动播放。节目内容以宣传节约资源、人身安全、健康保健等日常生活科普知识为主，通过专题、动画、集锦的节目形式传播一些广大公众实际需求的生活科普常识，贴近生活、贴近群众、贴近实际。移动数字电视不同于传统的固定电视节目，它通过高速移动接收系统，面向来自四面八方的流动人群，其有效覆盖面更广，使人们在外出过程中，不自觉地学到一些与生活息息相关、通俗易懂的科普知识。

2010年全国科普日期间，专门制作30秒宣传片在公交移动电视上播放，活动期间及前后的16天中共计播放540次，向广大观众宣传全国科普日的情况，收到了较好的效果。

但总体来看，移动电视在科技传播方面的功能还未得到充分挖掘和发挥，如何利用其方便快捷、覆盖面广的优势，利用人们等乘的闲暇时间进行科技传播，仍是一个需要深入研究的课题[22]。

9.4.3 微博将成为“微”科普时代的先行者

新媒体形式的层出不穷经常令人眼花瞭乱，微博、微信、微电影、微动漫，“微”传播的时代早已到来。而作为“微”传播时代的先行者，微博的发展对科普也有重要的意义。

微博，即微博客（Microblog）的简称，是一个基于用户关系的信息分享传播以及获取平台，用户可以通过WEB、WAP以及各种客户端组件个人社区，以140字左右的文字更新信息，并实现即时分享。微博已经成为我国网民使用的主流应用，无论是普通用户还是意见领袖和传统媒体，其获取新闻、传播新闻、发表意见、制造舆论的途径都不同程度地转向微博平台。中国互联网络信息中心（CNNIC）发布的《第34次中国互联网络发展状况统计报告》显示，截至2014年6月，我国微博用户规模为2.75亿，网民使用率为43.6%，其中，手机微博用户为1.89亿，使用率为35.8%。

科普微博是网络科普时代的产物，它构建了一个从科普权威到科普草根均可参与的“科普微时代”。民间科普微博的博主一般以科研人员、高校教师、科普作家、科学记者、科学编辑为主，还有一定数量的科学爱好者。此类人群具备专业的学科背景、严谨的思维逻辑，多数处于社会中上层，有一定社会话语权和学术权威。其中，科研人员、高校教师对于科学的解读具备专业性，具有一定社会公信力；而科普作家、科学记者、科学编辑等这些长期从事业科普工作的人员擅长在科学事件的发生过程中剖析其包含的科学原理、科学思想、科学方法。这些群体代表了草根科普时代科学传播主体的扩充，其群体特征表现出了“微”科普内容撰写者所需具备的传播科学知识专业背景[23]。

目前得到公众广泛认同的果壳网，自开设其科普微博以来，较为成功地建立了微博机制，培养了一支术业有专攻的微博创作队伍，以保证微博内容的质量和实效性。几年来，果壳网科普微博充实了网络科普的内容，克服了其他网络科普模式应用的弊端，激发了公众对于科普的参与热情和积极兴趣，成为人气最高、粉丝最多的民间科普微博（如表 9-3 所示）。

表 9-3　典型科普微博语言名称及其活跃程度（截至 2012 年 9 月 14 日数据）[23]

部分科普微博产品	科普广播条数	听众	实名认证
腾讯—果壳网	5775	891285 人	果壳网官方微博
新浪—果壳网	10820	507940 人	果壳网官方微博
新浪—科普微童话	1853	361 人	科学普及出版社
新浪—浦东科普	657	2811 人	上海浦东区科协
新浪—新民科学咖啡馆	401	493 人	新民晚报与上海市科协联合主办的公益科普讲座
新浪—科普吕秀齐	1137	1102 人	科学普及出版社图书事业部编辑
新浪—将科普进行到底	355	170 人	北京某草根科普作者

9.4.4　微信科普将成为最方便快捷的科普手段

微信于 2011 年横空出世，以势不可挡的姿态迅速成为炙手可热的社交网络工具之一。微信是腾讯公司为手机终端用户打造的一款免费即时网络通信产品。它以近乎免费的方式实现跨运营商、跨系统平台的语音、文字、图片等信息的传递功能，并支持单人、多人语音对讲，超越了以往手机只能打电话，发短信、彩信的单一传统模式，使手机成为一部时尚的对讲机。无论是手机或是电脑之间，只要存在通信网络，就可以实现双人、多人语音对讲、信息传递、图片分享等功能。微信一经出现，不仅迅速占领市场，并且获得良好口碑，迅速蔓延开来。随着网络覆盖率的提升、智能手机的普及、信息资费的下调等一系列客观条件的成熟，微信的推广速度呈加速上升趋势，使用人数以几何倍增长，超过以往任何一款手机网络通信工具。2012 年，微信发展迅猛，到 2013 年，微信用户数已破 6 亿。

微信科普，优势在口碑式传播，渠道快捷、信任度高。它主要通过两种方式进行传播，一是朋友圈分享，基于朋友关系分享信息，其内容多种多样，传播范围也往往局限于朋友圈内部；二是机构或是个人建立微信公共账号进行科普。微信科普的效果不容忽视。首先，在朋友和熟人圈里科普，依托朋友们多年建立起的信任，具有较强的可信度；其次，微信科普知识以较高的速率在传播，几乎每人都有几十个甚至几百个朋友，经过连续不断的转发，传播效应迅速放大；三是微信科普贴近实际，大都是有关日常生活的内容[24]。朋友圈具有一定的私密性，其科普情况很难进行统计。有关研究对微信公共账号的情况进行统计，截至 2014 年 3 月 1 日，名字中带有“科普”一词的公众账号 98 个，这些公众账号中大部分都是由地方科协和相关的科普机构开通和运行的，主要发布本地区和本机构的相关科普信息和科普知识，同时也转载其他来源的信息[25]。

但同时，上述微信科普的研究也指出，微信口碑式传播的优势也恰恰是它的劣势，口口相传，缺乏专业性，容易走偏；而微信公共科普账号也多是机构进行二次传播的手段，内容多是对已经发布的信息进行整合和再次传播。因此，未来的微信科普，在保护其科普热情的同时，如何保证其科学性、权威性是一个重要问题[26]。

参考文献

[1]沙莲香. 传播学[M]. 北京：中国人民大学出版社，1990.

[2]冯一粟，叶奕. 大众传媒导论（第二版）[M]. 北京：科学出版社，2010.

[3]邵培仁，海阔. 大众传媒通论[M]. 杭州：浙江大学出版社，2005.

[4]伍正兴. 大众传媒科技传播能力建设研究[D]. 合肥：合肥工业大学，2012.

[5]中华人民共和国科学技术普及法[R]. 中华人民共和国国务院公报，2002.

[6]大众传媒科技传播能力建设工程实施方案颁布[EB/OL].[2006-12-06] http：//www.cast.org.cn/n435777/n435780/37502.html.

[7]张利军. 科普期刊[A]//中国科普研究所. 中国科普报告 2002. 北京：科学普及出版社，2003：161.

[8]刘新. 科技报[A]//中国科普研究所. 中国科普报告 2002. 北京：科学普及出版社，2003：174.

[9]孟秀玲 . 论新媒体时代报媒的现状及发展趋势[D]. 济南：山东大学，2006.

[10]CNNIC. 中国网络科普市场现状及网民科普使用行为研究报告[R/OL].[2011-08]. http：//www. cnnic.net.cn/gywm/xwzx/rdxw/2011nrd/201207/W020110922688068938825.pdf.

[11]搜狗百科. 十万个为什么[DB/OL]. http：//baike.sogou.com/h60838902.htm?sp=l60838903.

[12]中华人民共和国科技部. 中国科普统计（2006—2012）[M]. 北京：科学技术文献出版社 .

[13]刘斌. 中国电视科技传播与科学教育[A]//亚洲传媒论坛（第一辑）. 北京：北京广播学院出版社，2004.

[14]颜燕，陈玲. 我国电视科普栏目的现状及发展对策[J]. 中国科技论坛，2010（5）：86-92

[15]任福君. 科普基础设施发展报告[M]. 北京：社会科学文献出版社，2013.

[16]中央电视台科教频道[EB/OL]. http：//baike.baidu.com/view/432343.htm?fromtitle=%E7%A7%91%E6%95%99%E9%A2%91%E9%81%93&fromid=3273675&type=search.

[17]刘民朝，刘斌. 我国科教影视节目的创新与发展[A]//节能环保和谐发展——2007 中国科协年会论文集（四）. 武汉，2007.

[18]项宇琳. 科学普及、提高科学素质和持续创新的互动关系——浅议科技馆在推动三者互动中的作用[J]. 科技创新导报，2012，9：255.

[19]张小林. 关于互联网科普的若干问题——以中国数字科技馆一期工程为例[J]. 科普

研究，2013，3：53-58.

[20]梅红．关于构建网络科普的思考传媒与艺术[J]．新西部，2013，33：108-109.

[21]王培志．手机报科技传播发展研究——以中国移动手机报为例[J]．科普研究，2011，6(30)：38-43.

[22]颜燕，尹霖，董操，等．大众传媒科技传播能力建设工程发展[A]//全民科学素质行动计划纲要实施工作办公室．全民科学素质行动发展报告(2006—2010年)．北京：科学普及出版社，2011.

[23]赵莉，汤书昆．新媒体语境下科普产品语言特征及发展趋势[A]//安徽首届科普产业博士科技论坛暨社区科技传播体系与平台建构学术交流会论文集.2013.

[24]科技杂谈：微信科普不容忽视[EB/OL]．http：//news.xinhuanet.com/tech/ 2013-11/22/c_125743212.htm.

[25]王大鹏．促进微信等新媒体的传播[Z]．科普研究动态，2014(4).

[26]任福君，翟杰全．科技传播与普及概论[M]．北京：中国科学技术出版社，2012.

第 10 章 科普基础设施建设实践

10.1 引 言

科普基础设施是科普资源中的基础性资源之一，是其重要组成部分，是科普资源的承载场所和科普活动的开展场所，是科普宣传、展示的重要工具、手段和途径，是实现科普功能的重要保障。离开科普基础设施，科普资源中的其他资源将无所依靠，科普活动将难以开展，科普基础设施在科普资源中占有重要的地位[1]。

科普基础设施作为科学技术普及工作的重要载体，是为公众提供科普服务的重要平台，具有鲜明的公益性特征。公众通过利用各类科普基础设施，了解科学技术知识，学习科学方法，树立科学观念，崇尚科学精神，提高自身的科学素质，提升应用科学技术处理实际问题以及参与公共事务的能力[2]。

目前我国科普基础设施大致可以分为科技类博物馆、基层科普设施、流动科普设施、科普传媒设施以及其他具备科普展示教育功能的场馆和设施等形式[1]。大力发展科普基础设施，满足公众提高科学素质的需求，实现科学技术教育、传播与普及等公共服务的公平普惠，对于全面贯彻落实科学发展观，建设创新型国家，实现全面建设小康社会的奋斗目标都具有十分重要的意义[2]。

10.2 科技类博物馆建设实践

科技类博物馆主要指以面向社会公众开展科普教育为主要功能，主要展示自然科学和工程技术科学以及农业科学、医药科学等内容的博物馆，包括科学中心（科技馆）、自然类博物馆（自然博物馆、天文馆、地质博物馆等）、工程技术（专业）科技博物馆等[3]。

10.2.1 我国科技类博物馆的发展概况

中国第一座科技类博物馆是由外国人于1868年在上海建立的徐家汇博物院（即后来的震旦博物院），这是我国第一座自然博物馆[4]。1905年，第一座由中国人兴办的科技类博物馆是由著名实业家张謇建立的南通博物苑，内设自然馆。但直到新中国成立之前的80余年里，全国科技类博物馆的总数不到20座[4]。

1949—1966年，我国科技类博物馆有了较快发展，先后成立了北京天文馆、北京自然博物馆等有较大影响的科技类博物馆。到1966年，我国科技类博物馆的总数超过了100座[4]。但在“文革”期间，科技类博物馆的发展遭受严重挫折，不仅新馆建设基本停滞，而且已有的科技类博物馆在人才、藏品、展品资源等方面也遭到不同程度的损失。

我国科技类博物馆的高速发展是在改革开放之后。截至2010年年底，我国大陆地区（不含香港特别行政区、澳门特别行政区和台湾地区）约有科技类博物馆900余座（此数据不包括动/植物园、水族馆、自然保护区等园囿性自然类博物馆），改革开放以后新建的科技类博物馆占到总量的80%，特别是2001年至2010年10年间新建的科技类博物馆占总量的60%以上[4]。目前基本形成了包括科技馆、自然类博物馆、工程技术专业博物馆（如交通、通信、铁路、地质、农业等）等形式多样、门类齐全的科技类博物馆体系。城区常住人口百万以上的地级城市60%以上建有1座科技类博物馆。

我国省会城市除海口、拉萨以外，其他直辖市和省会城市、自治区首府都建有中型以上的科技馆，我国现有 3 个建筑面积在 10 万平方米以上的科技馆，分别是：广东科学中心（137500 平方米）、中国科技馆新馆（102000 平方米）、上海科技馆（100700 平方米）。

截至 2010 年年底，中国自然类博物馆共计 500 余座（不包括动物园、地质公园、自然保护区等相关机构），其中综合性自然史博物馆 11 座、自然科学专题博物馆（包括中药、生态、人类、生物类等）122 座、地方综合性博物馆自然部 9 座、天文馆 1 座、水族馆 33 座、各类地学类博物馆近 300 座[4]。

近年来，专业科技博物馆异军突起。专业科技博物馆的展示内容涉及国民经济和人民生活的方方面面，如农业、航空、航天、铁道、汽车、电信、核工业、印刷、茶叶、丝绸、气象、消防、地震、自来水、中医药、啤酒、盐业、建筑、石油、纺织、节水、交通，等等。这些场馆对普及专业科技知识、广泛了解行业科学水平、提高国民素质做出了重要贡献。随着民营经济的快速发展及其企业文化建设需要，民办科技类博物馆的数量逐年增加。截至 2010 年年底，全国约有 200 余座专业科技博物馆[4]。

随着文化馆、博物馆、图书馆、美术馆等公共文化服务设施逐渐向社会免费开放，科技馆实行免费开放也被提上了议事日程。2012 年，中国科协开展了科技馆免费开放的相关调查与研究工作[5]。为了完善公共科普服务体系、提高服务效能、促进基本公共服务均等化发展，结合我国幅员辽阔、区域发展不平衡的实际情况，中国科协于 2012 年提出了建设我国现代科技馆体系。在有条件的大中城市建好用好高水平综合类科技馆和专业科技馆，在县域主要组织开展流动科技馆巡展，在乡镇及边远地区开展科普大篷车活动、配置农村中学科技馆，建设基于网络的数字科技馆，促进优质科普资源共建共享，提高全社会科普服务能力。

10.2.2　中国科学技术馆简介

中国科学技术馆是我国唯一的国家级综合性科技馆，是实施科教兴国战略和人才强国战略、提高全民科学素质的大型科普基础设施。一期工程于 1988 年 9 月 22 日建成开放，二期工程于 2000 年 4 月 29 日建成开放，新馆于 2009 年 9 月 16 日建成开放[5]。

一期工程总建筑面积为 2 万平方米，主要由综合业务楼、一期展厅和穹幕影厅组成，以“现代科学技术基础知识”和“中国古代传统技术”两个常设展区为依托，开展大量的临时展览、科普报告、科技培训、动手园地等科普教育活动。1996 年增设“现代电信技术”展区，加上“英特尔电脑小博士工作室”和“动手园地”的开设，观众呈现出逐年递增的趋势，由开馆初期年接待观众十几万人次，至后来年观众量超过 40 万人次[5]。截至 1999 年年底，中国科学技术馆累计接待观众达 434.6 万人次[5]，年接待观众量在当时国内科技馆中遥遥领先。

随着我国经济的迅速发展和科学技术的日新月异，中国科学技术馆一期工程已无法满足公众的参观需求。1996 年 11 月，国家计委批准中国科学技术馆在一期工程基础上扩建 4.5 万平方米的总体规划方案。根据这一方案，工程将分为二、三两期实施；二期工程完成后，三期工程将接续建设；中国科学技术馆全面建成后，总建筑面积将达到 6.5 万平方米，进入世界大型科技博物馆和科学中心的行列。

建筑面积达 2.3 万平方米的二期工程新展厅共有五层，一至三层展示现代科学技术，四层为中国古代科技成就展区，五层为临时展区，用于展出短期专题展览。二期工程新展厅的建成并对外开放，使中国科学技术馆跃上了一个新台阶。新展厅开馆之后，恰逢我国第一个五・一“黄金周”长假。从 2000 年 4 月 29 日新展厅正式开馆到 5 月 7 日“黄金周”结束仅仅 9 天的时间，全馆共接待观众 15 万人次，其中新展厅的参观人数近 13 万人次，穹幕影厅的参观人数达 2 万多人次[5]。

随着二期新展厅投入使用并发挥起主展厅的作用，原来一期工程展厅用于举办各类专题展览。2001 年，中国科学技术馆投入巨资，将一期展厅的二层、三层改建为专门以 3—10 岁儿童为对象的“儿童科学乐园”，让孩子们手脑并用，寓学于乐，在无拘无束的玩耍和好奇的探索中领略并学习到最基本的科技知识和技能，同时激发想象力，开发脑潜能，培养对科学的兴趣。

二期工程新展厅对公众开放之后，中国科学技术馆即依据国家计委批准的总体规划方案积极投入三期工程的筹备工作中。2001 年 10 月，中国科协与北京市计委对三期工程的三个可供选择方案之利弊进行了反复比较，最后一致认为异地新建为最佳方案。新馆建设地点位于国家奥林匹克公园东北侧，规划占地面积 4.83 公顷。中国科学技术馆新馆的建设目标是建成主题突出、功能完善的现代化、综合性国家级科技馆。

中国科技馆新馆的建筑面积为 10.2 万平方米，建设投资近 20 亿元，在我国乃至世界范围内都是屈指可数的大型科技馆。中国科技馆新馆设有"华夏之光"、"科学乐园"、"探索与发现"、"科技与生活"、"挑战与未来"五大主题展厅，分别展示我国古代科技、儿童科技、自然科学、应用技术、未来科技的内容，拥有常设展品 800 多件。这些展品不仅涵盖知识内容广泛，而且包括一批创新型展品和采用了高新技术的展品。中国科学技术馆新馆还在每年春节推出"科技大联欢"活动。2011 年春节从正月初三到初六短短 4 天时间，中国科学技术馆接待观众就达 8 万人次，有 2 万多观众参与了"科技大联欢"活动。自中国科学技术馆新馆开馆以来，每年平均接待的观众都达到了 300 万人次以上。

中国科学技术馆的主要教育形式为展览教育，通过科学性、知识性、趣味性相结合的展览内容和参与互动的形式，反映科学原理及技术应用，鼓励公众动手探索实践，不仅普及科学知识，而且注重培养观众的科学思想、科学方法和科学精神。在开展展览教育的同时，中国科学技术馆还组织各种科普实践和培训实验活动，让观众通过亲身参与，加深对科学的理解和感悟，在潜移默化中提高自身科学素质。

随着中国数字科技馆的并入，中国科学技术馆如虎添翼，实体与网络结合，极大地扩展了该馆科普工作的广度、宽度和深度，也使得该馆在未来我国现代科技馆体系建设中，起到引领和示范作用。

10.2.3 北京自然博物馆简介

北京自然博物馆是新中国筹建的第一座大型自然历史博物馆，其前身是成立于1951年4月的中央自然博物馆筹备处，1962年正式命名为北京自然博物馆，主要从事古生物、动物、植物和人类学等领域的标本收藏、科学研究和科学普及工作。该馆占地面积15000平方米，建筑面积21000平方米，展厅面积10000平方米。其中标本楼蕴藏着23余万件馆藏标本[6]。许多标本在国内、国际上都堪称孤品，包括世界闻名的古黄河象头骨化石、长26米的巨型井研马门溪龙化石、我国唯一的恐龙木乃伊化石、北极熊、犀牛等。2008年，北京自然博物馆免费对公众开放。北京自然博物馆给人们带来更多来自大自然的声音，让科学走近人们的生活，搭建起人类与自然对话的美好桥梁。该馆曾先后被命名为“全国科普教育基地”和“北京市科普教育、研发、传媒基地”，被联合国教科文组织中国组委会命名为“科学与和平教育基地”，2008年被国家文物局评定为国家一级博物馆。在2012年度国家一级博物馆运行评估总评排名中，位列全国博物馆第五位、自然科技类博物馆第一位。

为了更好地向公众展示这些珍贵标本，北京自然博物馆的基本陈列以生物进化为主线，展示了生物多样性以及与环境的关系，构筑起一个地球上生命发生发展的全景图。古生物陈列厅向访客展示了生物的起源和早期的演化进程，透过化石的印痕，访客似乎又看到了已经灭绝的生物。这些生物的遗迹，似乎带领访客穿越时空，聆听来自遥远太古代的声音；植物陈列厅又似一部绿色的史诗，叙述着植物亿万年的演变。由水生到植物登陆，即使是一朵花的盛开，即使是一粒种子的传播，都蕴藏了无数的奥秘，留给访客无数的疑问；动物陈列厅则向访客讲述了这些“人类的朋友”身上的奥秘，这里将世界上最具代表性的野生动物及其生态环境还原再现，生动地向访客展示了动物之美，动物界的神奇；人类陈列厅让访客一睹人类由来的壮阔历史，由猿到人，历经万年，才有今日的容颜，一个人的诞生，看似平淡无奇，却展示了大自然的鬼斧神工。在常规展览之外，北京自然博物馆还不定期地推出各种各样的临时主题展览，例如，“猛犸象”、“达·芬奇科技”、“人体的奥秘”以及连续12年推出的“动物生肖”展览等都产生了比较大的影响。

北京自然博物馆根据青少年的心理特点，开辟了互动式探索自然奥秘，吸引了无数热爱自然的青少年朋友。“动物之美”、“恐龙世界”等让孩子们在欢乐轻松的氛围中，探索自然，热爱科学。该馆利用自身优势定期举办有特色的科普活动，先后组织了 19 届北京市中小学生物知识竞赛，每年有近 10 万名学生参与[6]，同时举办各类科普讲座、生物教师培训班、小小讲解员培训以及博物馆之夜、小军团生物夏令营、小手牵大手走进自然博物馆等活动，深受青少年喜爱。

10.2.4　东莞市科学技术博物馆简介

东莞市科学技术博物馆（简称东莞科技馆）于 2005 年 12 月 28 日开馆，坐落在东莞市新城市中心区行政文化广场，占地面积 4 万平方米，建筑面积 4 万平方米，展示面积 1.2 万平方米，总投资 3 亿元，馆内展品 300 多件（套），90% 为互动展品，80% 为创新展品[7]。2009 年，东莞科技馆获得“全国科普教育基地”荣誉称号，2011 年成功申报国家 4A 旅游景点，是我国第一家真正具有城市特色的专题科技馆。

东莞科技馆在筹建过程中，组织力量在广泛调查研究和反复科学规划论证的基础上，避开国内大多数科技馆以声、光、电磁、力学、数学等经典展品加航天、信息、材料等高新技术为常设展览基本展示内容的综合性科技馆的习惯套路，独辟蹊径，根据东莞市产业发展的特点，确定以制造业科技、信息与高新技术专题为主要展示内容，并把科技馆定位为制造业科技博览中心、现代制造业文化导入和培育的载体、产业科技教育的阵地和公众科学启蒙教育的基地，设立了“制造业科技专题”展厅、“信息与高新技术专题”展厅、“启蒙科技”展厅（儿童展厅）三个部分，建成了国内独树一帜的专题科技馆。

东莞科技馆秉承“展品是基础，教育是灵魂”的指导思想，以“激发公众对科学的兴趣，提高公众科学素质”为使命，遵循“崇尚科学、力行创新；精心服务、用心做事”的核心价值观，不断完善展品展示和场馆设施，扎实开展科普教育工作，开展了“科普剧大赛”、“小小讲解员大赛”、“青少年科技创新大赛”、“科技课”、“科普秀”、“创新论坛”等形式多样、内容丰富的科普教育活动，并努力将优质服务项目“小小讲解员”和“科普剧”打造为知名品牌，在社会上产生了深远影响，截至 2012 年 11 月，累计接待游客 240 多万人次[7]。

东莞科技馆于 2006 年开始引进科普互动剧，于 2007 年 5 月成立了科普互动剧团，演员均受过专业培训。自 2007 年年底承办了首届东莞市科普剧大赛以来，先后承办了科普剧全国邀请赛、广东省科普剧大赛和东莞市科普剧大赛。该馆多次组织科普互动剧进学校、进社区表演，受到学校师生和社区居民的广泛好评。在东莞科技馆的带动和辅导下，东莞一些学校、单位和社区也加入了科普互动剧创作、表演、参赛的行列。

为了进一步完善管理体系，东莞科技馆从 2009 年年初开始在日常管理中引入平衡计分卡战略管理工具，在促进员工厘清工作思路、明确工作目标、促进协调一致和提高执行力方面效果明显，推动了馆内各项工作顺利开展。该馆还积极开展馆校战略合作，通过与学校建立战略伙伴关系，充分发挥和有效利用科技馆的科普资源优势，激发青少年学生爱科学、学科学的热情，提高青少年学生的科技素养。东莞科技馆非常重视加强国际交流，先后开展了“绿色校园行动”、2011GSCA 电影（亚洲）博览会、积极邀请境外学者进行业务交流与合作等，极大提升了在国内国际的知名度和影响力。

10.3 科普传媒设施建设实践

科普传媒设施主要指运用现代传媒技术，以媒体为平台向公众开展科普教育与宣传活动的报刊、电视台（电台）栏目、网站等[1]，可以分为传统科普媒体和新兴科普媒体两大类。传统科普媒体包括科普期刊、科普（技）类报纸等平面媒体和电视台科普（技）栏目、电台科普（技）栏目等；新兴科普媒体主要指以个人数码产品（电脑、手机）为传播终端的科普网站、移动电视平台、移动通信平台等[4]。

10.3.1 我国科普传媒设施发展概况

互联网出现以前，报纸、广播、书籍、电视等传统媒体是科普的主要渠道。最为经典当属《十万个为什么》丛书。该丛书是中国少年儿童出版社在 20 世纪 60 年代初编辑出版的一套青少年科普读物。50 多年来，这套丛书先后出版了 6 个版本，累计发行量超过 1 亿册，是新中国几代青少年的科学启蒙读物，已经成为我国原创科普图书的第一品牌①。该丛书在传播知识、普及科学方面发挥了积极的作用，影响几代青少年走上了科学的道路。第六版《十万个为什么》于 2013 年 8 月 13 日首发，以全新面貌再次走进读者视野。"十万个为什么"一度成为少儿科普类图书的代名词。

当人类进入信息社会，互联网深入社会各个阶层，网络逐渐成为人们获取信息的主要渠道之一。作为科普教育的重要渠道，基于网络受众的科学教育越来越成为一种有效的科学普及的方式和手段，网络科普已经成为科普传播的中坚力量。借助互联网跨时空、跨地域、大容量、个性化和交互性等特点，网络科普在受众参与性和交互性、形式表现的多样性和丰富性、内容表达的广泛性和深入性上都有很大突破。同时在多媒体技术的支持下，网络科普将视觉性、互动性和娱乐性结合在一起，在质量、内容等方面均取得了快速发展，对科普教育起到了重要作用。网络科普巨大的传播力和渗透力逐渐引起政府及广大科普工作者的重视，各级政府通过政策倾斜、资金支持等形式不断加大对我国网络科普发展的支持力度，推进网络科普健康快速发展。

我国网络科普始于 20 世纪 90 年代中期，1995 年，《北京科技报》开通了网络版，迈出了网络科普发展的第一步[4]。十几年来，党和政府通过制定各种政策支持网络科普的发展，推进网络科普健康快速发展。一批深受公众喜爱的数字科技馆、科普网站陆续建成，其内容质量、交互性、专业化水平不断提高，构建了覆盖全国的科普网站群。在国内重大科技事件、科普活动的宣传报道中发挥着重要作用，向社会公众提供科普信息服务的能力明显提升。目前，依托网络进行科普宣传，已经成为我国科普工作的重要形式之一。截至 2012 年年底，我国有各类科普网站 2137 个[8]。其中涌现出如中国数字科技馆、中国科普博览、中国公众科技网、北京科

① 百度百科"《十万个为什么》"词条。

普之窗、新浪科技、互动百科、果壳网、化石网、苏州科普之窗等一大批优秀的大型综合科普网站。

10.3.2 中国数字科技馆简介

中国数字科技馆（www.cdstm.cn）是我国国家科技基础条件平台项目之一。2005 年 12 月，中国数字科技馆项目正式启动，由中国科协、教育部、中科院共同建设，旨在通过集成和分享国内外优质科普资源，开展以网络为主要平台的科技教育，提升公民科学素质，促进全社会参与科学传播。中国数字科技馆的定位是公众学习科学知识、讨论科学问题、发表科学见解的平台；科普工作者和科普机构获取科普资源、交流科普经验、了解科普市场的平台[9]。

中国数字科技馆是一个基于互联网传播的国家公益性科普服务平台，目前由中国科学技术馆负责日常运行与管理。中国科学技术馆努力把中国数字科技馆建设成科普资源共建共享的平台，通过数字化及网络手段，加强科普资源的开发、集散和服务，提高科普资源的利用率，使各类科普工作的效益更大化。中国数字科技馆的特色栏目包括科技博览、科技嘉年华、热点专题、媒体视点、手机应用、大型活动、电子宣传栏、网上资源征集系统、志愿者招募等，提供网络浏览交互、在线资源下载、离线科普服务、电子邮件推送、手机应用服务、科普能力输出等服务方式。

中国数字科技馆集成的数字化科普资源在互联网上提供全开放的公益性服务。对于访问互联网不太方便的地区，中国数字科技馆挑选精品资源，提供离线安装服务，服务基层，服务农村。通过多种渠道，扩大资源服务覆盖面。中国数字科技馆还为国家重大或突发事件提供动态专题资源服务。馆内集成了各类科普资源，在发生重大或突发事件时，可以发挥馆藏资源丰富的优势，迅速通过重组、推介等形式，向公众进行相关科普知识的宣传，发挥了中国数字科技馆在大型科普活动和应急科普中的独特作用。

截至 2013 年年底，中国数字科技馆网站页面数超过 5 亿页，资源总量达到 6.546TB，涵盖科学技术诸多领域，融会科学与人文，贯通历史与未来，全方位展示人类科学探索历程与伟大成就。注册用户近 59 万；2013 年日均 PV 超 180 万；各类资源累计下载 180 万次；中国数字科技馆在新浪、腾讯、搜狐的官方微博粉丝数超过 16 万。电子杂志订阅用户数达 46 万。手机报订阅近 2 万人①。2007 年 11 月，中国数字科技馆获得了“2007 世界信息峰会”（WSA2007）颁发的最佳电子科学（e-Science）奖。2010 年 11 月，中国数字科技馆在国际文化遗产视听与多媒体节上荣膺金奖。

10.4 基层科普设施建设实践

基层科普设施主要指在我国县（市、区）及乡镇（街道）和村（社区）等范围内进行科普展示、开展科普活动的科普场馆（所）和设施，大致包括街道、社区和乡镇的科普宣传栏（科普画廊）、科普信息站、科普活动站（活动中心或活动室）、科普惠农服务站、科普学校、科普场馆、科普园区等[3]。

10.4.1 我国基层科普设施发展概况

我国开展基层科普的传统由来已久。早在 20 世纪 30 年代，中华苏维埃共和国为了提高苏区军民的思想觉悟和文化知识水平，破除封建迷信，改变愚昧无知的落后现象，推广先进科学技术，发展地方经济生产，巩固新生红色政权和满足战争需要，大量利用板报、画报、宣讲、宣传单、宣传册等手段，在苏区军民中开展了声势浩大的科学技术普及运动。这一科普传统一直被保留下来，并对我国的社会发展（特别是农业和农村经济的发展）产生了积极作用。

2005 年，中国科协发布了《关于进一步加强农村科普工作的意见》，以科普活动站、科普宣传栏为建设重点，切实增强基层科普服务能力。截至 2012 年年底，城市社区科普（技）活动专用室 9.23 万个，覆盖率为 100%；农村科普（技）活动场地 53.06 万个，覆盖率为 90%[8]；全国共

① 内部交流资料。

有科普宣传栏（科普画廊）24.92万个，总长度超过220万延米，全国行政村平均覆盖率约33%；电子科普宣传栏（科普画廊）5000多个，播放时长超过200万个小时[4]。

一些地区还加快建设基层科普场馆。这些以提高公众科学素质为目的、常年对公众开放、开展科普教育活动的科普场馆，特别是街道（社区）级科普场馆在城乡范围内如雨后春笋般蓬勃发展，形成了城市精神文明建设的一道亮丽风景线。

10.4.2 苏州市社区科普场馆简介①

江苏省苏州市紧抓经济社会快速发展机遇，积极发挥政府主导作用，充分调动社会各界参与，推动科普场馆建设。全市基层科普场馆建设紧紧抓住创建全国卫生城市、全国健康城市和全国文明城市的三个重要时期，分别围绕卫生环境科普宣传，加强科普画廊和科普活动载体建设；围绕城市健康发展与人的健康发展，加强与市民健康养生息息相关的社区健康科普场馆建设；围绕文明城市创建有关科普工作要求，推进科普文明社区和科普场馆建设，为社区科普场馆建设打下了扎实基础。

苏州市100多家社区科普场馆分散在苏州城乡社区，具有小型、实用、灵活、多样、免费、紧贴社区居民需要、为市民喜闻乐见等特点，无论是在科普宣传周、全国科普日等重大科普活动期间，还是在平常科普教育中，都为丰富社区居民科技文化生活、提高他们的科学素质发挥了积极作用。社区科普场馆所展内容不尽相同，所具特色各有千秋，可分为综合性科普场馆和单一型科普场馆，且以单一型科普场馆为主，主要涵盖健康、防震减灾、机器人、消防、交通、禁毒、人防、气象、生态、农业、收藏、人文等主题。按参与主体划分，可分为社区居民自发型、政府部门主导型和企业事业单位参与型。

苏州社区科普场馆建设主要是通过借助政府部门的政策指导优势、借助科研单位的科普资源优势、借助社会资金和人才优势，分别获取项目、

---

① 内部交流资料。

资源、经费等方面的支持。借助政府部门的政策优势，获取项目支持，推进社区科普场馆建设。通过抓住社区重建机会，协调政府各部门，将科普设施建设作为社区建设的重要组成部分。借助科研单位的资源优势，获取科普资源，建成苏州极地科普馆。苏州紧紧抓住“国际极地年”宣传契机，得到中国极地研究中心的大力支持，由中国极地研究中心提供了价值100多万元的实物标本，采用社区出场地、中心出实物、科协出资金的方式建成。借助当地的科教资源优势，获取经费支持，建成独具特色的科普场馆。各市、区充分挖掘和利用社会科教资源，合作开发与建设具有展教功能的科普展馆。各街道（社区）科普场馆面向社会全面开放，并依托街道、社区科协组织进行日常管理和运行工作，社区居民进行监督，上级科协等部门给予业务指导和相应经费支持，形成街道、社区、居民和上级业务指导部门多方协力合作的工作机制。

在基层科普场馆建设中，苏州注重以满足市民科普需求为导向，充分发挥各有关部门的资源优势，参与社区的健康卫生科普场馆建设，如气象部门参与气象、防雷科普馆的建设；科协参与青少年工作室的建设，全市各部门提供科普资源积极参与，形成各具特色、内容丰富、形式新颖、互动相长的科普资源库。各街道、各社区，科普工作者和社会各方力量积极参与科普事业建设的积极性也得到挖掘，正是有了方方面面的支持，才进一步丰富了科普资源，突出了区域特色，创新了科普活动形式，加快了社区科普场馆的建设力度。

10.4.3 郑州市社区科普大学简介①

随着经济的高速发展，人民文化生活的相对匮乏越来越突显。河南省郑州市科协决定从当地实际出发，根据广大居民群众的实际需要，建立规范化、经常化、群众化的社区科普阵地——社区科普大学。社区科普大学建在老百姓家门口，社区居民无进校门槛限制，老师由科普志愿者担任，教材紧贴公众需求，由郑州市科协免费发放，学员们不仅在社区科普大学

① 内部交流资料。

课堂上学习，而且还能在分校参加丰富多彩的第二课堂活动。

社区科普大学的建设得到了广大市民的热烈欢迎和积极响应，郑州市还把社区科普大学作为创建全国文明城市的一项重要内容来抓，极大地推动了社区科普大学建设。截至2010年年底，郑州市已开设社区科普大学分校100余所，近万余名市民走进社区科普大学，学习身边的科学知识，1万多名学员顺利完成学业，取得了社区科普大学结业证书。

在办学过程中，郑州市每年投入上百万元科普工作经费，推进社区科普大学建设。自建校之初，郑州市科协就确定了规范办学、有序发展的原则，每一所学校都统一规划、统一布置，统一管理，打造一张看得见、叫得响的社区科普品牌。社区科普大学作为一种新型的社区文化载体，已成为活跃社区文化生活、普及科学知识的有效途径，成为提高广大市民科学文化素质的重要阵地，带动和促进了社区其他各项工作的开展。

郑州市社区科普大学只建立一个市级总校，设在市科协，所有的分校都是总校下面的市级分校。在办学过程中，郑州市始终坚持“四个统一”：统一命名、统一教材、统一招聘教师、统一安排教学计划，保证了社区科普大学的教学质量。郑州社区科普大学采用课堂教学与第二课堂活动两种教学方式来丰富教学内容。课堂教学中，在系统讲授课程的基础上，穿插科普讲座，使教学内容尽可能满足社区居民多样化的需求；利用第二课堂，组织学员开展科技游览、才艺展示、文体表演等活动，丰富学员的精神生活，增强了社区科普大学的凝聚力，扩大了社区科普大学的影响。

社区科普大学建设之初，郑州市就着手建立了三支队伍：第一支队伍是具有高度责任心的各级专职管理员队伍。市科协不仅出资为总校聘请2名专职管理员，还为各个区聘请1名专职管理员，使社区科普大学办学做到了专人管理、规范有序；第二支队伍是由具有强烈奉献精神的科普志愿者组成的教师队伍，他们热心科普事业，有丰富的教学经验和专业知识，治学态度严谨，教学方法灵活，保证了教学效果；第三支队伍是由热心肠学员组成的班委队伍，他们实现了学员自我管理，减少了社区工作量。这三支队伍的建立，保证了社区科普大学的健康发展。

郑州市社区科普大学虽然是统一办学，但实行的是四级管理，由市科协、区科协、街道办事处、社区进行四级管理，各负其责，共同办学。市科协负责制定全年教学计划、检查督导、表彰奖励、组织经验交流和宣传报道等，区科协负责选择办学点建设新分校以及区所辖分校的日常教学管理，组织安排第二课堂活动等；街道办事处负责推荐办学点、对分校进行行政管理并给予支持；社区具体实施分校管理、招收学员、组织上课。

郑州市科协先后制定了社区科普大学办学章程、准入制度、督导复验制度、表彰奖励制度、经验交流制度等。办学章程中明确了办学性质、办学目标、办学理念、办学形式等内容；根据分校准入制度，郑州市严把入门关，对符合办学条件并有办学意愿的社区实行半年试运行，经过验收合格予以命名，确保新建社区科普大学分校可持续发展；根据督导复验制度，总校对分校办学情况进行不定期抽查，每月公布对各个分校的抽验结果，每学期对各分校严格按 9 条标准进行复查验收，评定出一类、二类、三类分校，对不达标的分校果断撤销，对分校实行动态管理，确保了总体办学质量。对办学成绩突出的分校，郑州市以社区科普大学专项资金进行奖励，营造了人人争创一流的良好氛围。截至 2010 年年底，全市 80% 的分校都达到一类分校标准。郑州市科协每年举办优秀分校、优秀教师、优秀管理员、优秀学员等不同层次的经验交流会，及时推广办学和教学经验，保证了社区科普大学的健康发展。

10.5 流动科普设施建设实践

流动科普设施主要指专用于科普宣传与教育活动开展的交通工具，将固定的科普设施流动化，发挥着流动科技馆的功能，主要包括科普大篷车、科普放映车、科普宣传车等[3]。

10.5.1 我国流动科普设施发展概况

我国流动式科普也可以追溯到 20 世纪 30 年代。首先是利用牛、马等牲畜驮送科普资料（画报、宣传单等）到偏远地区，随着经济的发展，一些地区改用自行车运送资料和简要设备，如放映机。这样的状况持续了半个世纪之久。20 世纪 90 年代，一些地方才开始有能力将汽车用于流动式科普宣传。

2000 年，中国科协开始为基层科协配发科普大篷车。截至 2012 年年底，中国科协配发给地方科协用于科普活动的科普大篷车已达 607 辆，2012 年全年下乡行驶里程近 400 万千米[10]。各省、地、县三级科协研制配发的科普放映车、科普宣传车等形式的流动科普设施 240 多辆，其他部门（如消防、卫生、农业、教育等）研制配发的科普宣传车 900 多辆，合计我国共有流动科普设施 1500 多辆[4]。

10.5.2 中国科协科普大篷车简介

2000 年，针对我国科普基础设施基础薄弱、公众获取科技知识和信息的渠道单一等问题，中国科协根据基层科普工作实际需求，借鉴国外科技传播经验，启动了以“流动科技馆”为主旨的科普大篷车研发工作。当年即组织车辆改装厂家和展品生产厂家开展调研，并针对各地科普活动的实际需求进行产品设计。2000 年年底，两辆采用二类厢式运输车底盘改装的Ⅰ型科普大篷车研制成功，当年分别配发至云南、合肥试运行。中国科协先后研发成功 4 种型号的科普大篷车、200 多种车载展品，共向全国 31 个省、（市、自治区）和新疆生产建设兵团配发了 607 辆科普大篷车。

2001 年，根据地方需求，开发出了Ⅱ型科普大篷车，并配发西藏自治区。自 2004 年开始，科普大篷车项目管理逐步规范。自 2004 年起，科普大篷车及车载展品购置工作采用公开招标的方式，由中央政府采购中心代为组织招投标确定生产厂家。2005 年，为加强项目管理，在广泛调研的基础上出台了《科普大篷车管理暂行办法》。2006 年，全国科普大篷车配发数量超过 100 辆。从 2007 年开始，科普大篷车进入了全新的发展阶段。车型研发进一步提速，车型序列进一步完善；中央财政投入力度不断加大，车辆配发布局更加合理；车载资源开发不断取得突破，主题性、互动性展品大量投入应用。

2007 年，围绕科普工作主题，启动主题式科普大篷车（即Ⅲ型科普大篷车）研发工作。2008 年，分别以“节约能源资源”和“保护生态环境”为主题的两辆Ⅲ型科普大篷车研制成功，并在全国科普日北京主场活动中首度向公众亮相。2010 年，以“保障安全健康”为主题的第三辆Ⅲ型科普大篷车研制成功。

2009 年，针对农村基层科普工作的实际需求，专门研发了农技服务大篷车（即Ⅳ型科普大篷车），并配发各地县级科协试运行。随车配备土壤养分速测工具箱、畜禽养殖服务工具箱、水产养殖服务工具箱、植保工具箱、种子活性测定工具箱、多媒体放映系统以及展板资料等科普资源。Ⅳ型科普大篷车小巧灵活，可搭载农技专家，直接开进田间地头，为农业生产一线的农民提供科学种植、养殖技术、土壤水质化验、粮种化肥测试等便民服务。2010 年，Ⅳ型科普大篷车正式纳入配发序列，年度配发数量首次突破百辆。

各地也十分重视大篷车队伍建设和经费投入，纷纷成立专门机构负责大篷车项目的管理和日常运行，建立了省、市、县三级管理网络。西部地区地市级单位拥有大篷车的比例已经达到 75.76%，其中，内蒙古、宁夏、西藏等（省、自治区）已经实现地市单位的 100% 覆盖。十多年来，中国科协配发的科普大篷车累计行程达 1200 多万千米，开展活动 6 万余次，受益人数 7800 多万人。调查显示，96% 的公众认为科普大篷车活动形式新颖，内容丰富，愿意参与科普大篷车开展的活动。科普大篷车已经成为各级科协组织开展科普活动的好帮手、好伙计，被人民群众亲切地誉为“流动科技馆”、“科普轻骑兵”。

中国科协的科普大篷车还带动地方省市积极筹措经费，结合自身情况，自行开发研制并配备科普流动设施。2009 年，山东省科协、省财政厅联合实施了“流动科普平台建设工程”，投入 680 余万元，为全省 17 市免费配发了科普车，并装配车载科普展品、设备，取得了明显成效。天津市积极争取市政府专项经费支持，在 2010 年实现了Ⅳ型科普大篷车在涉农区县的全覆盖。在科普大篷车的示范引领下，山西、河北、宁夏、内蒙古、吉林、湖北等（省、自治区）相继开发了具有本地特色的“农科 110”等流动科普设施。

10.5.3 中国流动科技馆简介

当越来越多优质教育科普资源向大中城市和经济发达地区集中时，小城市偏远地区公众的科普需求如何满足？为满足基层公众的科普需求，实现科普教育的普惠，加快科学知识及科学观念在边远地区、贫困地区及革命老区的传播速度及覆盖面，促进当地公众科学素质的提高，2010 年，中国科协启动了以“体验科学”为主题的中国流动科技馆项目的开发工作。

中国流动科技馆巡展服务的主要对象为尚未建设科技馆的偏远县，巡展及活动主要安排在县城，每县设一站，每站巡展时间为 2—3 个月，每套展品每年巡展 4 站。中国流动科技馆巡展以广覆盖、系列化、可持续为基本目标，采取“以奖代补、以奖促建”的方式，拟在 4 年内实现对全国尚未建设科技馆的偏远县的公众，特别是中小学生流动科技馆巡展服务的基本覆盖。

中国流动科技馆“体验科学”专题展览适合在 300—800 平方米的多种场地条件下进行，设置了声光体验、电磁探秘、运动旋律、生命奥秘和数学魅力 5 个主题展区。“体验科学”项目充分借鉴了山东省此前开展“流动科技馆县县通工程”的经验，展品均为互动式，便于操作，易于组装、布展和维护。每套展览包含大约 40 件小型化经典互动展品，结合科学表演、科普活动，为公众提供了参与科学实践的活动场所。通过观众与展品、科学实验的互动，达到激发科学兴趣、启迪科学观念、传播科学精神、思想和方法的目的。

2011 年，中国科协开展了中国流动科技馆巡回展出试点工作，把科技馆送到科普资源匮乏的老、少、边、穷地区。截至 2012 年 7 月，中国流动科技馆已到达 45 个市县，共接待公众 190 万人次，受到了当地公众的热烈欢迎，引起了社会各界的强烈反响[①]。

2013 年，中国流动科技馆开始在全国范围内巡展。巡展工作遵循“分类实施、分工负责，公开申报、择优支持，以奖促建、持续发展”的原

---

① 内部交流资料。

则，针对中西部地区和东部地区采取不同的实施方式，优先安排在老少边穷地区巡展。对中西部地区，采用“展品统一配发、巡展自行组织、评估表彰奖励”的方式。中国科协根据各省（市、自治区）、新疆生产建设兵团科协的申请，择优配发巡展展品。巡展展品产权属中国科协，计划展览使用寿命为 4—5 年。每站巡展结束后留下数字科技馆资源及科普图书，继续为当地公众服务。对东部地区，采用“展品自行研制、巡展自行组织、评估表彰奖励”的方式。东部地区各省（市）科协参照中国流动科技馆巡展的运行方式，认真做好当地流动科技馆巡展 4 年计划，自行组织展品研制、实施巡展，中国科协依据上年巡展研制和组织工作绩效评估情况对各地实施奖励。

中国科协负责中国流动科技馆巡展项目的宏观管理和规划，积极争取财政、教育等部门的支持，制定发布中国流动科技馆巡展项目实施方案；负责研制配发巡展展品，总结评估全国巡展工作。各省（市、自治区）科协和新疆生产建设兵团科协是中国流动科技馆巡展项目在当地的组织实施单位，负责指导、监督、管理本地的巡展工作，制定流动科技馆巡展规划和计划，积极争取当地财政、教育等部门共同组织实施巡展工作。中国科技馆是承担中国流动科技馆巡展项目具体技术依托、组织实施的单位，负责组织巡展展品研制、组织实施和运行服务等工作。各省（市、自治区）和新疆生产建设兵团科协要相应发挥辖区内省级科技馆和核心科技馆在巡展实施中的作用。

中国流动科技馆项目进一步加强科普展教资源共享服务平台的建设和管理，探索央属科普资源在地方巡回展出，将中国科技馆展教资源走出本馆服务全国，延伸我国科技馆展教服务范围，提高科普资源服务水平的新途径，共同为丰富基层科普场馆展教内容、提高科普宣传活动成效做贡献。

10.6 科普教育基地建设实践

10.6.1 我国科普教育基地的特点

在我国，科普教育基地是一类特殊的科普基础设施。科普工作出色的科普基础设施才能被评为科普教育基地，科普教育基地对整个科普基础设施的建设起到示范引领作用。但是，科普教育基地的评选又不仅仅局限于专门的科普基础设施，大量的社会机构及其设施由于科普工作出色，也被评为科普教育基地。科普教育基地主要承担科学技术知识传播的媒介和载体的角色，面向公众开展科普教育活动。

总的来说，我国科普教育基地建设是充分利用社会资源开展科普工作，对专门的科普设施建设和发展起着重要的辅助和支撑作用，其来源主要是依托教学、科研、生产和服务等机构，具有特定科学技术教育、传播与普及功能，由相关机构命名，面向社会和公众开放的场馆、设施或场地所。主要包括文化馆、青少年宫等文化、教育类场馆；动 / 植物园、海洋公园、森林公园、自然保护区等具有科普展教功能的自然、历史、旅游等社会公共场所；科研机构和大学面向公众开放的实验室、陈列室或科研中心、天文台、气象台、野外观测站等；企业、农村等面向公众开放的生产设施（或流程）、科技园区、展览馆等；其他向公众开放的具备科普展教功能的机构、场所或设施等[11]。

10.6.2　我国科普教育基地发展概况

我国科普教育基地的建设，充分发挥了各行业部门和地方优势，根据自身特点和资源，把农业、林业、国土资源、医疗卫生、计划生育、生态环境保护、安全生产、气象、地震、体育、文物、旅游、妇女儿童、民族、国防教育等工作与科普工作有机结合，按照开展科学技术教育、传播与普及的需要，建设不同功能的行业科普基地。除部分科技类博物馆被命名为科普教育基地外，科普教育基地主要分布在高校、研究所和高新企业。

我国科普教育基地建设采取国家部委机构命名制。截至 2012 年年底，中国科协命名的全国科普教育基地达到 1048 个（其中科技馆 53 个），省级科协命名的科普教育基地（不包括科技馆）2383 个[10]。科技部、中宣部、教育部、中国科协四部委联合命名的全国青少年科技教育基地 200 个，其他部委命名的行业科普教育基地（如林业、消防、气象、环保、防震减灾、国土资源、野生动物保护等）近 1000 个[①]。

各命名机构对科普教育基地实施严格管理。2009 年，中国科协出台了《全国科普教育基地认定办法（试行）》，其他命名单位也出台了各自的管理办法。通过定期或不定期的检查、评估，取消一些不合格的科普教育基地。通过 2009 年的综合评估，中国科协取消了 19 个经综合评估后认定为不合格的全国科普教育基地的资格。2009 年，中国林学会对 2005 年命名的首批全国 44 个全国林业科普基地进行了检查验收，取消了 13 个全国林业科普基地[12]。

10.7　我国科普基础设施建设的发展趋势

总的来说，我国科普基础设施未来的发展将会更加注重以下方向。

第一，积极构建一个均衡发展的科普公共服务体系。当前，我国政府积极推进基本公共服务均等化发展，并已取得了一定的成绩，均等化水平得到提高。科普作为基本公共服务之一，其当前发展中存在的区域和内容建设不均衡的问题已经比较突出，积极构建一个均衡发展的科普公共服务体系是符合我国政府意志和科普实践的发展需求的。中国科协已经在积极推进科普公共服务体系均等化建设，中国现代科技馆体系构建就是其一。此外，还有重点面向中西部地区的科普大篷车、流动科技馆的配发，科普资源的配送，等等。

第二，充分利用新兴信息技术，构建覆盖全民的数字科普网络。利用虚拟现实、增强现实等信息技术，增强数字科普供给的多样性、趣味性、互动性、情境参与性，强化数字化科普服务能力和效果。

第三，推进实行现代管理制度，促进科普服务质量提升。我国的社会管理正处在转型期。某些时候，计划经济的思维和管理体制深深影响甚至是严重制约了科普基础设施的健康良性发展。积极推进和实行现代管理制度，构建与市场经济相适应的科普管理体制是保证我国科普实践健康发展

① 综合相关资料统计得出。

的关键。我国政府已经认识到了这个问题，也正在积极寻求解决之道，如在科技馆推行业界成熟的理事会制度和馆长负责制。

第四，提升科普基础设施应急科普能力，积极促进社会和谐发展。科普基础设施作为我国开展科普工作的阵地，需要积极应对社会热点焦点和突发事件，及时发出科普的声音，增强社会热点焦点和突发事件的科学治理能力和水平，同时加强科普内容针对性供给和专题化发展。

第五，发挥市场的资源配置能力，促进科普基础设施服务能力建设和科普产业的快速发展。我国科普事业是从计划经济时代发展起来的，其发展过程带有深深的计划经济烙印。在整个经济环境已经是市场经济的大环境下，科普还是计划经济的工作模式是不利于也不符合科普的发展需要的。同时，参与科普产品供给的企业是市场经济实体。我国政府正在积极谋划利用市场的资源配置能力，打造健康的国民经济体系。科普也应积极适应和加入这一行列，充分利用市场的力量做好资源配置，同时，政府要做好顶层引导，如财税政策优惠，加大科普公益性财政支出。

参考文献

[1]任福君，李朝晖. 中国科普基础设施发展报告（2010）[M]. 北京：社会科学文献出版社，2010.

[2]发展改革委，科技部，财政部，中国科协.科普基础设施发展规划（2008—2010—2015年）.

[3]任福君，李朝晖. 中国科普基础设施发展报告（2009）[M]. 北京：社会科学文献出版社，2010.

[4]任福君，李朝晖. 中国科普基础设施发展报告（2011）[M]. 北京：社会科学文献出版社，2012.

[5]中国科技馆之历史沿革[EB/OL]. http：//www.cstm.org.cn/eapdomain/home/about.jsp.

[6]北京自然博物馆基本情况[EB/OL]. http：//www.bmnh.org.cn/Html/List/list2.html.

[7]东莞市科学技术博物馆简介[EB/OL]. http：//www.dgstm.gov.cn/changguanwenhua/kejiguanjieshao/13.shtml.

[8]2012年度全国科普统计数据发布[EB/OL]. http：//news.sciencenet.cn/htmlnews/2013/ 12/ 286805.shtm.

[9]中国数字科技馆介绍[EB/OL]. http：//www.cdstm.cn/show.php?action=about.

[10]任福君，李朝晖. 中国科普基础设施发展报告（2012-2013）[M]. 社会科学文献出版社. 2013.

[11]中国科协2012年度事业发展统计公报.

[12]任福君，翟杰全. 科技传播与普及概论[M]. 北京：中国科学技术出版社，2012.

[13]中国林学会关于首批“全国林业科普基地”审验结果的通报[EB/OL]. http：//www.csf.org.cn/html/xinwenzixun/tongzhigonggao/20090728/3076.html.

第 11 章 科普人才队伍建设实践

11.1 引　言

科普人才是科技传播与普及人才的简称，是我国人才队伍的重要组成部分。科普人才是指具备一定科学素质和科普专业技能、从事科普实践并进行创造性劳动、做出积极贡献的劳动者[1]。这一界定体现了品德、知识、能力和业绩有机统一的具有包容发展理念的科普人才观。

新中国成立以来，科普人才队伍建设虽然也受到了重视，也有较大规模的发展，但是总体上来说，目前的科普人才队伍无论是数量上还是质量上，都无法满足科普事业发展的实际需求。

本章主要从科普人才的分类、我国科普人才队伍发展的历程、我国科普人才队伍的现状与问题、我国科普人才队伍建设展望几个部分，对我国科普人才队伍建设实践情况进行简要介绍，并针对基层科普人才和高层次科普人才的培养实践，分别列举了案例。

11.2 科普人才的分类

目前，公民科学素质建设正在全方位、多层次、宽领域地展开和深化，科技传播与普及的发展也越来越专业化、专门化和职业化。在建设创新型国家与和谐社会的过程中，一些新兴科技领域和文化领域对专门科普人才的需求也越来越强烈，这就要求在科普人才分类中要有包容发展的理念。从我国的实际情况来看，科普人才可以从不同的维度加以分类[2]。

11.2.1 专职科普人才和兼职科普人才

根据科普人才的职业化程度可以将科普人才分为专职科普人才和兼职科普人才。

专职科普人才是指每年从事科普工作时间占其全部工作时间 60% 及以上的人员，包括各级国家机关和社会团体的科普管理工作者，科研院所和大中专院校中从事专业科普研究和创作的人员，专职科普作家，中小学专职科技辅导员，各类科普场馆的相关工作人员，科普类图书、期刊、报纸科技（普）专栏版的编辑，电台、电视台科普频道、栏目的编导和科普网站信息加工人员等。

兼职科普人才是指在非职业范围内从事科普工作，工作时间不能满足专职科普人才的要求，仅在某些科普活动中从事宣传、辅导、演讲等科普工作的人才，主要包括进行科普（技）讲座等科普活动的科技人员、中小学兼职科技辅导员、参与科普活动的志愿者和科技馆（站）以及科普教育基地的志愿者等，是专职科普人才队伍的重要补充。

划分专兼职科普人才的依据在于科普人才从事科普的职业化程度。在我国科普人才队伍建设过程中，这一划分的意义重大：一是有利于科普人才执业制度建设，有利于建立规范、有序的科普人才执业制度和管理机制；二是通过相应的职业激励，有利于广泛动员和调动更多的科技工作者积极投身科普；三是有利于形成科普事业发展的社会合力，建立包容广泛的科普人才吸纳和利用机制。

11.2.2 基层科普人才和中高层科普人才

根据科普工作的组织层级（如中央部门、省级、地市级、县级）可以将科普人才分为基层科普人才和中高层科普人才。

基层（县级及以下）科普人才是指在基层科协组织或基层组织的科普人才，根据其科普服务的主要对象和内容可将基层科普人才分为农村科普人才、城镇社区科普人才、企业科普人才、青少年科普人才和科普志愿者。在我国农村基层和边远地区，工作与生活条件往往较为艰苦，这是我国科普工作和公民科学素质建设的薄弱环节，而且基层科协组织和部门在人才吸引与人才保留方面相对不具优势。为此，“十二五”期间公民科学素质建设中，国家着力强调加强基层科普人才队伍的建设。《中国科协科普人才规划纲要》提出了面向基层发展科普人才的原则，指出要适应社会主义新农村建设、企业自主创新、和谐社区创建工作和广大青少年全面发展的需要，培养大批面向城乡基层的实用型科普人才。

根据科普工作的组织层级划分科普人才类型，有利于明确科普人才工作或直接服务的组织层级，有利于彰显科普人才服务对象的基层化和服务层级的基础化，更有利于贯彻实施国家引导人才向农村基层和艰苦边远地区流动的政策，推动科普人才的布局和科普人才流动的合理化和良性化。

11.2.3 高端科普人才和中低端科普人才

根据科普人才科学素质和科普专业技能的高低及其对社会贡献的大小，可以将科普人才分为高端科普人才和中低端科普人才。

高端科普人才是指科学素质和科普专业技能高，对科普事业有突出贡献的职业化、专业化的高级科普人才。高端科普人才和专门科普人才是不可分割的。高端科普人才是一个综合性的概念，是指具有包容多种门类差别的科普专门人才。如果只有某一专门领域的科普高端人才，高端科普人才队伍建设是不会搞好的，相应的科普事业和全民科学素质建设也难以获得高端科普人才发展的支撑。因而，高端科普人才的发展应当是综合性的，统筹兼顾的，更应当是引领性的。

科普人才的这种分类有利于塑造科普人才发展引领机制，形成高端科普人才造就和培养的带动与辐射效应。高端科普人才对科普事业的贡献在于其突出的引领、带动效应，在于其在科普人才的培养、吸引、使用等过程中的引擎力量，高端科普人才的造就和培养可以带动整个科普人才队伍建设的跨越式发展。然而，由于我国高端科普人才奇缺，公民科学素质建设的各主要领域都希望能够尽快培养和造就相应领域的高端科普人才。为此,《中国科协科普人才规划纲要》提出，要建立健全高水平科普人才的培养和使用机制，形成高端科普人才的全社会、跨行业联合培养与共享机制。

11.2.4　各类科普专门人才

根据科普人才所具有的专业知识和专门技能的属性不同，可以将科普人才分为各类科普专门人才。

科普专门人才是指在一个科普专业领域或专门领域受过基础教育和基本技能训练的科普人才。各类科普专门人才包括：科普场馆人才、科普创作与设计人才、科普研究与开发人才、科普传媒人才、科普产业经营管理人才和科普活动的策划与组织人才等。科普专门人才是国家科普事业和公民科学素质建设，尤其是创新型国家建设的重要基础力量。

科普人才的这种分类，有利于明晰各科普专门人才的适用范围，明确各科普专门人才的功能定位与分工，进而促进各科普专门人才真正脱颖而出，也为高端科普人才和科普专门人才培养体系的建设指明了相应的路径和方向。

11.2.5　科普显人才与科普潜人才

随着科普工作逐步走上法制化、规范化轨道，科普人才的发展也日益正规化，科普人才统计被纳入政府的正常工作范围。自 2006 年以来，科技部在《中国科普统计》中对科普人才的数量及其所从事的活动进行全国性的系统调查和统计。这些调查统计主要以参与活动的科普显人才为统计对象，他们的科普活动得到了公众的认可。但是，在科普实践中还有大量潜在的科普人才参与，他们的才能有所显露而又未充分显露，还不能够引起更多人的重视。众所周知，科普工作是一项复杂的社会系统工程，随着社会经济的快速发展，现代社会对科普人才的需求比以往任何时候都迫切，因此，开发科普潜人才资源，壮大科普显性人才队伍，是当前提升我国公众科学素质的重要战略任务之一。

科普显人才的内涵是随着科普工作的开展和国家对科普工作认识的不断深化而动态发展的。目前，科普已发展成为一项具有专业性、系统性和科学性的工作。从科普显人才的职业性质看，科普显人才又分为专职科普人才、兼职科普人才与注册科普志愿者。注册科普志愿者是指按照一定程序在科协、共青团等组织以及科普志愿者注册机构注册登记，自愿参加科普服务活动的人才。具有基本科学素质的我国公民都可以通过注册成为科普志愿者。

科普潜人才的典型代表群体是科协系统中全国学会的会员。他们当中大部分人的科普创造性成果尚处于孕育阶段，也有部分具有一定的科普实践经验，并取得了一定的创造性成果，但还没有被社会所承认。根据地域分布和单位性质可以将这些科普潜人才分为农村科普潜人才、城镇社区科普潜人才、企业科普潜人才、学校科普潜人才等[3]。

11.2.5.1　农村科普潜人才

近年来，我国政府在实施《科学素质纲要》的过程中，充分利用“科普惠农”等项目动员和激励农村科技人才、产业技术人才发挥科普作用。地方政府利用农业技术推广机构、农村合作经济组织、农村专业技术协会、农函大等，采取培训、示范和实践相结合的方式，开展面向农村科普潜人才的培训工作，取得了很好的效果。截至 2012 年年底，全国共有乡镇科协 31227 个，个人会员 211 万人；农技协 113068 个，其中在民政部门注册的 29669 个，个人会员达到 1468 万人[4]。

11.2.5.2　城镇社区科普潜人才

城镇社区科普潜人才是在社区内负责组织科学教育、传播、普及活动的推动者。城镇社区科普潜人才在联系社区驻区单位、科普志愿者、利用社区资源开展社区科普活动等方面发挥了重要的作用。截至 2012 年年底，我国共有街道科协（社区科协）8235 个，个人会员 57 万人，其中很多人就是城镇社区科普潜人才。

11.2.5.3　企业科普潜人才

企业科普潜人才是在企业内部专、兼职从事企业科学技术传播的人才。目前，我国有 60% 的科技工作者集中在企业，企业成为科学技术研发、科研成果传播的重要基地。对内可以促进企业的技术提升，对外有利于社会了解企业的技术进展，有利于公众理解科学。截至 2012 年年底，我国已有企业科协 20968 个，其中高新技术开发区科协 603 个，技术经济开发区科协 766 个，个人会员达到 345 万人[5]。

11.2.5.4　学校科普潜人才

学校科普潜人才包括高校科协及其辅助人员和面向中小学的青少年科技辅导员。一些科技专家、大学生志愿者、老科技工作者也都是兼职青少年科技辅导员队伍中的重要组成部分。我国现已有 30 个省（市、自治区）的青少年科技辅导员协会（科技教育协会、科普促进会）为团体会员理事单位，共有团体会员单位 401 个，会员 2 万余人。

我国在《中国科协科普人才发展规划纲要（2010—2020 年）》(以下简称《科普人才规划纲要》）中对面向基层的科普显人才提出了明确的要求。到 2020 年，农村科普显人才要达到 170 万人，城镇社区科普显人才要达到 50 万人，企业科普显人才要达到 80 万人，学校科普显人才则要达到 70 万人。而这些显性科普人才数量的增加就来自于我国现有的科普潜人才的开发，实现科普人才由潜到显的转变。

可见，科普人才的分类依据有职业化程度、科普工作的组织层级、科普人才的科学素质和科普专业技能的高低及其对社会的贡献的大小、科普人才所具有的专业知识和专门技能的属性等因素，这种多维度的科普人才分类依据体现了科普人才队伍建设的包容发展理念和取向。为了充分发挥和有效调动各类科普人才的积极性和创造性，要积极探索和创新适合时代社会发展的科普人才分类方法，建设涵盖全面、广泛适用、切实可行的科普人才分类原则及分类依据，促进各类科普人才脱颖而出，统筹协调发展。

11.3　我国科普人才队伍发展的历程

我国科普人才发展与科普事业发展同步并呈现出明显的阶段性特征，其发展轨迹受到国家的政治、经济和社会环境的影响。总的来看，改革开放以前，主要受到政治环境的左右；改革开放以后，基本呈现出稳步发展态势，但也受到政策、法律环境的影响[6]。可以说，我国的科普政策体系建设实践就是科普人才队伍建设实践的晴雨表。

11.3.1 改革开放前科普人才队伍建设实践

这一时期的科普人才队伍建设可以分成三个阶段。

11.3.1.1 中国科协成立前（1949—1957 年）的科普人才队伍建设实践

中华人民共和国成立以后，科普工作进入一个崭新的历史时期，伴随着科普政策不断出台与实施，全国科普工作也以建制化的形式轰轰烈烈地开展起来。1949 年 11 月，文化部专设科学普及局负责全国的科学普及工作。1950 年，中华全国科学技术普及协会（简称全国科普）成立。自此，中华全国自然科学专门学会联合会（简称全国科联）和全国科普便成为推动我国科普事业发展的具体组织者，我国的科普组织机构和科普人才队伍也主要集中在这两个科技团体系统之中。1950 年，成立了一些全国性科普组织，并逐步开始发展地方性的科普组织机构，到 1955 年，大多数的省、地、市都建立了科普组织，发展了会员，到 1957 年年底，以学会为主的科普机构达到了 835 个，会员达到 9.25 万人[7]。同时，也推动了科普人才队伍的发展。

这一阶段，科普的主要工作是在全国科联和全国科普等协会的领导下普及自然科学知识和实用技术。科普人才通过讲演、发放宣传资料等方法宣传普及自然科学知识和实用技术。

11.3.1.2 中国科协成立到“文化大革命”前（1958—1965 年）的科普人才队伍建设实践

第一个五年计划完成后，为克服科技水平落后的制约，我国政府动员公众“向科学进军”，要求加强科普工作。1958 年，科普机构主要以会员工作组的形式存在，我国大陆除西藏自治区以外，各省（市、自治区）成立了一级科普协会组织 27 个，一般县、市建立协会组织近 2000 个，许多地区在厂矿和农村建立了协会的基层组织。据 11 个省、市统计，1958 年 6 月底，建立基层科普组织 4.6 万多个，会员、宣传员 102.7 万余人，形成了一支大规模的科普队伍[8]。

1958 年，在全国科联和全国科普基础上成立中国科协后，学会组织也得到了加强，会员和科普人才队伍快速发展。到 1963 年，全国性学会达到 46 个，并建立了 150 多个专业委员会和 708 个省级学会，会员达到 15.5 万人。农村的科技宣传和推广工作也得到了快速发展，特别是农村的科学实验运动发展很快。据不完全统计，1964 年，全国农村科学实验小组有 40 多万个，1965 年增加到 100 多万个，参加人数约有 700 万人[7]。这一时期，农村大量的科普机构主要是群众性的科学实验小组，我国的科普人才队伍得到了蓬勃发展。

11.3.1.3 “文化大革命”时期（1966—1976 年）的科普人才队伍建设实践

“文化大革命”期间，科普事业发展的大好形势受到了破坏。从事科普工作的一些组织机构被撤销，特别是 1969 年，中国科协及所属学会的专职人员均被下放到“五七干校”进行劳动改造，大多数科学家和科普工作者不得不放弃自己的工作。我国的科普事业和科普人才队伍建设基本陷入停顿状态。

11.3.2 改革开放后科普人才队伍建设实践

这一时期的科普人才队伍建设可以分成两个阶段。

11.3.2.1 恢复和发展时期（1978—2000 年）的科普人才队伍建设实践

从 1978 年起，作为科普工作主要社会力量的中国科协和各级地方科协全面恢复工作，我国的科普事业得到了快速恢复和发展。

在城市，省以上学会成立了科普工作委员会和各种专业科普团体，如科普作家协会、科普影视学会、科技报研究会等，积极推动有关科普工作的开展和科普人才的成长。不少城市恢复或创办了科普报刊，建立了科教电影管理站或放映队，建设了科技馆或科普活动中心；加强了与广播电台、电视台、报纸、工人文化馆、少年宫等的合作，办起了科普广播节目、科普电视讲座、科学副刊或定期放映科教电影等；许多城市还在街头或公共场所恢复或新建了科普画廊、橱窗、专栏。这些科普活动既促进了科普工作的开展，也历练了一批科普工作者，使科普人才队伍得到了加强。

在农村，到 1983 年，全国 70% 多的县级单位的科协已经得到恢复，半数以上的乡镇建立了科普协会。在这个阶段，超过 1 万个农业研究小组分别设立在农村地区，汇集了数以百万计的技术人才，他们向农民提供技术培训和咨询服务，在宣传科学技术方面做了出色的工作。

20 世纪末，受市场经济大潮的冲击，一些媒体为了追求收视率、发行量、收听率等，忽视了其传播科技的社会责任。随着全国农村土地承包制的全面实行，原来依托农村行政组织的“四级技术推广网络”开始弱化，出现线断、网破、人散的状态，公益性的科普工作也随之处于萎缩状态，致使科普人才无用武之地，科普人才的发展遭受了挫折。

国际方面，始于 20 世纪 80 年代下半期的公民科学素质建设浪潮在 90 年代中期已经波及世界主要发达国家。改革开放的我国不得不正视这一挑战和机遇，各主要政府机构、人民团体和学术机构开始加紧学习国际科学素质建设的方式，结合本部门实际，举办各具特色的活动。表 11–1 是各部门为提高公民科学素质主办的重点活动情况。

表 11–1　各部门提高公民科学素质的重点活动

主办机构	活动名称	面向群体	起止时间
中国科协与地方科协	科技周活动	城乡居民	1980 年末至今
全国妇联	学文化学技术、比成绩比贡献	妇女	1989 年至今
中国科协	我国公民科学素质调查	全体公民	1992 年至今
共青团中央	跨世纪青年人才工程	青少年	1995 年至今
中宣部、中国科协	三下乡中的科技下乡	农民	1996 年至今
中国科学院	中国科学院老科学家科普演讲团	青少年	1997 年至今
劳动部	劳动预备制度	求职人才	1999 年至今
科技部	我国青少年科学技术普及活动	青少年	2001 年至今
教育部	基础教育课程改革	中小学生	2001 年至今
农业部	全国新型农民科技培训规划	农民	2003 年至今
全国总工会	创建学习型组织争做知识型职工	工人	2004 年至今

这一时期无论是在制度、理论还是在实际操作层面，提高公民科学素质的举措都有很大进步，过去单一强调以生产和政治为指向的传统科普正在向以提高人的素质为目标的公众科学素质建设过渡。这些活动和工作在一定程度上推动了科普人才队伍的建设和发展。

11.3.2.2 新世纪以来的科普人才队伍建设实践

进入新世纪以来，我国的科普工作又迎来了前所未有的蓬勃发展时期，科普人才队伍建设也迎来了大好形势。2002 年 6 月 29 日，中华人民共和国第九届全国人民代表大会常务委员会第二十八次会议通过了《科普法》。由此开始，我国的科普工作进入法制化、体制化、社会化的发展阶段。尤其是《科学素质纲要》的全面推开以及科普资源共建共享工作的推进，在全国形成了全社会共同关注、支持和参与科普事业的繁荣景象。公民科学素质建设的推动者已不仅局限于中国科协、科技部等专业从事科普工作的部门和机构，一些志愿服务团体也加入进来，同时，科普的内容和形式也不断得到充实，我国科普人才的发展呈现出蓬勃态势。

在《科普法》颁布以前，在党中央、国务院《关于加强科学技术普及工作的若干意见》等科普政策法规的指导下，部分省、直辖市的人大或政府已经颁发了《科学技术协会工作条例》及省一级的科普工作条例，以地方法规的形式，保障了地方科普工作的顺利开展。在《科普法》及其他法律法规的保障下，以科普管理工作队伍、专职科普队伍、科普志愿者队伍为主体的科普人才队伍得到了大力发展。

根据《国家中长期人才发展规划纲要（2010—2020 年）》和《科学素质纲要》，2010 年中国科协颁布了《科普人才规划纲要》，该规划采取项目推进的方式，结合《科学素质纲要》的规定和安排，对未来 10 年我国科普人才队伍的建设和发展进行了全面部署，明确要求实施科普人才队伍建设工程，并对该工程的主要内容进行了规划和布局，列入“十二五”《全民科学素质行动实施方案（2011—2015 年）》之中。同时，提出了明确的保障要求：加强农村实用科普骨干人才培养；建立城镇社区、企业科普人才队伍；积极发展青少年科技辅导员队伍；加快高端和专门科普人才培养；建设科普人才培养培训基地和服务平台等[1, 2]。

从我国科普人才发展的历程可以看出，科普人才的发展呈现出明显的阶段性特点。不同的历史时期，发展的速度、规模有很大的不同，而且主要受到宏观政策环境和社会环境的影响，由此也使我国的科普工作呈现出明显的政治性和社会性特征。

11.4 我国科普人才队伍的现状与问题

11.4.1 我国科普人才队伍现状

根据科技部发布的中国科普统计数据，结合科普人才的分类，对近年来我国各类科普人才的数量及其结构进行了分析整理，如表 11-2 所示[9, 10]。

表 11-2 我国各类科普人才数量（2006—2012 年）

（单位：万人）

类别 \ 年份	2006	2008	2009	2010	2011	2012
科普人才总数	162.35	176.10	180.84	175.14	194.28	195.78
其中：专职科普人才	19.99	22.97	23.42	22.34	22.42	23.11
兼职科普人才	142.36	153.13	157.42	152.80	171.86	172.67
高级科普人才	66.84	74.36	80.83	84.03	94.19	98.48
其中：专职科普人才	9.07	11.21	12.26	12.29	12.72	13.34
兼职科普人才	57.77	63.15	68.57	71.74	81.47	85.14
城市科普人才	110.38	119.11	114.42	110.05	123.16	123.82
其中：专职科普人才	11.8	14.84	14.33	14.11	14.35	15.11
兼职科普人才	98.58	104.27	100.09	95.94	108.83	108.71
农村科普人才	51.97	56.99	66.42	65.09	71.12	71.96
其中：专职科普人才	8.19	8.13	9.09	8.23	8.07	8.00
兼职科普人才	43.78	48.86	57.33	56.86	63.05	63.96
科普创作人才	0.87	0.85	1.00	1.10	1.12	1.41
科普管理人才	4.35	4.50	5.10	4.98	5.48	5.46
注册科普志愿者	35.74	76.78	154.41	238.85	245.55	253.62

从表 11-2 可以看出，我国科普人才的基本现状如下：

第一，科普人才数量稳定增长。科普人才总数除 2010 年略有下降外，基本呈现稳定增长的趋势。其中，专职科普人才数量各年变化不大，说明我国专职科普人才在科普组织构建完成之后发展相对稳定；兼职科普人才的数量除 2010 年略有下降外，基本呈稳定增长的趋势，说明我国近年来科普人才的增长主要是兼职科普人才增加的贡献。

第二，科普人才的素质明显提升。具有中级以上职称及本科以上学历的科普人才数量稳定增长，说明有更多较高素质的科普人才参与或从事科普工作。其中，专职科普人才相对稳定，各年变化不大；兼职科普人才稳定增长，说明我国近年来具有中级以上职称及本科以上学历的科普人才的增长主要是兼职科普人才增加的贡献。

第三，城市科普人才和农村科普人才数量都有一定的增加，但两者的比例变化不大。城市科普人才的数量 2006—2010 年比较稳定，2011—2012 年有一定幅度的增长；农村科普人才基本保持稳定增长。

第四，科普管理人才和科普创作人才的数量也都有相应程度的提升，但总体规模依然较小。

第五，注册科普志愿者的数量大幅度增加，他们为科普事业的发展与公众科学素质的提升做出了重要的贡献。

11.4.2 我国科普人才队伍建设存在的问题

随着公民科学素质建设的深入，我国科普人才的发展现状已经不能满足科普事业发展和公民科学素质建设的需求，不能满足国家人才强国战略对科普人才的要求。突出地表现为：专职科普人才数量不足、水平不高，兼职科普人才队伍不稳定、作用没有充分发挥；面向基层的科普人才短缺；科普创作与设计、科普研究与开发、科普传媒、科普产业经营、科普活动策划与组织等方面的高水平科普人才匮乏；科普人才选拔、培养、使用的体制和机制不够完善等。这些问题已经成为制约我国科普事业发展的瓶颈。

以近年的中国科普统计数据为基础进行分析研究，2012 年与 2008 年相比，我国各类科普人才数量及结构变化情况如表 11-3 所示，2008—2012 年我国各类科普人才数量占科普人才总数的比例如表 11-4 所示。

表 11-3　2012 年与 2008 年相比我国各类科普人才数量及结构变化情况

（单位：万人）

项　目	2008 年		2012 年		2012 年比 2008 年增加人数	2012 年比 2008 年增加百分比
	人数	所占比例 %	人数	所占比例 %		
科普人才总数	176.10	100	195.78	100	19.68	11.18
其中：专职科普人才	22.97	13	23.11	11.8	0.14	0.08
兼职科普人才	153.13	87	172.67	88.2	19.54	11.10
高级科普人才	74.36	100	98.48	100	24.12	32.43
其中：专职科普人才	11.21	15.1	13.34	13.55	2.13	2.86
兼职科普人才	63.15	84.9	85.14	86.45	21.99	29.57
城市科普人才	119.11	100	123.82	100	4.71	3.95
其中：专职科普人才	14.84	12.5	15.11	12.2	0.27	0.22
兼职科普人才	104.27	87.5	108.71	87.8	4.44	3.73
农村科普人才	56.99	100	71.96	100	14.97	26.27
其中：专职科普人才	8.13	14.3	8.00	11.1	–0.13	–0.23
兼职科普人才	48.86	85.7	63.96	88.9	15.10	26.50
科普创作人才	0.85		1.41		0.56	65.88
科普管理人才	4.50		5.46		0.96	21.33
注册科普志愿者	76.78		253.62		176.84	230.32

表 11-4　我国各类科普人才数量占科普人才总数的比例（2008–2012 年）

（数量单位：万人）

类别＼年份	2008	2009	2010	2011	2012
科普人才总数	176.10	180.84	175.14	194.28	195.78
高级科普人才数量	74.36	80.83	84.03	94.19	98.48
占比例	42.23%	44.70%	47.98%	48.48%	50.30%
城市科普人才数量	119.11	114.42	110.05	123.16	123.82
占比例	67.64%	63.27%	62.84%	63.39%	63.24%
农村科普人才数量	56.99	66.42	65.09	71.12	71.96
占比例	32.36%	36.73%	37.16%	36.61%	36.76%
科普创作人才数量	0.85	1.00	1.10	1.12	1.41
占比例	0.48%	0.55%	0.63%	0.56%	0.72%
科普管理人才数量	4.50	5.10	4.98	5.48	5.46
占比例	2.56%	2.82%	2.84%	2.82%	2.79%

根据表 11–2、表 11–3 和表 11–4 的统计分析数据和调研等其他资料，可以看出我国科普人才队伍建设存在以下主要问题。

11.4.2.1　专职科普人才数量不足

（1）专职科普人才数量增长较慢

从表 11–3 可以看出，与 2008 年相比，2012 年我国科普人才总量增长了 11.18%，但专职科普人才数量却只增长了 0.08%。

（2）专职科普人才数量较少，占科普人才总量的比重较低

2012 年，我国专职科普人才占科普人才总量的比例只有 11.8%（2008 年该比例为 13%），虽然专职科普人才数量有缓慢增长，但专职科普人才占科普人才总量的比例却有所下降。可见，我国专职科普人才数量不足，发展缓慢，不能满足科普事业发展和公民科学素质建设的需求。

11.4.2.2　基层科普人才短缺

（1）农村科普人才不足

从表 11–4 可以看出，近年来，农村科普人才占科普人才总数的比例大约为 37%，比例较低，且没有上升的趋势。从表 11–2 和表 11–3 可以看出，在农村科普人才中，专职科普人才所占比例很小（2012 年为 11.1%），且呈现下降的趋势。新的发展时期，既要提高农民群众的生产能力，也要提高他们的生活能力，这是建设小康社会所必需的。因此，一方面，要加强农村实用技术推广方面的科普人才队伍建设，使农民群众利用新科技发展农村经济；另一方面，还要在更广泛的方面向农民群众传播现代科学知识和科学思想，使他们能够了解、溶入和享受现代生活。显然，面对广大农民的科普需求，农村科普人才，特别是农村专职科普人才短缺较多。

（2）城镇社区科普人才不足

城镇社区是城镇人民群众生存聚居、开展现代生活的生存空间。对于其中的主体居民来说，是在职业时间之外的主要存在场所，对于他们的职业状态调整、生活状态调整发挥着重要作用。从表 11–3 和表 11–4 可以看出，城市科普人才占科普人才总数的比例虽然较高，但专职科普人才所占比例也很小（2012 年为 12.2%）。从调研了解的情况看，城镇社区急需

以下两方面的科普人才：一是帮助社区居民提升职业能力、向更积极的方向转换职业角色的继续教育人才；二是促使居民的生活质量提升的社区科普员。

（3）企业科普人才不足

根据第二次全国经济普查数据公报，到2008年年底，全国共有企业法人495.9万个，而企业科普工作的重要代表——企业科协只有不到1万个。企业科普的重要性在于能够提升员工的科学素质，从而促进企业创新能力的提升，而企业创新能力是国家竞争力的核心部分。可见，企业科普组织和科普人才都有较大的短缺。

（4）青少年科技辅导员不足

未来的国际竞争要求必须加强对青少年创新能力的培养，这种创新能力的核心就是科技创新。而目前我国的应试教育模式不利于青少年创新能力和科学兴趣的培养。因此，加强中小学校内外科技辅导员队伍的建设，是对青少年科学兴趣和创新能力培养及素质教育的主要环节。

11.4.2.3 高端科普人才不足

总体来看，高级专职科普人才占高级科普人才的比例很小（2012年为13.55%）。分类别来看，科普创作与设计、科普研究与开发、科普产业经营与管理、科普策划与组织等方面的高端科普人才，不能满足全民科学素质建设和科普事业发展的需求，与国家人才强国战略的要求差距较大。从表11-4可以看出，科普创作人才和科普管理人才所占比例非常低。近年来，科普创作人才占科普人才总数的比例只有0.6%左右；科普管理人才占科普人才总数的比例也只有2.8%左右，且没有上升的趋势。据调研，目前最为缺乏的高端科普人才是科普创作人才、科普产业经营管理人才、科普策划与组织人才。

11.4.2.4 科普人才队伍结构整体失衡

从以上分析可以看出，我国科普人才队伍整体数量不足，结构不够合理。加之长期的计划经济形成的体制和事业单位机构改革严格控制编制，造成科普人才缺乏、断档、青黄不接的现象。从业科普人才的素质有待提高，具有创新意识的科普专门人才和复合型人才更是匮乏。新的人才难以引进，老的骨干挽留困难，“事业留人、感情留人、待遇留人”生动局面的形成有待时日。这种情况导致科普人才队伍的整体结构严重失衡。

11.4.2.5　科普人才培养体制和机制不够完善

在现有的科普人才培养、使用体系运行中，相关体制机制还存在着一些问题：一是招生、培养机制不健全：目前我国的高校都是严格按照教育部的专业目录进行招生、培养学生的，而科普还没有作为一个独立学科进入教育部的专业目录，也只能挂靠在相关的一些学科下面，设立一些专业方向招收科技传播与普及相关的研究生或本科生；二是多边协同机制还没有建立起来：目前中国高校的系科设置以及事业单位的管理体制，造成了各个学科之间相对孤立，不利于跨学科的科普教育的发展[11]。

11.5　我国科普人才队伍建设实践展望

我国科普人才队伍建设应紧紧抓住科普人才的培养、使用机制和环境建设等重要环节，加大科普人力资源整合与开发的力度。目前，应开拓多种路径培养和造就各类科普人才，促使科普人才队伍的快速发展。

11.5.1　科普项目带动会有效促进科普人才队伍建设

通过科普惠农、社区益民、科普示范县建设、科普站栏员建设等项目的实施，可以培养更多的基层实用科普人才，科普项目带动将成为培养和造就基层实用科普人才的有效途径。

11.5.2　科普活动实践成为造就更多的科普活动组织与策划人才的有效方式

通过大力开展科普日活动、企业“讲比”活动、“三下乡”活动、“大手拉小手”活动、青少年科技创新大赛等各类科普活动，培养和造就大批的科普活动组织与策划人才。

11.5.3 科教资源整合与利用会促进兼职科普人才队伍发展

通过有效整合与利用高校科普教育基地、科研院所、国家重点实验室、社区科普大学、企业职工教育机构等科教资源，使更多的科技工作者成为我国科普兼职人才队伍发展的来源。

11.5.4 科普组织建设促进科普志愿者队伍发展

通过进一步加强科普志愿者组织、基层科普组织、社区科普组织建设，企业科协组织、高校科协组织建设，促进我国科普志愿者队伍发展。

11.5.5 制度引领培养和造就高端科普人才

在我国科普人才建设工程实施过程中，通过构建和形成高端科普人才的引领机制，将进一步有效培养和造就高端科普人才和各类科普专门人才。重点培养一批高水平、具有创新能力的科普场馆专门人才和科普创作与设计、科普研究与开发、科普传媒、科普产业经营、科普活动策划与组织等方面的高端科普人才。特别要面向未来，形成高端科普人才的引领机制，培养大批文理兼容的优秀中青年高端科普人才。

案例 1：基层科普人才的培养——科普惠农项目带动农村实用科普人才队伍不断壮大

（1）科普惠农项目简介

“科普惠农兴村计划”是由中国科协、财政部于 2006 年联合启动实施的。根据农村科普工作的特点，“科普惠农兴村计划”通过“以奖代补、奖补结合”的资金投入方式，通过表彰、奖补农村专业技术协会、农村科普示范基地、少数民族科普工作队和农村科普带头人，以点带面，榜样示范，有效地激发了广大农村基层科普组织和科普工作者的积极性和创造性，引导广大农民学科学、讲科学、用科学。截至 2014 年，“科普惠农兴村计划”表彰了 11961 个（名）先进集体和个人，其中，农村专业技术协会 6094 个，农村科普示范基地 2754 个，少数民族工作队 55 个，农村科普带头人 3058 个，奖补资金累计 19.5 亿[12]。“科普惠农兴村计划”在示范带动农民群众依靠科技增收致富、推广新产品新技术、促进农业产业调整、提高农民科学素质、培养造就社会主义新型农民等方面取得显著成效。项目的实施切实有效地推进了农村实用科普人才的培养和造就。

（2）科普惠农项目培养造就农村实用科普人才的模式及作用

项目带动是科普惠农培养和造就农村实用科普人才的主要模式。科普惠农首先是以中央财政资金资助惠农项目的形式展开，并通过奖补机制有效运行，“科普惠农兴村计划”表彰的四类奖项中，农村专业技术协会、农村科普示范基地和农村科普带头人均与具体的惠农项目相联系，而这些项目遍布广袤农村，服务广大农民，在带动农民科技致富等方面各具特色、互为补充，使科普惠农工作有组织、有场所、有榜样。在项目的实施过程中培养和造就了一批农村实用科普人才。

培养农村专业技术协会基层科普组织人才。农村专业技术协会是农民自己的技术合作组织，是科普惠农的重要基层组织。全国 13 万个农村专业技术协会一头连着农户，一头连着科技工作者，将分散的农民组织起来，学习、运用农业科技，解决“科技推广难”的问题；发展规模化生产和经营，帮助“小农户”应对“大市场”。科普惠农项目每年资助一批农村专业技术协会，培养和造就了一批农村专业技术协会中的基层科普组织人才。

培养和造就农村科普示范基地的实用科普人才。农村科普示范基地是引导、培训农民学科技、用科技的重要场所。农业试验示范田、样板田、科技园区、培训学校等农村科普示范基地，是研究、试验农业新技术和新品种，开展技术推广和培训，进行科学生产示范的基地，是农民看得见、摸得着的科普阵地，基地的科技工作者就是典型的实用科普人才。

培养和造就农村科普带头人。农村科普带头人是农民学科技、用科技的领路人，是科普惠农的重要队伍。千千万万的“土专家”、“田秀才”、“农民教授”等农村科普带头人，生活在农民中间，活跃在群众身边，他们以身示范，言传身授，使农民学有榜样，赶有目标。科普惠农项目每年资助一定数量的带头人，有效地促进了农村科普工作的生根落地。

培养和造就少数民族科普人才。科普惠农项目资助的少数民族科普工作队，是指导少数民族地区群众学科技、用科技的专门队伍。我国在少数民族聚居区和西部地区的少数民族科普工作队共有164支，它们有编制、有专职人员、有现代化的设施设备，长年在少数民族地区开展科普宣传、科技培训等工作，开展的科普工作独具特色、形式多样、内容丰富，取得了效果的显著，是民族地区科普惠农工作的“轻骑兵”。例如，新疆少数民族科普工作队，长期深入新疆的乡村，用汉、维吾尔、哈萨克等多种语言文字，播放科普电影、发放科普资料、讲授科普知识、推广科学技术，发挥了积极的作用[13]。

科普惠农项目的项目带动式科普人才培养和造就模式为基层科普人才培养和造就探索了一条切实可行的实践之路。在科普惠农项目的基础上，中国科协、财政部于2012年联合实施“基层科普行动计划”，该计划将“科普惠农兴村计划”的成功经验移植到社区科普之中，并实施“社区科普益民计划”。该计划通过“项目带动、以点带面、榜样示范”的方式，在全国评比、筛选、表彰一批有突出贡献、有较强区域示范作用、辐射性强的基层科普先进集体和个人。中央财政采用“以奖代补、奖补结合”的方式给予资金支持，带动更多的基层民众提高科学文化素质，掌握生产劳动技能，引导广大基层民众建立科学、文明、健康的生产和生活方式，推动社区文化建设。2012年，“社区科普益民计划”共表彰科普示范社区500个，中央财政拨付专项资金1亿元，带动部分省（市、自治区）投入相关项目资金3200多万元，各级科协、财政部门加强了社区科普工作，促进了社区科普人才队伍的快速发展。

案例2：高层次科普人才的培养——教育部与中国科协联合开展培养高层次科普专门人才的试点

目前，我国大多数科普场所在科普展览设计、教育活动等方面还停留在简单的模仿复制阶段，与发达国家差距明显。此外，许多大型企业急需科普研发、科普资源整合、科普策划与组织等高层次科普人才，科技传媒、科研机构、大专院校等也急需高层次科普人才。

2012年，教育部与中国科协联合开展推进培养高层次科普专门人才试点工作。首批在清华大学、北京航空航天大学、北京师范大学、华东师范大学、浙江大学、华中科技大学等6所高校和中国科学技术馆、上海科技馆、山东省科技馆、浙江省科技馆、湖北省科技馆、武汉科技馆和广东科学中心等 7 家科技场馆开展。试点高校招生类型为硕士专业学位研究生，通过全国统考途径招收，生源需要具有理工科专业知识背景的应届、往届本科毕业生，设有三个研究方向：科普教育、科普产品创意与设计、科普传媒。高端科普人才的培养目标是具有科普场馆及相关行业各类展览与教育活动等科普产品的设计开发、理论研究、组织实施与项目管理能力的高素质复合型人才。培养模式综合采用课堂授课和现场实践相结合，兼有专题讲座、现场观摩、现场实习、项目开发、活动实践、课题研究等多种教学方式。2013 年招收了 157 名硕士研究生，其中在职 18 人，并根据试点工作开展情况，逐步扩大培养方向[14]。

为了加强对培养高层次科普专门人才试点工作的指导，深入探索科普专门人才培养规律，不断提高人才培养质量，教育部和中国科协探索创新工作机制，决定从 2013 年 12 月 23 日起，成立全国高层次科普专门人才培养指导委员会。该指导委员会是我国高层次科普专门人才培养工作的智囊团，是对高层次科普专门人才培养工作进行咨询、指导和服务的专家组织。该指导委员会吸收了来自教育学、艺术设计、博物馆学、传播学、科技传播与普及等领域的知名专家，主任由中国科协书记处书记徐延豪教授担任，副主任由高校、科研院所、教育部、中国科协的相关专家担任，委员主要由来自试点单位及相关单位的专家担任。顾问委员会主任由全国政协十届教科文卫体委员会副主任，中国科协六届副主席、书记处书记、中国自然科学博物馆协会名誉理事长徐善衍教授担任，还聘请了卡林加奖得主李象益教授等多名国内知名专家担任顾问[15]。

2014 年，全国高层次科普专门人才培养指导委员会继续推进培养高层次科普专门人才试点工作，立足于建立完善的科普人才队伍长效机制，加强课程、教材、师资队伍、实践基地的建设工作，如核心课程的确定，教学大纲的编写和逐步完善，建立各类教学资源，逐步建设若干精品课程；再遴选一批国外和我国台湾地区高校科学传播、科学教育的经典教材或教学参考书进行翻译，同时也启动国内自编教材的撰写工作。研究制定双导师制相关管理办法、校外导师任职资格和要求以及高层次科普专门人才实践基地的建设规范。委员会的设立将进一步带动我国高层次科普人才的开发与培养。

参考文献

[1]中国科学技术协会. 中国科协科普人才发展规划（2010—2020年）. 2010，07.

[2]任福君，张义忠. 科普人才结构如何合理［N］. 学习时报，2012-1-08.

[3]杨法宝. 潜人才如何转变为显人才. 中国人才［J］. 2005（2）：60-60.

[4]中国科协统计年鉴（1991—1995）、（1996）—（2012）.

[5]中国科学技术协会.中国科协2012年度事业发展统计公报.

[6]郑念. 我国科普人才队伍发展的历程和取得的成绩［J］. 科普研究，2009（4）：5-15.

[7]The Committee of Editing Books on China Today.（1994）China Today：China Association for Science and Technology. Beijing：Temporary China press，Chinese version.

[8]http：//english.cast.org.cn.

[9]中华人民共和国科技部. 中国科普统计（2008—2012年版）［M］. 北京：科学技术文献出版社.

[10]科技部. 2012年度全国科普统计数据发布. 2012，12.

[11]任福君，张义忠. 科普人才培养体系建设面临的主要问题及对策［J］. 科普研究，2012（1）：11-18.

[12]中国科协 财政部. 关于公布2014年“基层科普行动计划”奖补单位和个人的通知［EB/OL］.［2014-7-9］. http：//www.cast.org.cn/n35081/n35488/15767981.html.

[13]中国共有164支少数民族科普工作队［EB/OL］. http：//www.chinanews.com/gn/news/2010/06-05/2325214.shtml.

[14]中国将培养高层次科普人才［EB/OL］. http：//news.xinhuanet.com/tech/2013-03/26/c_124503665.htm.

[15]全国高层次科普专门人才培养指导委员会成立暨第一次全体会议召开［EB/OL］. http：//www.cast.org.cn/n35081/n35533/n38605/15309421.html.

[16]Ren Fujun.The Connotation and Goal of Science Popularisation in Modern China. Journal of Science Temper［J］. Vol. 1，2013（1）：29-45.

[17]Ren，F.J，Zhai，J.Q.，Communication and Popularization of Science and Technology in China. Heidelberg：Springer Press & China Science and Technolgy Press，2014.

[18]任福君，张义忠. 科普人才的内涵亟须界定［N］. 学习时报，2011-7-25.

[19]郑念. 我国科普人才队伍存在的问题及对策研究［J］. 科普研究，2009（2）：19-29.

[20]郑念，张义忠，孟凡刚. 实施科普人才队伍建设工程的理论思考[J]. 科普研究，2011(3)：20-26.
[21]任福君，翟杰全. 科技传播与普及概论[M]. 北京：中国科学技术出版社，2012.

第 12 章

科普活动实践

12.1 引 言

科普活动是指由国家机关、政府部门、社会组织、社会团体等主体面向社会和公众举办的，旨在促进科学技术社会扩散和公众分享、提高公众科学素质、普及科学技术知识、传播科学思想和方法、弘扬科学精神、提升公众运用科学技术和参与公共事务能力的各类活动[1]。科普活动是最常见和效果最好的科普形式之一，也是推进科普事业发展的有效载体和重要手段，在整个社会的科普体系中具有基础的地位和作用。

科普活动通过传播普及科学技术知识、方法、思想、精神，促进公众了解必要的科学技术知识，掌握基本的科学方法，树立科学思想，崇尚科学精神，提高公众科学素质水平。科普活动在内容上包括宣传国家的科技方针政策、展示科技发展最新成就、激发公众对科学问题的思考、倡导科学文明的生产方式和生活方式等。我国各级政府以及社会组织、机构或团体举办的科技周（月、年）、科技下乡、科技纪念活动、科普讲座、科普咨询、青少年科技夏（冬）令营、科普展览展示等，都属于科普活动的范畴。

开展科普活动是当代科学传播的常用手段，在国际范围内为各国政府、科学传播组织等广泛使用。同样，开展科普活动也是我国科普工作中一种常见、常用的手段。近年来，国家对科普活动的投入不断增加，科普活动的种类、数量呈增长态势，受益面也不断扩大。在公民科学素质建设的社会工程中，科普活动扮演着重要、积极的角色。

本章将详细介绍我国通过开展科普活动促进公民科学素质提升的实践。

12.2 《科学素质纲要》颁布以前我国科普活动回顾

新中国成立以来，科普活动成为面向公众普及科学技术知识、传播科学精神和科学思想的重要手段。据有关资料统计，1950 年 8 月—1958 年 9 月，中国科普协会在全国范围内共开展科普讲演 7200 万次，举办大小科普展览 17 万次，放映电影、幻灯片 13 万次，参加人数达 10 亿人次[2]。另有资料表明，1954—1956 年，配合反对原子武器的和平签名运动，在全国各城市组织物理学家和化学家举办了 2000 多场原子能通俗讲座。随后，又配合国家“12 年科学发展规划”的制定和“向科学进军”口号的提出，举办了自动化、星际航行、计算机、半导体、高分子、超声波等信息科学技术知识讲座，请著名科学家钱学森等主讲，开阔人们的眼界，增强向科学进军的信心[3]。

1958—1977 年，我国经历了“大跃进”、“三年困难时期”、“文化大革命”等历史阶段，科普工作一直处在不断变化、调整以至于被破坏的过程中，科普活动的开展也受到相应影响。1961 年，中国科协全国工作会议重新部署了科协及所属学会的工作。科普从大搞群众运动转向扎扎实实兴办科普事业，办展览、办讲座、办广播等活动得到重新提倡。1963 年，农村科普转向大搞群众性科学试验活动，据不完全统计，到 1965 年，全国建立农村科学试验小组 100 多万个，参加人数约有 700 万人[3]。

1978 年 3 月 18 日，全国科学大会在北京召开，给我国科普工作带来了复苏之机。随后，20 世纪末 21 世纪初颁布实施的《关于加强科学普及工作的若干意见》《2000—2005年科普工作纲要》《2001—2005年中国青少年科学技术普及活动指导纲要》《科普法》等一系列政策文件，对科普活动的开展起到了促进作用。例如，20世纪80年代中期至2002年，中国科协为1700多个县市配备了科普宣传车，1500多个县市成立了科教电影、录影放映队，支持11个少数民族聚居的省、自治区建立了少数民族地区科普宣传队。2000年3月22日—4月3日，中央文明办、中国科协在北京举办的“崇尚科学文明，反对迷信愚昧”展览迎来了15万观众，该展览的图片在全国2345个县/市展出，参观人次达6633万人次[3]。

青少年科普活动在这一时期也得到长足发展。1979年，中国科协、教育部等联合举办了首届青少年科技作品展览和科学讨论会；同年，中国科协与中国数学会、中国物理学会、中国化学会、中国计算机学会等学术团体陆续举办了全国高中学生数学、物理、化学、生物学和计算机学科竞赛；1989年，中国科协、教育部等联合开展全国青少年生物与实践科学实践活动；从1995年起，中国科协在全国各地开展“大手拉小手——青少年科技传播行动”。

群众性科普活动逐步丰富起来。各大城市一年一度的科普活动声势浩大，形成了科技周、科普月、科技节、科技宣传月等活动。1994年的全国大中城市大型科普（周）联合活动历时2个月，有40多个大、中城市参与。辽宁、吉林、黑龙江等省连续多年开展的“科普之冬”活动不断深入发展，连年开展的国际科学与和平周活动，以及全国学会积极开展的世界人口日、世界环境日、国际海洋年等科普宣传和夏令营等多种活动，社会影响广泛。据不完全统计，1995—2000年，中国科协系统开展科普宣传活动8.5万余次，参加活动的人员达7000多万人次[3]。

12.3　围绕《科学素质纲要》工作主题开展科普活动

2007年2月6日，全民科学素质工作领导小组第二次会议决定，以“节约能源资源、保护生态环境、保障安全健康”作为当年及今后几年的科普工作主题，要求各地各部门要将这一主题贯穿到所承担的各项工作任务中，拓展工作渠道，充实工作内容，创新工作方式和方法，提高工作效率和水平；要把全社会科普主题与各地各部门特点结合起来，既要围绕主题开展共性的工作，也可根据地区、行业的需要和特色创造性地开展工作。建议编写节能、环保、安全、健康方面的科普材料，出版科普小册子、挂图等，配以朗朗上口的主题词，广而发之，广而告之，使科普活动富有成效。进入“十二五”时期，全民科学素质纲要工作主题得到进一步深化，在原有基础上增加了“促进创新创造”的内容。围绕“节约能源资源、保护生态环境、保障安全健康、促进创新创造”的纲要工作主题开展的科普活动也更加丰富多彩。

12.3.1 科普工作主题提出的背景

12.3.1.1 节能降耗与污染减排要求十分迫切

近些年来，我国经济的快速增长很大程度上建立在对资源、能源的高消耗上。2003 年，我国消耗了全球 31% 的原煤、30% 的铁矿石、27% 的钢材和 40% 的水泥，而创造出的 GDP 却不足全球的 4%，单位 GDP 的资源消耗远远高于世界平均值。与发达国家相比，资源、能源的利用率十分低下，我国资源生产率只相当于美国的 1/10、日本的 1//20、德国的 1/6[4]。同时，作为一个自然资源人均占有量不足世界平均水平一半的国家，我国主要资源的回收利用率非常低。在发达国家，废钢铁、废铜、废橡胶的回收利用率都达到 90%，而我国的回收比例却分别仅为 45%、30% 和 40%。这种传统发展模式和较弱的循环经济发展不仅造成高的资源消耗量和高的污染排放量，而且导致生态环境的恶化。

在此背景下，《“十一五”期间全国主要污染物排放总量控制计划》提出，到 2010 年，全国二氧化硫排放总量、化学需氧量（COD）排放总量要比“十五”期末分别降低 10%。意味着这两个指标必须在“十一五”期间平均每年下降 2%。但《2006 年中国环境状况公报》显示，2006 年，全国化学需氧量排放量为 1428.2 万吨，比上年增长 1.0%；二氧化硫排放量 2588.8 万吨，比上年增长 1.5%，与“十一五”规划所要求的呈南辕北辙之势[5]。

因而，《科学素质纲要》提出以“节约能源资源”作为主题，是节能降耗与污染减排的迫切要求。

12.3.1.2 保护生态环境是社会经济发展的永恒课题

生态环境问题关乎社会经济的持续发展，关乎人类自身的生存与发展，是需要长期关注与重视的重大课题。长期以来，由于资源不合理开发利用、对生态环境保护和建设的投入不足、人们环境保护意识不强，重开发轻保护，重建设轻维护，对资源采取掠夺式、粗放式开发利用，超过了生态环境的承载能力，导致我国生态环境脆弱，生态环境恶化的趋势十分严重。然而，生态环境的恢复需要比所得回报数倍乃至数十倍的付出，同时还得忍受数十年甚至上百年的生态灾难。在生态环境建设管理方面，我国制定的方针是“保护优先、预防为主、防治结合”。因而，保护生态环境是一个永恒的主题，是关系社会可持续发展的重大问题。

因而，《科学素质纲要》提出以“保护生态环境”作为主题，是符合社会经济可持续发展要求的。

12.3.1.3 人民群众安全健康问题日益突出

安全、健康问题事关国家发展和百姓安康，需要引起足够的重视。“十一五”初期，我国的医疗水平虽然已经有了很大发展，然而，在出生缺陷率、孕妇死亡率、疾病预防和控制、农村卫生保健等方面与世界发达国家相比仍存在不小的差距。按照联合国开发计划署公布的2006年人文发展指数，我国排在第81位，排名比以前有所上升。其中，出生时的预期寿命发达国家为78.8岁，中等收入国家为70.3岁，世界平均为67.3岁；虽然我国预期寿命已经提高到超过世界平均水平并略高于中等收入国家水平，但是仍比发达国家低5.8岁左右。目前，发达国家婴儿死亡率在7‰左右，世界平均在52‰左右，发展中国家在57‰左右，我国20‰的水平比发展中国家和世界平均水平降低许多，但仍比发达国家高出13‰左右[5]。与此同时，数以千万计的地方病患者和残疾人给家庭和社会带来沉重的负担。同时，防治艾滋病的形势依然十分严峻，据估计，我国现存艾滋病病毒感染者和艾滋病患者约100万人，疫情处于全国低流行和局部地区及特定人群高流行并存的态势。此外，当前重治疗轻防治的旧医疗观念与公众对生理卫生、心理卫生知识的严重匮乏，以及不合理的饮食结构、不良生活方式和心理危机，造成自杀率和精神疾病发病率不断攀升，这些都威胁着公众的生命和健康。

“十一五”初期，在公共安全方面，自然灾害频发，食品安全问题屡禁不止，安全生产事故频繁，人民、社会、国家都遭受了重大危害。而与此对应的是，整个社会的防灾减灾能力、安全生产水平、交通安全意识、饮食和用药安全、国家安全和社会稳定、应急体系建设等方面也都存在很多问题和不足，不能很好地满足保障公共安全、保障人民群众生命财产安全的需要[6]。

普及提高全民健康水平的知识，普及防灾减灾、安全生产、饮食和用药安全等知识和技能，成为促进社会发展的重要任务。因而,《科学素质纲要》及时提出“保障安全健康”的主题，符合广大人民群众的根本利益，也服务于国家的安定团结与经济社会的可持续发展。

12.3.1.4　促进创新创造是创新型国家建设的需要

创新型国家建设需要千千万万的科技创新人才。通过面向广大青少年开展丰富多彩的科普活动，可以大大激发青少年的创造热情，调动他们参与科学探究的积极性，培养他们丰富想象、勇于探索、不畏艰难的科学精神，增强他们爱科学、学科学、用科学的意识，为培养科技创新后备人才打下坚实的基础。通过开展科普活动，也可以向成年人传播科学知识和科学方法，弘扬科学精神，倡导科学思想，增强他们参与创新兴国建设的能力。

因而,《科学素质纲要》及时增加了“促进创新创造”的主题。

12.3.2　科普工作主题体现科学发展观的要求

科学发展观的第一要义是发展，核心是以人为本，基本要求是全面协调和可持续性。科学发展观是我国经济社会发展的根本指导思想。《科学素质纲要》行动方案明确提出，促进科学发展观在全社会的树立和落实是“十一五”期间的目标之一。“节约能源资源，保护生态环境，保障安全健康、促进创新创造”的工作主题，囊括了节约资源、保护生态、改善环境、安全生产、应急避险、健康生活、合理消费、循环经济等观念和知识，倡导建立资源节约型、环境友好型社会，形成科学、文明、健康的生活方式和工作方式，体现了以发展为本、以人为核心、可持续全面发展的要求。

因而，《科学素质纲要》工作主题是贯彻落实科学发展观的重要体现。它既有利于推动我国经济社会发展，又符合人民群众的根本利益，是开展各类科普活动围绕的核心。

12.4 《科学素质纲要》颁布以来我国科普活动实践

2006年，国务院颁布了《科学素质纲要》，明确科普活动也是落实《科学素质纲要》工作主题的重要抓手，是开展未成年人、农民、领导干部和公务员、社区居民、城镇劳动者科学素质行动的重要措施。根据科技部发布的2012年度全国科普统计数据，2012年，我国科普活动支出经费为69.49亿元，占科普经费支出总额的55.32%。我国每年开展的科普讲座、科普展览、科普竞赛等类型的科普活动在百万次以上，累计近4亿人次受益[7]。未来很长时期内，科普活动仍将承担着推动《科学素质纲要》实施、促进公民科学素质提升的重任。

12.4.1 全民性、经常性的大型科普活动实践

全国科技活动周、全国科普日、全国防灾减灾日等全民性、经常性大型科普活动紧密围绕《科学素质纲要》主题开展。“十一五”期间，借助这些主题宣传平台，《科学素质纲要》成员单位积极联合协作，在全国各地共组织开展了各具特色的科技类活动，直接参与的公众突破5亿人次①。

12.4.1.1 全国科技活动周科普活动

全国科技活动周是科技部联合中宣部、中国科协等19个部门在全国举办的大规模的群众性科技活动，每年5月开展。《科学素质纲要》工作

① 数据由《中国科普统计》2006—2010年的科普活动数据累计得出。

主题提出以来，全国科技活动周在突出宣传“加强自主创新，建设创新型国家”这一战略的同时，侧重围绕“节约能源资源、保护生态环境、保障安全健康”主题进行节能减排、低碳等热点宣传。据科技部统计，2008—2012 年，全国科技活动周受益公众每年均在 1 亿人次左右①。

在全国科技活动周这一平台上，中科院公众科学日、科技列车行、安全科技周、环保科技周、林业科技周等活动持续开展，社会影响不断扩大，逐渐形成品牌。

（1）中科院公众科学日活动

公众科学日活动是中科院面向社会大众开展科学传播活动的第一品牌。活动期间，中科院系统各研究单位主要通过以下途径开展科普活动：

一是国家和院级重点实验室、大科工程、大型科研装备、天文台、植物园、博物馆、标本馆、科普馆、野外观测站等向公众开放；

二是围绕人与自然和谐、科技服务经济社会、人口健康等广大公众关心的热点问题，组织院士、专家、科普志愿者举办各类专题科普讲座，与公众面对面交流；

三是利用现代化的综合展示手段，通过文字、图像、视频、网络、互动展品，展示科学创新成果，更加突出互动性、趣味性、教育性、过程性；

四是开展各类咨询培训活动，如技术培训、招生咨询、成果推介等。

近年来，中科院公众科学日活动体现出内容不断丰富、规模不断扩大、受众日益增多的趋势。例如，2009 年第五届公众科学日活动中，北京、上海、武汉等 18 个城市的 70 个院属科研院所对外开放，接待公众总数近 25 万人次[8]；2011 年的第七届中科院公众科学日活动，有 91 个科研院所参加，参与公众达到 32 万人次[9]。

（2）科技列车行活动

科技列车行活动是全国科技活动周的一项重点示范活动，自 2004 年以来，由科技部联合中宣部、卫生部、中国科协等部门每年在全国科技活

① 数据来自《中国科普统计》2008—2012 年全国科技活动周活动统计。

动周期间举办。2006年以来，科技列车行活动先后深入陕西延安、山东沂蒙、四川大别山、山西太行山、吉林长白山、广西百色等地，开展科技服务活动。科技列车行活动不断创新服务方式和内容，既有现代农业技术培训，也有医疗卫生技术培训；既有田间地头现场指导，又有卫生医疗义诊服务；既有科技大篷车现场演示，又有科技图片现场展览；还有环境保护新理念的宣传，以及青少年科技创新操作室等科普基地的创建[10]。

在科技列车行活动中，专家们走进学校、医院、街头、田间开展科普活动。同时，每年的科技列车在开出之前，活动的主办方和承办方都会进行翔实的调研工作，结合当地实际和农民技术需求组织每年随行的科技专家、物资等各项内容。另外，组织方还十分注重技术的配套和综合，避免了单项技术不能完全满足农民需要的问题。除了追求活动期间的效果外，更重要的是注重建立一种联结机制，确保当地可以和专家进行有效对接，为当地长远发展提出规划建议。

例如，2011年科技列车行活动于5月12—17日在山东省临沂市举办。此次科技列车沂蒙行科技服务队由“千人计划”专家团、专家咨询小组、医疗卫生小分队等组成，包括农业、科普、机械以及医疗卫生等领域的100多位专家学者。活动期间，专家共深入临沂市5个县（市、区）乡镇，开展实用技术培训、现场咨询指导、医疗保健义诊、现场快速检测等科技示范活动，并通过科技成果对接会、专题报告会、专家建言献策会等形式为老区百姓提供咨询服务。活动主办方还向临沂市捐赠了农村青少年科技创新操作室、奇瑞科技服务车、新型粮仓、科技信息服务站等一批科技物资。活动中，由17家医院和医疗机构的22名专家组成的卫生部医疗专家组，深入临沂市及其5个县的49个乡镇和自然村，共开展医护人员培训500人次，医疗查房20场次，开展科普专题报告会2场次，提供义诊及医疗咨询10多场次，义诊3000多人次。环保部向沂蒙老区赠送3500册《环境与健康》杂志[9]。

（3）安全科技周活动

自2006年开始，每年全国科技活动周期间，安全监管总局同时开展安全科技周活动。“十一五”期间，安全科技周活动主题为“科技兴安，安全发展”。全国各地通过广播、电视、报刊、网络等不同媒体，利用标语、板报、图片、宣传栏、电影专场、文艺演出等宣传形式，召开学术讲座、座谈会、专家到企业会诊等，科普大篷车开进企业发放科普图书、宣传册，开展知识竞赛，组织安全生产事故应急救援预案演习等多种形式，向广大群众、职工、青少年普及安全科学知识，体现了安全科技周“形式活、内容多、效果好”的特点。

例如，2010 年安全科技活动周期间，开展送安全科技进矿区、进企业、进基层活动，在全国范围内面向企业、矿区、基层宣传安全科技方针，弘扬安全发展、科技兴安理念，普及安全科学知识，倡导安全健康的生产生活方式，宣传推广优秀安全科技成果，加快推动安全生产科技进步和创新，让科技成果惠及基层，服务企业，服务于安全生产。

12.4.1.2 全国科普日活动

全国科普日活动是由中国科协自 2003 年起主办的一项全国性、大型的群众性科普活动。2007 年《科学素质纲要》工作主题确定以来，全国科普日活动围绕“节约能源资源，保护生态环境，保障安全健康，促进创造创新”主题，紧跟公众关切的社会热点，注重贴近公众的实际需求和发动公众主动参与，把农村、社区、企业、校园等作为重点场所，以举办专题展览和讲座、发放宣传资料、现场科技咨询、科普互动表演等公众喜闻乐见、简朴实在的方式开展活动。

全国科普日已成为植根基层、公众喜爱的主题科普活动，也是目前我国影响面最大的全国性科普活动。据不完全统计，10 年来，各地在全国科普日期间累计举办的重点科普活动达 4 万多次，参与公众超过 7 亿人次[11]。

全国科普日活动的持续开展，促进了我国科普公共服务能力的提高和科技教育、传播与普及活动的蓬勃开展，在全社会起到了良好的示范先导作用。在其示范带动下，大批高校、科研院所、企业、博物馆、地质公园等的科普资源积极主动向公众开放，大批农技协、社区科普大学、社区科普协会等基层科普组织积极面向公众广泛开展科普活动，以航天员太空授课为代表的一批有影响的青少年科技教育实践活动不断创新和蓬勃开展。据统计，2006—2012 年，科协系统举办各类科普活动逾 150 万次，参与公众超过13亿人次，仅2012年各级科协及所属学会举办的科普活动就达25万多次，受众近2亿人次[11]。

全国科普日活动得到中央书记处的高度重视，自2007年起，中央领导在每年的全国科普日活动期间亲自前往北京主场活动参观和指导。

（1）北京主场活动

北京主场活动是全国科普日活动的重点示范活动，各年活动主题均体现当年的工作重点和特色。2007—2013年，全国科普日北京主场活动主题见表12–1。

表12–1　近年全国科普日北京主场活动主题

年　份	活动主题
2007	节能减排，从我做起
2008	保护生态环境，坚持科学发展
2009	坚持科学发展，创新引领未来
2010	走近低碳生活，坚持科学发展
2011	坚持科学发展，节约保护水资源
2012	食品与健康
2013	保护生态环境，建设美丽中国

全国科普日活动北京主场活动通常由各具特色的多个活动板块构成。例如，2012年北京主场活动由全国科普日主题活动、首都群众系列活动、高校开放日活动、全民科学素质文艺会演主题晚会、北京科学嘉年华主场活动等5大系列科普活动群组成。

多年以来，各级学会组织一直是全国科普日活动的重要参与力量。例如，2011年全国科普日北京主场活动中，37个全国学会开展了特色活动[9]。

（2）高校开放日活动

2012年全国科普日期间，首次启动高校科普开放日活动，旨在充分发挥高校在开展科普教育方面蕴藏着的丰富硬件资源和人力资源优势，引导、推动高校开展科普工作。

活动期间，北京航空航天大学、天津大学、上海交通大学等全国197

家高校面向社会公众开展科普活动，开放重点实验室、实践基地等科研设施，组织开展高校名师科普讲座和交流、大学学生社团科普宣传、科研成果专题科普影视展映等科普开放日活动近千项。与此同时，中科院组织北京地区、武汉地区、广州地区、云南地区的 20 多个研究所参加了 2012 年全国科普日，开展了科普讲座、专题展览、实验室及温室参观、专家咨询、有奖竞答等活动，共吸引 10 余万社会公众参加①。

12.4.1.3 全国防灾减灾日活动

2009 年 5 月 12 日，纲要办开展了首个全国防灾减灾日活动，各地以挂图、影视、报告、应急演练、互联网、手机短信等多种形式针对不同人群及时开展安全保障宣传，收到良好效果。其中，科协系统举办了数百项防灾减灾宣传重点科普教育活动；林业局、中国林学会向公众发放《森林防火知识手册》等科普图书、手册 20 余种近 2 万份；中国气象局依托相关服务平台，对气象防灾减灾和应对气候变化科普作品进行推广。

各省纲要办也积极组织开展防灾减灾活动，例如，2009 年，新疆科协向基层贫困地区无偿发放维文科普杂志《知识—力量》《科学和生活》3 万余份，印发维哈文农村青年科技培训资料 6.5 万册，实用技术光碟 3 万张，无神论教育动漫光碟 2000 张②；河北省科协会同省政府应急管理办公室、省地震局等 20 多个单位，于 2009 年和 2010 年连续两年在 5 月 12 日组织开展防灾减灾日科普宣传活动，全省共组织开展重点活动 362 项，受益群众达 800 万人次③。

12.4.2 各部委开展的特色科普活动实践

各部委结合自身工作需要与资源优势，开展了各具特色的科普活动。如安全生产月、安全科技周等活动，使安全意识深入人心，有效降低了全国安全事故死亡人数；节能减排全民行动、千乡万村环保科普行动、“让江河湖泊休养生息”大型环保科普系列活动、科技列车行、气象防灾减灾

① 根据中国科协提供的工作资料整理。

② 参见《全民科学素质纲要年报》总第 60 期。

③ 数据来源于河北省纲要办 2010 年上报全民科学素质纲要实施工作办公室的总结材料。

宣传志愿者中国行、保护母亲河行动、全民健康科技行动、文化科技卫生“三下乡”活动等都已成为公众广泛参与的品牌科普活动。

12.4.2.1　环保主题科普活动

（1）大学生志愿者千乡万村环保科普行动

环保部依托所属中国环境科学学会开展大学生志愿者千乡万村环保科普行动。活动的宗旨是：让环保科普走进农村、走进田间、走进农民心间。2007—2011 年，组织约 1.4 万名志愿者在新疆维吾尔自治区、西藏自治区等中西部欠发达贫困地区农村 6300 多个村庄开展科普宣传。2012 年，以农村畜禽养殖污染防治为宣传主题，各小分队结合自身专业特点和当地实际需求，深入全国 1200 多个村庄，通过集市宣讲、自编环保短剧、开设小学环保课堂、入户宣传等多种形式，将环保科普知识带到农民身边。云南省大学生志愿者千乡万村环保科普行动自 2004 年开始已持续开展了 8 年，共组织了 60 多个小分队近 750 名志愿者和社会工作者到农村进行科普宣传，活动范围涉及全省 15 个州市的 440 个村镇。围绕新农村建设实施“清洁水源、清洁家园、清洁田园”工程。引导全省广大农民群众自觉保护农村生态和环境，形成良好的环境卫生和符合环境保护要求的生活、消费习惯；弘扬生态文明，发展生态文化，创造清洁的家园和良好的农村环境①。

截至 2012 年年底，大学生志愿者千乡万村环保科普行动共发放科普挂图 4.8 万张、宣传册 18.3 万册，举办各类科普活动千余场[12]。

（2）环保嘉年华活动

“环保嘉年华”是由中华环境保护基金会和安利（中国）日用品有限公司共同主办的、面向少年儿童的环保公益活动，是融互动式环保体验与知识型嘉年华为一体的环保主题乐园。活动通过寓教于乐的游戏互动形式，倡导“以家庭为单位的环保节日”理念，通过小手拉大手邀请孩子家长参与，引导全社会共同关注环境保护，提升环境意识，推动绿色生活，建设生态文明。

---

① 根据 2012 年环保部及云南省提供的工作资料整理。

自 2009 年首次举办至 2012 年，“环保嘉年华”作为全国创新的环保互动教育主题乐园持续开展，已经先后在全国的 40 多个城市成功举办 50 余场活动，吸引了超过 34 万个家庭、100 多万公众的热情参与[13]。例如，2009 年“环保嘉年华”活动在北京、哈尔滨、成都、武汉、杭州、广州、上海、厦门等城市开展，内容包括互动游戏、环保短剧、环保拍档、环保生活辩辨变、涂鸦墙、自然环保展等，有 24 万名少年儿童和家长参与，社会效果良好[14]。2011 年，该项活动以“绿色生活、快乐环保”为主题，分别在天津、广州、郑州、重庆、济南、大连、合肥、武汉、长沙、佛山、珠海、青岛等全国 10 多个城市开展了 10 多场环境科普和环保宣传活动，参与的孩子及家长近 60 万人。

12.4.2.2 气象主题科普活动

中国气象局等气象部门结合世界气象日、防灾减灾日、全国科技周、全国科普日等重要时间节点和社会契机，在全国各地开展一系列主题气象科普活动。

（1）世界气象日气象科普活动

每年 3 月 23 日世界气象日期间，全国气象部门围绕“天气、气候和水为未来增添动力”主题，开展“我身边的气象”科普活动，包括网络微博客专题、气象科普进全国政协礼堂展览、气象科普进社区、气象科普进列车等专题活动。例如 2012 年的活动中，累计开放气象台站 1800 多个，为参观者进行讲解服务的专家 2300 余名，志愿者 1 万余名，接待参观人数达 100 多万人次①。

（2）防灾减灾日气象科普活动

防灾减灾日活动中，中国气象局组织专家通过接受主流媒体采访开展科普宣传，各地气象部门联合当地相关机构开展了形式多样的主题科普活动。据不完全统计，2012 年，全国气象部门共有 200 多个气象台站对外开放，发放气象科普宣传材料 60 余万份，组织了 500 余名专家开办防灾减灾讲座等②。

---

① 根据 2012 年中国气象局提供的工作资料整理。

② 同上。

（3）气象防灾减灾宣传志愿者中国行活动

气象防灾减灾宣传志愿者中国行活动是由中国气象局、共青团中央、中国科协和中国气象学会自 2009 年开始联合主办的一项大型科普活动。活动由大学生志愿者和气象专家组成的中国气象防灾减灾宣传队，深入全国范围内的农村、中小学校、厂矿企业等地向广大人民群众宣传气象灾害的预警和防御知识，开展为期一个月的气象防灾减灾宣传活动。

气象防灾减灾宣传志愿者携带气象科普资料，重点深入乡村，调查群众的防灾减灾意识、对气象知识的了解程度以及各种极端气候变化给农村生产、生活所带来的影响；深入中小学校开展气象防灾减灾宣传，利用互动游戏、科教片播放、知识问答等多种形式开展宣教工作，充分了解中小学校的气象知识普及情况；深入厂矿企业，通过近年来我国发生的数起典型工矿企业遭遇气象灾害导致人员伤亡、财产损失的事件对企业负责人及工人开展宣教工作，调查厂矿、企业的防灾意识和具体措施；深入广场、车站、港口、列车等人流量大的地方，举行防灾减灾图片展、知识讲座和气象防灾减灾知识调查，获得气象知识普及情况的第一手资料。

例如，2012 年，活动围绕“传播气象文化，科学防灾减灾”主题，组织了北京大学、南京大学、浙江大学、兰州大学、南京信息工程大学、成都信息工程学院等 10 余所高校的 2000 多名气象相关专业的大学生和青年教师志愿者组成 211 支科普宣传小分队，有针对性地向群众宣传暴雨、冰雹、沙尘暴、泥石流等多种常见自然灾害的预警和防御知识。在历时一个月的活动中，211 个小分队共计到达基层乡镇 800 余个，进入农户 17000 余家，深入中小学校、夏令营、少年军校 400 余所（个），发放宣传资料 140 多万份[①]。

（4）气象科普“四进”活动

近年来，中国气象局充分利用“大联合、大协作”机制，推进气象科普进社区、进列车、进学校、进农村。

气象科普进社区活动中，向社区的上百名居民代表赠送气象科普书籍等宣传资料；社区居民代表发表倡议书，倡导社区居民关注天气、气候和

① 根据 2012 年中国气象局提供的工作资料整理。

水，践行低碳生活。

气象科普进列车活动中，向列车员代表赠送《气候变化小知识》《天气预报揭秘》《气象知识》杂志等气象科普宣传资料，科普志愿者在列车上向旅客发放气象科普宣传资料，同时，还通过科普咨询、有奖竞猜、填写气象知识调查问卷等方式与广大旅客进行交流和互动。

气象科普进学校活动中，向学校赠送《气象知识》杂志等科普读物和《雷击村之谜》等气象科普光盘；此外，还专门制作了《人与气候》《如何应对气象灾害》两套科普展板参加相关学校的主题活动。

气象科普进农村活动是推进气象科技和信息服务向农村基层延伸普及的一种具体形式。活动现场进行火箭增雨和高炮防雹演示；农业气象专家走进田间地头，认真查看苗情，为农民朋友解答实际问题；农业气象专家介绍农业气象技术研究与应用成果；向村民代表赠送科普书籍和电脑。

12.4.2.3 安全生产主题科普活动

自 2002 年以来，每年的 6 月份被确定为全国安全生产月，作为安全生产宣教工作的重要平台和载体。活动期间，各地在全国组委会的统一指导下，以“科学发展、安全发展”为主题，广泛开展安全生产事故警示教育周、安全生产宣传咨询日、安全文化周、应急预案演练周和各类知识竞赛等一系列有针对性、各具特色的宣教活动，把安全文化、安全法律、安全科技、安全知识送进厂矿、工地、社区、校园和乡村。

（1）安全生产事故警示教育周活动

全国安全生产月期间，安全监管总局在全国范围内部署开展事故警示教育周活动。行业各地区、各单位通过组织观看全国性事故警示教育片、身边典型事故案例宣教片和典型事故案例教材，在交通工具上播放警示幻灯片、动漫片，开展事故教训反思大讨论，举办事故案例警示教育展览，当事人“以案说法”等方式，提高警示教育的冲击力和震撼力。

通过对典型事故进行全面剖析，认真分析原因，深刻吸取教训，切实提高了各单位对事故危害的清醒认知和对安全生产极端重要性的深刻认识，切实提升了企业员工的自我防范意识和自身的科学素质，达到了用事故教训推动工作的目的。据统计，2012 年安全生产警示教育周期间，全国共举办各类警示教育活动 54 万场次，受教育人数超过 5000 万人次[①]。

（2）安全生产宣传咨询日活动

为推动宣传咨询日活动重心下移，让活动内容更加贴近基层、贴近一线、贴近群众、贴近职工，安监系统各单位举行宣传咨询活动。据统计，2012 年安全生产宣传咨询日，全国共派出咨询单位 2 万余家，出动各类宣传车 13 万台次，发放宣传资料 9000 多万份，设置各类展板近 100 万块，张贴宣传标语、横幅 1300 余万条，现场参加宣传咨询的人数超过 1 亿人次[②]。

（3）安全文化周活动

各地充分利用电视、广播、报刊、网络、专栏等各类媒体开展安全文化宣传，通过举办征文、演讲、培训、知识竞赛、文艺汇演、歌咏比赛、书画大赛等宣教活动，宣传科学发展、安全发展理念，普及安全生产法律法规和安全知识。

据统计，2012 年安全文化周期间，全国共举办各类培训班、讲座、宣讲会 5 万余场，参加人数超过 1000 万人；组织各类竞赛 7000 余场，参赛人数达 9000 万人；举办安全展览 1 万余场，有 300 万人现场参观；举办安全文艺演出超过 3000 场次，现场观众超过 200 万人[③]。

12.4.2.4 生命健康主题科普活动

国家卫生与计划生育委员会等相关部委，依托所属全国学会等力量，在全国安全用药月、各类健康日平台上，积极组织开展生命健康主题科普活动。

（1）全国安全用药月活动

全国安全用药月是贯彻落实《全国食品药品安全科普行动计划（2011—2015）》的具体举措，从 2011 年起由国家食品药品监管总局确定，活动期间集中开展安全用药科普宣传活动。例如，2012 年全国安全用药月的活动主题是“谨慎使用抗生素”。国家食品药品监管总局联合有关单位

① 根据 2012 年安全监管总局提供的工作资料整理。
② 数据来源于安全监管总局提交全民科学素质纲要实施工作办公室的 2012 年工作总结。
③ 同上。

组织“安全用药进社区”、“安全用药系列讲堂”、“安全用药进大学”等一系列科普宣传活动。

（2）健康主题日科普活动

中华医学会、中国药学会、中华预防医学会、中国粮油学会、中国标准化协会、中国麻风病防治学会等全国学会，结合世界健康日、高血压日、世界癌症日、国际禁毒日、爱眼日、睡眠日等健康主题日，开展讲座、咨询、科普宣传资料发放等形式多样的科普活动，引导公众掌握正确的养生保健知识，形成健康的生活方式，提升健康素养。例如，2012 年，全国妇联于“6·26”国际禁毒日之际，指导各地妇联开展“妇女姐妹齐携手，共创无毒平安家”活动，通过开办禁毒课堂、知识问答、张贴横幅、摆放展板、发放宣传折页等形式，面向农村家庭开展禁毒教育，帮助妇女充分认识毒品带来的危害，同时深入传播禁毒知识，预防毒品犯罪。

12.4.2.5 促进创新创造主题科普活动

2012 年 9 月，中科院在北京、武汉、兰州、广州、成都等地开展首届科技创新年度系列巡展，参观人数达 20 万人次。展览主要展示以新的中微子振荡为代表的前沿科学研究成果，以嫦娥工程、声学系统助力蛟龙探海等为代表的若干重大科技工程进展，以绿色农业、纳米绿色印刷等为代表的与民生密切相关的科技应用成果以及中国科学院大学装置建设与研究的重要进展，共 3 类 20 项①。同时，配合展览还组织开展了科学报告和科普讲座。

12.5 科普活动实践展望

科普活动是我国开展科普工作的重要手段，是贯彻《科学素质纲要》工作主题的重要抓手，在今后的一段历史时期内，这种情况将会持续。然而，随着国家对科普活动投入的不断增多、公众对科普活动需求的不断细化和科普媒介的不断更新，科普活动也将面临新形势与新挑战。诸如科普

① 数据来源于中科院提交全民科学素质纲要实施工作办公室的 2012 年工作总结。

活动如何实现创新、追求实效、满足公众需求、成为科学教育的有益补充等，将是今后面临的重大课题。为了应对上述的问题与挑战，未来科普活动的设计、策划、组织、实施等环节，将向以下几个方面发展。

科普活动的设计与策划要更进一步细分受众，以满足目标人群科普文化需求为出发点和落脚点。

科普活动要积极利用新技术手段，丰富内容，创新形式，适应多元化、动态性、即时性科普新发展趋势。

注重对科普活动效果的评估，促进科普活动追求实效。

科普活动要实现学习与娱乐、科学与文化的融合。

科普活动设计要充分结合学校科学教育的目标，要成为学校科学教育的有益补充。

参考文献

[1]任福君，张志敏，翟立原．科普活动概论［M］．北京：中国科学技术出版社，2013.

[2]任福君，翟杰全．科技传播与普及概论［M］．北京：中国科学技术出版社，2012.

[3]本书编写组．科学技术普及概论［M］．北京：科学普及出版社，2002：11-44.

[4]高岚，吴红梅．资源瓶颈：可持续发展之痛［J］．半月谈内部版，2005（4）.

[5]雷绮虹，等．综述［A］//2007 中国科普报告．北京：科学普及出版社，2007.

[6]田雪原，等．21 世纪中国人口发展战略研究［M］．北京：社会科学文献出版社，2007.

[7]科技部．2012 年度全国科普统计数据发布．2013，12

[8]全民科学素质纲要实施工作办公室，中国科普研究所．全民科学素质行动计划纲要年报 2010［M］．北京：科学普及出版社，2011.

[9]全民科学素质纲要实施工作办公室，中国科普研究所．全民科学素质行动计划纲要年报 2012［M］．北京：科学普及出版社，2013.

[10]张文娟．“科技列车”风雨兼程八年路［J］．中国农村科技，2011（6）：18-23.

[11]徐延豪．全国科普日十年回顾与未来发展［EB/OL］．［2013-09-15］．http：//zt.cast.org.cn/n435777/n435799/n15000007/n15000058/15063116.html.

[12]中国科普研究所．科学普及与创新文化专题调研报告［R］．2013.

[13]在快乐中体验环保［EB/OL］．［2012-20-23］．http：//tech.xinmin.cn/internet/2012/10/23/ 168290 69.html.

[14]功在当代利在千秋——记中华环境保护基金会［EB/OL］．http：//www.docin.com/p-409345566.html.

第 13 章
公民科学素质监测评估实践

13.1 引　言

我国是世界上为数不多的几个定期开展公民科学素质调查的国家。从20世纪90年代至今共开展了8次正式的全国调查，历次调查结果均发布在《中国科学与技术指标》一书中，并且独立成章[1]。

从1992年开始，我国开展的8次全国性的公民科学素质调查分别于1992年、1994年、1996年、2001年、2003年、2005年、2007年和2010年举行。调查的指标体系和问卷经过多次修改，现已经成为既可以体现我国实际情况，又可以实现多语境下国际比较的公民科学素质调查评估体系。目前已发布的调查数据体现了我国调查数据的历史比较和与国际调查结果的横向对比[2]。中国公民科学素质调查的结果不仅进入《中国科学与技术指标》，成为我国科学技术发展的重要指标，而且历次的调查结果受到社会各界的关注，同时为政策制定提供了重要的数据参考。我国现在实施的《科普法》和《科学素质纲要》均参考和使用了中国公民科学素质调查的结果[3]。表13-1是8次公民科学素质调查的技术路线和技术参数的发展简况表。

表 13–1　历次全国性的公民科学素质调查的技术参数简况表[2]

调查年份	1992	1994	1996	2001	2003	2005	2007	2010
样本量	5500	5000	6000	8520	8520	8570	10080	69360
有效率	＞85%	＞80%	＞75%	98.0%	99.5%	100%	99.8%	98.6%
抽样方法	简单 PPS			分层四阶段不等概率 PPS（d ≤ 3%）			分层三阶段不等概率 PPS（d ≤ 3%）	
加权参数	性别			性别、年龄、文化程度、城乡				
覆盖人群	大陆 31 个省（市、自治区）18—69 岁的公民（不含现役军人）							
批准机关	国家统计局							
批准级别	国统函						国统制	
调查单位	国家科委、中国科协			中国科协、中国科普研究所				

历次的中国公民科学素质调查均由中国科协资助，由中国科普研究所具体实施。调查均为抽样入户面对面访问的形式。调查的抽样方法是在全国范围内采用完全 PPS 抽样，发展为分层多阶段 PPS 的抽样方法。样本量从 1992 年的 5500 个发展到 2010 年的 69360 个。数据分析方法从简单频数分析法，发展为多变量联合加权分析法和与经济和社会发展指标进行关系研究等。对于公民科学素质的表征方法，我国开创性地使用公民科学素质指数表示公民科学素质水平[3]。在调查方法方面采用了定性调查和定量调查相结合的方式，更加深入地了解公民对待科学技术的态度和理解科学技术的程度。

本章主要以 2010 年第八次中国公民科学素质调查（以下简称第八次调查）为例，全面介绍我国公民科学素质监测评估的问卷设计、指标本土化、抽样设计、过程控制等各个环节，阐释我国公民科学素质监测评估的实践现状。

13.2　第八次调查背景介绍

2009 年 11 月 5 日，国家统计局同意批准中国科协开展第八次调查。中国科协办公厅于 2009 年 12 月 25 日下发了《关于组织开展第八次中国公民科学素质抽样调查的通知》，第八次调查全面启动。第八次调查组织带动全国 31 个省（市、自治区）及新疆生产建设兵团共同参与，为制定“十二五”《全民科学素质行动计划纲要实施方案（2011—2015 年）》提供基础数据和决策依据。从调查实施的全部过程来看，第八次调查即是我国公民科学素质调查工作的继续，也是一次具有特殊重要意义的全国公民科学素质调查[3]。

为了更好地反映我国公民科学素质水平，第八次调查在对以往调查数据分析和对最新国际相关调查数据梳理的基础上，对调查问卷设计、抽样设计、调查过程控制方法都进行了改进。继在 2007 年第七次公民科学素质调查问卷的背景变量中加入了《科学素质纲要》的四类重点人群变量以后，第八次调查又在背景变量中增加了文理科变量，为进一步分析公民科学素质的影响因素提供详细的分类信息。此外，在公众对科学的理解模块中增加了“辐射”这个科学术语题目，考察公民对生活中常用科学术语的了解情况。

由于第八次调查我国大陆全部的省级单位均参与，因此调查问卷的设计进行了重要调整，以适应大样本的调查工作。为了更准确地反映我国公民科学素质状况及各省级单位公民科学素质状况，考虑到我国社会发展差异较大的实际情况，第八次调查在保证全国基础调查样本量的基础上，对各省级单位进行了样本追加，设计总样本量达到了 69360 份，样本量的扩充为描述我国公民科学素质分省状况奠定了基础。第八次调查全国大陆 32 个省级单位的积极参与，极大提升了公民科学素质的数据估计精度，并且首次在全国范围内得到了各省的公民科学素质状况数据。因此，第八次调查是具有重要意义的一次调查。

第八次调查从抽样设计、问卷设计、调查过程实施和过程控制全部由中国科普研究所按照统一标准制定、组织和实施。调查标准的统一以及调查过程的统一管理为本次调查的科学性提供了保证，为获取公民科学素质真实水平打下了坚实的基础，为各省调查数据的比较分析提供了依据。

2010 年实施的第八次调查，在历次中国公民科学素质调查中是具有代表性的一次，另外考虑到 2010 年是《科学素质纲要》实施的中期评估之年，而公民科学素质调查是反映《科学素质纲要》实施效果的重要调查，因此，本章选用第八次调查实施作为典型案例，全景介绍我国公民科学素质的监测评估实践。

13.3 公民科学素质调查的指标体系及问卷设计

13.3.1 第八次调查的主要内容

第八次调查包括公民对科学的理解、公民的科技信息来源和公民对科学技术的态度三个方面的内容。其中，公民对科学的理解是与公民科学素质有关问题的核心内容，用于测度公民具备基本科学素质的状况和科学素质水平。

第八次调查问卷的内容在 2007 年问卷的基础上进行了一些精简和调整。在公民对科学的理解方面，包括：公民对目前各种信息传播渠道中涉及的科学术语（分子、DNA、因特网、辐射）和日常生活中的基本科学观点（地球的中心非常热、电子比原子小、光速比声速快、抗生素不能杀死病毒、我们呼吸的氧气来源于植物、婴儿的性别由父亲决定、乙肝的传播途径等）的了解情况；公民对基本的科学方法和过程的了解情况；公民对科学与社会之间关系的理解程度。与 2007 年调查不同的是，在科学术语部分用“辐射”替换了“纳米”；在基本科学观点部分，删除了“吸烟会导致肺癌”，将“地球围绕太阳转”和“地球围绕太阳转一圈的时间为一个月”合并为一题，增加了乙肝的传染途径、声音的传播媒介、植物开花的基因和地球板块运动会导致地震 4 个问题。

在公民的科技信息来源方面，包括：公民对科学技术发展信息（科学新发现、新技术新发明的应用等）的感兴趣程度；公民从大众传媒（电视、广播、报纸、杂志、科学期刊、图书、因特网）及通过人际交流获取科技信息的情况；公民通过科普活动（科技周、科普日、科普宣传车、科技展览和咨询、科普讲座等）了解科技知识和信息的情况；公民利用科技馆等科技类场馆（动植物园、自然博物馆、科技园区、科普画廊、科技示范点、科普活动站、公共图书馆等）了解科技知识和信息的情况；公民参与公共科技事务的情况。这一部分与2007年相比，问卷内容没有变化，只是将对科学技术信息感兴趣的程度与获取科技信息的渠道的题目先后顺序进行了调整。

在公民对科学技术的态度方面，包括：公民对科学技术发展的看法；对科学家团体和科学事业的态度；对科学发展（自然资源和科技人才资源的可持续发展、基础科学研究）的看法；对科技创新（科技创新、技术应用）的态度。这部分与2007年相比，在保证调查指标完整的基础上，对公民对科学技术的看法题目进行了精简，删去3个题中的共4个题项。

问卷还设置了受访者背景信息的题项，通过对调查数据的统计加权分析，可以得出我国不同性别、不同年龄段、不同受教育程度、不同职业以及城乡、不同地区（东部、中部和西部地区）和《科学素质纲要》实施的重点人群以及民族划分等各类人群的相关分析结果。

13.3.2 第八次调查的指标体系

第八次调查的指标体系由背景变量和分级指标组成。背景变量包括地区、城乡、性别、年龄、文化程度、职业、民族和重点人群等；分级指标包括3项一级指标、13项二级指标和39项三级指标（见表13–2）。

一级指标“公民对科学的理解”下包括：基本科学知识、基本科学方法、科学与社会之间的关系3项二级指标；一级指标“公民的科技信息来源”下包括：对科学技术信息的感兴趣程度、获取科技发展信息的渠道、参加科普活动的情况、参观科普设施的兴趣、参观科普设施的情况及原因和参与公共科技事务的程度6项二级指标；一级指标“公民对科学技术的态度”下包括：对科学技术的看法、对科学家和科学事业的看法、对科学技术发展的认识和对科技创新的态度4项二级指标。二级指标下共包含39项三级指标，三级指标下共含108个分项测试题目。

表 13-2 第八次调查指标体系表

一级指标	二级指标	三级指标
公民对科学的理解	1. 基本科学知识	（1）对科学术语的了解
		（2）对科学基本观点的了解
	2. 基本科学方法	（3）对“科学地研究事物”的理解
		（4）对“对比法”的理解
		（5）对概率的理解
	3. 科学与社会之间的关系	（6）迷信的相信程度及行为
		（7）科学对个人行为的影响
公民的科技信息来源	4. 对科学技术信息的感兴趣程度	（8）对科技新闻话题的感兴趣程度
		（9）最感兴趣的科技发展信息
	5. 获取科技发展信息的渠道	（10）纸制媒体
		（11）影视媒体
		（12）声音媒体
		（13）电子媒体
		（14）人际交流
	6. 参加科普活动的情况	（15）专门的科普活动
		（16）日常的科普活动
	7. 参观科普设施的兴趣	（17）科技类场馆
		（18）人文艺术类场馆
		（19）身边的科普场所
		（20）专业科技场所
	8. 参观科普设施的情况及原因	（21）科技类场馆
		（22）人文艺术类场馆
		（23）身边的科普场所
		（24）专业科技场所
	9. 参与公共科技事务的程度	（25）自己关心
		（26）和亲友谈论
		（27）热心参加
		（28）主动参与

（续表）

一级指标	二级指标	三级指标
公民对科学技术的态度	10. 对科学技术的看法	（29）科技与生活
		（30）科技与工作
		（31）对科技的总体认识
	11. 对科学家和科学事业的看法	（32）对科学家职业的看法
		（33）对科学家的工作的认识
	12. 对科学技术发展的认识	（34）对科技发展的期待
		（35）科技发展与自然资源
		（36）对公众参与科技决策的态度
		（37）对基础科学研究的态度
	13. 对科技创新的态度	（38）对科技创新的期待
		（39）对技术应用的看法

该套指标体系最大限度地保持了与以往调查指标的连续可比性，并尽量靠近测度《科学素质纲要》中规定的公民科学素质的要求，即公民具备基本科学素质一般指了解必要的科学技术知识，掌握基本的科学方法，树立科学思想，崇尚科学精神，并具有一定的应用它们处理实际问题、参与公共事务的能力。对于一些无法定量测度和描述的部分，第八次调查采取了对特定人群进行深度访谈和小组座谈的形式进行深入的定性调查。

13.3.3　第八次调查的问卷设计

第八次调查所使用的问卷，在借鉴以往调查经验的基础上，本着国际国内的连续可比、条理清晰、语言通顺和便于调查及统计的原则，进行了相应的修改和调整。具体样式请直接参见正式的调查问卷。

问卷由封面、封一、问卷主体和封底组成。封面包括调查名称、国家统计局批准文号、调查有效期、先导语和调查机关等内容。封一包括一份提供被访者的地区识别信息的地区编码表和一张供调查员入户选择被访者的二维随机数表及使用说明。问卷主体包括基本的答卷说明和四个主要部分。答卷说明主要是为引导调查员和被访者采取有效的答卷方式和及时记录答卷时间而设计的；四个主要部分包括：被访者的基本信息、公民的科技信息来源、公民对科学的理解和公民对科学技术的态度。封底是问卷填写及审核记录表，用于及时记录调查、审核、复核、录入及对比检查的人员姓名和完成时间等情况。

在问卷形式设计上，采用规范的表格型问卷，每个问题下的表格中左部为选项，右部为选项代码，只需在所选选项的代码上圈选即可，无需进行二次编码。

在问题设置上，做到由简入繁，由浅入深。从贴近被访者生活实际的问题进入，逐步进入核心问题，再通过对一些看法的表态和选择来完成调查。

在文本表达上，在尊重问题表达的科学性基础上，力争做到语言清晰易懂、不产生歧义。加入了必要的引导语、说明语和跳答符号，并制作了配套专用示卡。调查员依据引导语适时出示专用示卡可让被访者看清题目，避免调查员对问题的过多重复解释。

13.4 公民科学素质调查的抽样设计

为满足我国公民科学素质调查的要求，调查抽样设计遵循科学、效率、便利、连贯的原则。在注重抽样效率和调查样本量有限的前提下，使抽样误差尽量减小。以往调查是以全国为总体进行的抽样设计，得到的样本只能满足全国目标量估计的需要，不能满足特定省（市、自治区）级目标量估计的需要。第八次调查既要满足全国整体的估计，还要满足估计本省（市、自治区）的目标量要求，最终采用以全国为总体，各省级单位（32 个）为子总体的抽样方案。第八次调查的设计样本量为 69360 份，回收有效问卷 68416 份，问卷有效回收率为 98.64%。

13.4.1 抽样思路及方法

第八次调查采用分层三阶段不等概率抽样。由于兼顾全国总体和各省子总体的目标量估计要求，同时考虑到历次调查的连贯性原则，第八次调查抽样设计有较大的变化和突破。在历次抽样调查形成的中国公民科学素质观测网的基础上，将各省（市、自治区及新疆生产建设兵团，共32个，以下统称各省级单位）视为子总体，进行独立的追加抽样设计。对于各省级子总体，各省的追加抽样设计与全国的抽样设计保持一致，采用三阶段抽样设计。追加后的省级样本由落入本省内的全国设计样本与本省独立的追加样本两部分构成。

第八次调查抽样设计所采用的方法有PPS抽样法、等距抽样法和二维随机数表抽样法。

13.4.1.1 PPS抽样法

PPS抽样法是按规模大小成比例的概率抽样，它是一种使用辅助信息，从而使每个单位均有按其规模大小成比例地被抽中概率的一种抽样方式[4]。该方法的思路主要是以人口规模成比例进行概率抽样，在调查的第一和第二抽样阶段均使用此方法抽选样本单元。以被抽中的乡镇中采用PPS抽样法抽取村委会为例，辅助资料为抽中乡镇中所有村委会的人口数。将该乡镇各村委会按照人口数从小到大进行排列（见表13–3）。如需要抽取6个村委会，则首先随机产生［1，M_0］中的6个数，假如产生的随机数为5543，200，8031，…，需在“累计人口数”那一列中找出对应的村委会，此例中随机数5543数值处于累计人口数值3452至7686之间，因此村委会2被选中，依次类推，随机数200对应的是村委会1，随机数8031对应的是村委会3。按照此方法，根据村委会名录和累计人口数表，其他3个待抽取村委会也很容易依次选出。

表13–3　PPS抽样示例

村委会名称	人口数	累计人口数
村委会1	3452	3452
村委会2	4234	7686
村委会3	4455	12141
⋮	⋮	⋮
村委会n	7558	M_0
合　计	M_0	

13.4.1.2 等距抽样法

等距抽样的基本做法是，将总体中的各单元先按一定的顺序排列、编号，然后决定一个间隔，并在此间隔基础上选择被调查的单位个体。样本距离可通过下面公式确定：样本距离 = 总体单位数 / 样本单位数。第八次调查中第三阶段抽样即住户的抽取采用此方法。住户的抽取采用随机起点等距抽样中的直线抽取法。辅助资料为被抽中居委会（村委会）中住户户主的名单。

以某居委会中住户的抽取为例（见表 13–4），假设某居委会共有 301 户住户，要从这些住户中等距抽取 5 个住户，则抽样间距离取 k=301/5 最近的整数，即为 60。然后随机产生一个［1，60］的数字，假如为 2，则抽取的第一个住户为第 2 号住户，其他 4 个住户依次为：住户 62、住户 122、住户 182、住户 242。在每个选中的居委会或村委会中，都抽 5 个住户。

表 13–4 历次全国公民科学素质调查技术参数简况表[2]

编号	住户户主名称
1	张三
2	李四
3	刘红
⋮	⋮
n	赵丽

13.4.1.3 二维随机数表抽样法

选择住户之后，在每一户利用二维随机数表确定受访者（见表 13–5）。首先，应事先在随机数表的第一行数字上选好一个数字，并画上一个圈，被圈好的这个数字就是这份问卷的随机号。随机号的选择一般由小到大或循环给出。可以根据便于操作又保证实现随机的原则，选择确定随机号的适当方法（正式问卷中已经选定）。然后，将所有符合基本要求（18—69 岁）的户籍家庭成员和常住家庭成员按年龄从大到小的顺序列入随机表中，以事先选定的随机号为纵坐标、以最小家庭成员为横坐标，交叉处对应的数字即为被访者的序号。

表 13–5　二维随机数表抽样示例

序号	姓名（称呼）	性别	年龄	1	2	3	4	5	6	7	8	9	⑩	11	12
1	肖明	男	53	1	1	1	1	1	1	1	1	1	1	1	1
2	汪红	女	52	2	1	1	2	1	2	1	2	1	2	2	1
3	肖晓波	男	23	3	2	1	1	3	2	2	1	3	1	2	3
4	肖晓玲	女	21	4	1	3	2	2	3	1	4	3	2	4	1
5				5	4	1	2	3	4	1	2	3	5	4	2
6				6	3	1	5	2	4	3	5	1	4	6	2
7				7	1	4	3	6	2	5	2	5	7	4	3
8				8	4	5	7	1	2	6	3	7	5	3	1
9				9	5	1	4	3	8	2	7	6	5	2	8
10				10	3	5	9	4	1	7	2	8	6	9	4
11				11	6	1	5	10	4	9	8	3	2	7	6
12				12	7	2	9	4	11	6	1	8	3	10	5

例如，某受访户的问卷随机号已事先圈定为 10，该户中家庭成员符合调查要求的共有 4 个人。将这 4 个人的基本情况按年龄从大到小的顺序填入随机表中（见表 13–5），随机号为⑩所代表的列与年龄最小的家庭成员肖晓玲所在的行相交叉的数字是 2。因此，序号为 2 的家庭成员汪红被选出作为被访者。

13.4.2　抽样设计

13.4.2.1　抽样设计分类

为提高估计精度和便于调查的组织实施，考虑到我国不同地区公民科学素质水平以及地区综合发展差异（城乡差异、不同地区的社会经济文化差异等），对全国 31 个省、市、自治区（港、澳、台地区除外）进行分类。由于北京、天津、上海的综合发展水平明显高于其他省（市、自治区），因此首先将京津沪单独作为第一类；剩余 28 个省（市、自治区）参照中国人民大学2008年12月发布的“2008中国发展指数”（英文简写RCDI）[5]进行类型划分。全国大陆 31 个省（市、自治区）被分为四大类：

第一类：北京、上海、天津；

第二类：浙江、江苏、山东、辽宁、吉林、广东；

第三类：福建、内蒙古、黑龙江、山西、湖南、河北、湖北、河南、海南、新疆、宁夏、重庆、江西、广西、陕西；

第四类：四川、安徽、青海、云南、甘肃、贵州、西藏。

上述四大类别中，第一类的北京、上海和天津是我国综合发展水平最高的地区，且都为直辖市；第二类地区的综合发展水平次之，大多为我国的沿海省份；第三类地区的综合发展水平处在中间位置，多为我国的中部省份；第四类地区的综合发展水平相对较低，主要分布在我国西部地区。

对于第一大类的直辖市，分别以三个直辖市为子总体，采用分层三阶不等概率抽样，第一阶段抽街道（乡、镇），第二阶段抽居委会（村委会），第三阶段抽家庭住户（每户调查一人）。第一、第二阶段是在分层的基础上采取按人口成比例的PPS抽样，第三阶段采取随机起点系统抽样。

除去第一类三个直辖市和西藏自治区外，剩余的 27 个省级单位，在每一类以各省为子总体采用相同的处理办法。将每个省级单位下的所有区（县）分为必选层和抽选层。首先把省会城市市辖区和副省级城市市辖区作为必选层，必选层内采用三阶不等概率抽样，第一阶段抽街道，第二阶段抽居委会，第三阶段抽家庭住户（每户调查一人）。第一、第二阶段采取按人口成比例的 PPS 抽样，第三阶段采取随机起点系统抽样。将各省内除必选层市辖区外的其他所有区（县）为作抽选层，采用分层三阶不等概率抽样，第一阶段抽区（县），第二阶段抽居委会（村委会），第三阶段抽家庭住户（每户调查一人）。第一、第二阶段是在分层基础上采取按人口成比例的 PPS 抽样，第三阶段采取随机起点系统抽样。

重庆较为特殊，虽然是直辖市，但其综合发展水平仅相当于一般省份，根据 RCDI 指数被划入第三类。从农村人口比重看，北京、天津、上海分别为 23.44%、39.49%和 13.19%，重庆市却高达 72.89%，所以，可以考虑把重庆市与另三个直辖市区别对待，归在一般省份类别。重庆市的市内 6 区，采用一般省份必选层的抽样方法；其他郊区区（县）相当于省内抽选层。

西藏自治区仍然单独考虑，归入特殊类。选取拉萨市的城关区和日喀则地区的日喀则市，采用一般省份的必选层的抽样方法。第一阶段抽街道，第二阶段抽居委会，第三阶段抽家庭住户（每户调查一人）。

新疆生产建设兵团首次被纳入调查范围，结合其行政构成独立于新疆维吾尔自治区以师为初级抽样单元进行三阶段不等概率抽样。第一阶段抽师，第二阶段抽团（农场、林场），第三阶段抽住户（每户调查一人）。第一、第二阶段采取按人口成比例的 PPS 抽样，第三阶段采取随机起点系统抽样。

进行完上述区分后，31 个省（市、自治区）和新疆生产建设兵团共 32 个省级单位可以进一步分为八大类：北京、上海、天津三个直辖市归为一类，称为直辖市类；其他 28 个省级单位在 RCDI 指数分三类的基础上，又可细分为必选层类和抽选层 2 类，交叉共计分为 6 类；西藏自治区和新疆生产建设兵团作为特殊类处理。

各省级单位抽样设计分类见表 13–6。

表 13–6　抽样设计分类

RCDI 分类	省级行政单位	抽样设计分类	类别
第一类	北京、上海、天津	直辖市类 0	1
第二类	浙江、江苏、山东、辽宁、吉林、广东	必选层类 1	2
		抽选层类 1	3
第三类	福建、内蒙古、黑龙江、山西、湖南、河北、湖北、河南、海南、新疆、宁夏、重庆、江西、广西、陕西	必选层类 2	4
		抽选层类 2	5
第四类	安徽、四川、青海、云南、甘肃、贵州	必选层类 3	6
		抽选层类 3	7
	西藏 新疆生产建设兵团	特殊类 4	8

13.4.2.2 样本量的确定

各省级单位的抽样设计在全国总体抽样框架下实施。由于调查的结果主要是估计各种比例数据，所以，在省级子总体样本量的确定上以估计简单随机抽样总体比例 P 时的样本量为基础，在 95% 的置信度下按抽样绝对误差不超过 5% 的要求进行计算，p（1–p）取最大值 0.25，需要抽取样本量取整约为 384。对于子总体内采用三阶段抽样，设计效应 deff 定为 2.5。如果采用城乡分域比较，则各域所需样本量确定为 384 × 2.5，取整为 1000 人，因此，省级子总体追加后的样本量是 2000 人。考虑到我国各省级单位总体人口规模差距较大，因此对人口规模较大的省份，追加后的总样本量将在 2000 的基础上按各省人口规模进行相应的增加。

对于北京、上海、天津三个直辖市，全国设计样本的初级单元为街道（乡、镇）。在已有的调查观测点进行样本扩充时，在各个直辖市子总体内，将在以往抽样中已经被抽中的街道（乡、镇）初级单元排除。以剩余的街道（乡、镇）组成省级子总体的初级抽样单元，分为街道层和乡镇层，仍然采用三阶段不等概率抽样。第一阶段抽取一定数量的街道（乡、镇），在每个入选的街道（乡、镇）中抽取 2 个居委会（村委会）；第三阶段在每个抽中的居委会（村委会）内抽取 10 户，每户调查 1 人。最终，确定在北京、天津、上海三个直辖市的初级单元抽取情况为：乡镇数分别为 25、42、13 个；街道数分别为 83、66、95 个。

对于一般省份，在以往设计样本中，每个省均由必选层样本和抽选层样本共同组成。在各个省的以往抽样分布中，必选层仅抽取城市样本，其占据了各省相当的城市样本比例。为了估计各个省级子总体的目标量，必须使得第八次调查扩充的样本量相对均匀地分散在省内各个地级城市，城市样本量也要相对地分散在省会城市和其他地级城市。对于一般省份的样本扩充，必选层城市样本的初级抽样单元（街道）不再考虑追加，而仅对其抽选层（区 / 县）进行样本扩充，从而确保扩充样本和全国样本对该省子总体的代表性。因此，一般城市必选层，第一阶段抽取一定数量的街道，在每个入选的街道中抽取 3 个居委会（村委会）；第三阶段在每个抽中的居委会（村委会）内抽取 10 户，每户调查 1 人。

一般省份抽选层设计样本的初级单元为区县。采用样本追加时，在各个省级子总体内，将在抽样框中把已在观测调查中的区县初级单元排除。以剩余的区县组成省级子总体的初级抽样单元，仍然采用分层三阶段不等概率抽样。第一阶段抽取一定数量的区县，在每个入选的区县中抽取10个居委会（村委会）；第三阶段在每个抽中的居委会（村委会）内抽取10户，每户调查1人。

对于新疆生产建设兵团，考虑其行政构成，仍然以团为扩充初级抽样单元，采用三阶段不等概率抽样，样本扩充为2000。

对于西藏自治区，考虑其地域特点和抽样的操作可行性，样本扩充为1200。

通过上述扩充分配，第八次调查全国样本总量是69360份，样本城乡比约为58 ∶ 42。

第八次调查抽样详表见表13–7。

表13–7　第八次调查抽样详表

省份编码	地区	2008年年末人口规模（万人）	样本量	必选层街道数	抽选层区/县数	城市样本量	城市样本比重（%）
11	北京	1695	2160	—	—	1296	60.00
12	天津	1176	2160	—	—	1296	60.00
13	上海	1888	2160	—	—	1296	60.00
14	辽宁	4315	2310	17	18	1386	60.00
15	山东	9417	2180	16	17	1308	60.00
16	浙江	5120	3010	17	25	1266	42.06
17	江苏	7677	3070	9	28	1302	42.41
18	福建	3604	2120	14	17	1272	60.00
19	广东	9544	2210	17	17	1326	60.00
21	黑龙江	3825	2070	9	18	1242	60.00
22	吉林	2734	2040	8	18	1224	60.00
23	河北	6989	2240	8	20	1344	60.00
24	河南	9429	2240	8	20	1344	60.00

（续表）

省份编码	地区	2008 年年末人口规模（万人）	样本量	必选层街道数	抽选层区 / 县数	城市样本量	城市样本比重（%）
25	山西	3411	2240	8	20	1344	60.00
26	安徽	6135	2110	7	19	1266	60.00
27	江西	4400	2140	8	19	1284	60.00
28	湖北	5711	2070	9	18	1242	60.00
29	湖南	6380	2140	8	19	1284	60.00
30	海南	854	1910	7	17	1146	60.00
31	广西	4816	3040	8	28	1284	42.24
41	内蒙古	2414	2010	7	18	1206	60.00
42	新疆	1875	2240	8	20	1344	60.00
43	宁夏	618	1780	6	16	1068	60.00
44	甘肃	2628	2040	8	18	1224	60.00
45	青海	554	1810	7	16	1086	60.00
46	西藏	287	1200	5	2	720	60.00
47	云南	4543	2240	8	20	1344	60.00
48	贵州	3793	2140	8	19	1284	60.00
49	陕西	3762	2070	9	18	1242	60.00
50	四川	8138	2170	9	19	1302	60.00
51	重庆	2839	2040	8	18	1224	60.00
52	新疆生产建设兵团	256	2000	—	—	1200	60.00
	合计	130827	69360	—	—	39996	57.66

注：浙江省、江苏省、广西壮族自治区考虑对其省内区域公民科学素质状况进行描述，样本量进行了追加。

13.5 公民科学素质调查的质量控制

在社会调查过程中，目前所面临的主要问题是在质量控制上把关不力、控制不严，调查资料的真实性、可靠性得不到保证，从而影响了整个调查的效果。因此在调查活动中，必须时刻关注调查质量的控制问题，并针对调查的基本特点进行质量控制设计，以保证整个调查的质量。

社会调查质量控制的关注点主要有：调查工具质量，包括问卷或量表的信效度、长度、必备要素等；调查员的调查技巧和素质，包括调查员的态度、访谈技巧和掌控能力；样本抽样质量，包括样本抽样是否满足研究需求、覆盖程度、代表性和方法简易；调查过程管理质量。

社会调查的质量控制方法主要有手工法、生产控制法、抽查法、软件法、检查法等；主要指标有：问卷信效度、抽样误差和覆盖率、数据精度、数据逻辑一致性、数据完整性、数据结果合理性等[6]。

13.5.1 第八次调查质量控制的基本原则

13.5.1.1 质量控制点主要设在关键环节

在第八次调查中所选择的过程控制点主要有：调查准备阶段的问卷、抽样设计、调查人员培训；调查过程中的过程追踪、入户接触、访谈录音；调查结束后的督导员审核和数据检查。

13.5.1.2 同一质量控制点使用单一的质量控制方法

在第八次调查中，每个质量控制点仅选用一种质量控制方法，单个质量控制方法仅在单个质量控制点起作用。质量控制点不重叠，同时，质量控制方法也不会跨越多个质量控制点。

13.5.1.3 尽量采用数据和报表类型的质量控制方法

质量控制方法有很多种，在第八次调查中主要选取易于考核和易于整体检查的数据和报表类型的质量控制方法。这样的控制方法方便调查组织者发现和及时解决调查过程中产生的问题，同时为今后的调查方式改进提供经验。

13.5.1.4 适度的质量控制强度

质量控制强度包括质量控制点的数量和质量控制方法的执行力度。在第八次调查中仅在调查关键环节设立质量控制点，尽量避免引入不必要的过程控制点。在过程控制方法执行力度方面，针对不同的环节使用不同的力度。例如，在调查准备阶段使用最为严格的质量控制力度，而在调查过程中和调查结束后则使用较为适度的质量控制力度。这样做使得调查的质量和调查所获取的数量均得到有效的保证。

13.5.2 第八次调查过程控制介绍

13.5.2.1 调查问卷和抽样方法

迄今为止，中国公民科学素质调查在我国已经开展了 8 次。调查问卷是经过多次调查研究和修订的成果之一。问卷的内容较为丰富，面访答卷时间为 30 分钟左右。问卷的长度适中，信效度达到调查要求。

第八次调查采用三阶段不等概率抽样设计，依托专业的研究与合作团队，保证了样本的代表性和结果的科学性。抽样设计以全国为总体，将各省（市、自治区及新疆生产建设兵团）视为子总体，进行独立的抽样设计。抽样设计分为两个阶段，即全国抽样阶段和分省追加阶段。在 95% 的置信度下，抽样误差绝对值为 2.08%，相对量为 4.16%。

13.5.2.2 调查员培训

保证调查员素质与调查质量的重要手段是开展广泛的、标准一致的调查员培训工作。针对调查员的调查技巧和能力，第八次调查采用了梯级培训的方式对全国调查员进行培训。先由调查组织人员对全国各个省级地方的调查员代表进行培训（约 150 人），各地方的调查员代表作为培训员使用统一的培训讲义再对当地的调查员进行培训，如此梯级培训共培训调查员 6000 余名。调查员在调查过程中要遵守入户操作规范和恰当使用调查方法。

13.5.2.3 调查过程控制

调查的过程管理是一个复杂的质量控制过程。过程控制手段通常采用全过程、多种手段和有回路反馈的控制。中国公民科学素质调查中使用了督导员督导审核制度，要求调查员填写过程控制表和入户接触表，入户访谈全过程录音和回收后对问卷进行二次审核等。

13.5.2.4 数据质量控制

数据质量控制是质量控制中较为重要的环节。数据是呈现结果的基础，如果数据出现偏差则结果就不准确。尤其是在利用一些特殊的分析手段时，可能会出现“差之毫厘谬以千里”的极端结果或结论。故而数据质量是质量控制最后也是相当重要的关卡。常用到的数据检查方式有人工检查和机器检查两种。在第八次调查中使用了机器初检和人工终检修正的方法对调查数据进行校验修正。

13.6 2013 年公民科学素质调查工作简况

2013 年作为《科学素质纲要》中期评估的关键年份，受纲要办委托，由中国科普研究所公民科学素质调查团队承担本次全国性的调查工作。2013 年调查的主要目的有以下三点：一是针对当前经济社会的发展特点以及公民对于科技看法的新变化，在传承历次中国公民科学素质调查指标体系和内容的基础上，对公民科学素质调查的指标体系和内容进行了改进，增加了公共科技议题部分，需要通过试调查来检验相关题目；二是通过试调查寻找可以合作的第三方调查机构，考虑到社会调查的专业性和中立性，本次调查的具体实施工作交由国家统计局社情民意中心负责，以保证培训、入户、过程控制和问卷回收等各个环节科学规范地实施；三是本次调查的定位是作为 2015 年《科学素质纲要》中期评估的摸底，因此，在全国范围内抽取了 12 个典型省份进行我国公民科学素质发展状况的评估，在有效减少经费预算的同时仍能够达到调查的预期目标。

为了保证我国公民科学素质调查的客观性和真实性，全面科学地反映国家和各地区公民科学素质的发展状况，2013 年公民科学素质调查由中国科普研究所组织，尝试引入第三方调查机构，委托国家统计局社情民意调查中心负责全国调查的过程实施和质量控制。2013 年我国公民科学素质调查于当年 4 月正式启动，5 月完成了指标体系和问卷的修订工作，6—10 月开展了调查的组织、培训、实施、巡访和问卷回收等工作，11 月至年底进行数据录入、核查和计算分析等工作。历次调查形成的一整套完善的工作流程有力保证了本次调查有序、顺利地完成。

13.7 我国公民科学素质监测评估实践展望

13.7.1 立足国家宏观科技战略视野面临的新课题

2012 年，中共中央、国务院在《关于深化科技体制改革 加快国家创新体系建设的意见》（中发［2012］6 号）中明确提出“提高全民科学素质，到 2015 年，我国公民具备基本科学素质的比例超过 5%”，标志着我国公民科学素质监测评估工作已经成为国家宏观科技发展战略的重要决策支撑参考。

现阶段正是《科学素质纲要》实施的关键时期，历次中国公民科学素质调查中积累的实践经验，包括 2013 年中国公民科学素质抽样调查的有益创新，都是为了进一步规范开展 2015 年的全国调查，为国家“十三五”科技发展规划提供决策参考的基础性工作。

13.7.2 面向 2015 年调查工作的新部署

按照公民科学素质研究工作的计划安排，将在 2014 年继续探索修订公民科学素质调查指标体系及问卷，为 2015 年全国调查进行深入的实践探索。2015 年将要开展的第九次中国公民科学素质调查，计划在中国大陆 32 个省级区域全面展开，预计样本量将达到 7 万份。第九次中国公民科学素质调查的实施模式计划依然采取 2013 年的调查模式，由专业调查机构（国家统计局）负责全面实施。调查的实施过程将全部在《统计法》的规范指导之下完成，确保数据的权威性和连续性。

公民科学素质调查数据将作为评估《科学素质纲要》实施工作的重要参考，为科普实践提供数据支撑。可以预见，为了支撑《科学素质纲要》工作，将有更广泛的区域（地市级、县级等）有独立开展公民科学素质监测评估研究与实践工作的现实需求。这一趋势使得公民科学素质评估工作扩展到更广泛的区域研究视野中，也将进一步丰富区域间比较的样本类型和数据积累，夯实公民科学素质评估工作理论和实践基础，将相关监测评估工作带入高速发展的黄金期。

13.7.3 研究与实践工作的新探索

公民科学素质的监测评估工作在实践中不断得到新的探索，积累新的经验。在公民科学素质的表征方式上，除了原有的百分比表征方式之外，还形成以公民科学素质指数（CSLI）为代表的多种公民科学素质水平表征方式，并且逐渐将 CSLI 从学术探讨阶段引入实践决策支撑范畴[7]。

在对公民科学素质调查数据的分析中，公民获取科技信息的渠道、公民对科学技术的态度以及公民对科学技术活动的参与等指标数据，逐渐受到越来越多的关注和重视。其中，公民态度指标集中体现了公众对科普工作的需求与期望，而公众获取科技信息的渠道则隐含着优化科普工作渠道与途径的重要参考信息。在目前的实践探索中其部分指标已经应用于区域科普能力指标中，直接支撑区域科普能力提升工作，在未来工作中还需要不断对调查数据进行更深入的挖掘和分析。

13.7.4 国际比较视野中的新机遇

公民科学素质的理论研究与实践探索，长期以来一直坚持国际视野与本土化特色兼顾的指导思想。今后，我国公民科学素质监测评估工作将继续延续与欧盟、美国等世界科技先行国家和地区，以及印度、巴西等发展中大国的合作交流。在 2013 年测评问卷的修订过程中，调查问卷已经得到了国际前沿专家的共同把脉和普遍认可。2015 年的调查准备工作将会更广泛地吸收国际外脑的智力支持，以使我国公民科学素质监测评估实践工作真正做到与国际前沿调查评估理念对接。基于目前的国际合作框架和蓝图，未来我国公民的科学素质监测评估工作将与国际先行国家的相关工作并行开展，将为国际视野下的公民科学素质建设工作提供更丰富的数据资料和有力的决策支持。

参考文献

[1]任福君，等. 中国公民科学素质报告（第二辑）[M]. 北京：科学普及出版社，2011.

[2]任福君，翟杰全. 科学传播与普及概论 [M]. 北京：科学普及出版社，2012.

[3]任福君，等. 中国公民科学素质报告（第一辑）[M]. 北京：科学普及出版社，2010.

[4]金勇进. 抽样技术 [M]. 北京：中国人民大学出版社，2002.

[5]袁卫，彭非. 中国人民大学中国发展报告 2010 [M]. 北京：中国人民大学出版社，2011.

[6]劳伦·斯纽曼. 郝大海，译. 社会研究方法 [M]. 北京. 中国人民大学出版社，2012.

[7]张超，任磊，何薇. 创建中国公民科学素质指数 [J]. 科普研究，2008（6）：46-50.

第 14 章
《科学素质纲要》实施情况评估

14.1 引 言

2006年2月，国务院颁布实施《科学素质纲要》，提出到2010年，科学技术教育、传播与普及有较大发展，公民科学素质明显提高，达到世界主要发达国家20世纪80年代末的水平。这是我国政府立足党和国家工作大局，着眼于全面建成小康社会宏伟目标，对公民科学素质建设作出的战略规划和全面部署，标志着我国科普事业发展进入一个新阶段。2010年，国务院办公厅又颁布了“十二五”《全民科学素质行动计划纲要实施方案（2011—2015年）》，明确提出，到2015年，科学技术教育、传播与普及有显著发展，基本形成公民科学素质建设的组织实施、基础设施、条件保障、监测评估等体系，我国公民具备基本科学素质的比例超过5%。

各地方和各部门如何推动落实、政策目标群体对政策的知晓和享受情况如何、政策效果是否达到预期、政策本身及落实环节中还存在哪些问题、如何解决这些问题等已成为摆在相关管理部门面前亟待回答的一项重要课题。

本章内容分成以下三部分。

一是《科学素质纲要》政策评估。分析、研究了相关的评价指标体系的建立，评估过程及相关结果，重在分析、总结和提升出规律性的实践工作经验和做法及其成效，特别是可以推广示范的相关实践经验，进行了深入的分析和研究。

二是《科学素质纲要》项目评估。以已经开展的“社区科普益民计划”、“科普惠农兴村计划”实施效果评估等监测评估案例为对象，进行了分析研究。

三是科普活动评估。以已经开展的全国科普日、北京科学嘉年华等活动监测评估案例为对象，进行了分析研究。

14.2 《科学素质纲要》政策评估

14.2.1 政策评估的背景

政策评估是了解政策实施情况、进一步改进和完善政策的重要手段。政策评估也称政策评价，包括政策的事前评估、执行评估和事后评估。政策评估是对政策和公共项目是否实现预期目标的客观性、系统性、经验性进行检验。根据国内外学者的研究，政策评估是检验政策的效果、效益和效率的基本途径；是决定政策修正、调整、继续或终止的重要依据；有效配置资源的基础；是开始新的政策运行的必要前提；是决策科学化、民主化的必由之路[1]。因此，通过政策评估不仅可以检验政策的效果、效率和效益，还可以合理配置有限的政策资源，促使政策制定和运行科学性和有效性。

公共政策评估在公共政策研究中越来越受到国际社会的重视。20 世纪 60 年代后，政策评估在西方逐渐成为监督政府公共开支、提高政策成效的重要工具。各国政府和民间政府机构对当前经济社会生活重要领域的相关政策进行了追踪和评估，如美国、英国、法国、新加坡、日本、澳大利亚等国，政策评估实践主要集中在经济、外交、环保、人口等领域。为了在经济危机中保持经济持续、较快增长，新加坡对其近几年的货币政策和财政政策进行了持续的评估和修正；面对经济发展的压力，日本政府也对其货币汇率和经济前景评估进行了不断的调整。为增进中美两国互惠，减少摩擦，近几年美国每年都会出台一份《美中贸易政策评估报告》，以分析美中贸易现状，并就调整和加强美国对华贸易提出一些对策建议。在人口政策方面，为改善美国移民政策，2010 年 4 月，美国移民局前所未有地开始对移民政策服务进行全面评估，澳大利亚政府委托澳大利亚学生签证评估委员会对学生签证进行评估[2]。

近些年来，我国政府也重视对政策实施的评估，主要对经济、教育、科技、人口、环境等政策方面进行评估，为加强完善我国各领域政策提供了重要依据，为促进决策科学化、制度化做出了重要贡献。

14.2.2 政策评估的方法

国内外学者对政策评估的分类持有两种观点：一是政策评估应分为三类，即正式评估和非正式评估；内部评估和外部评估；事前评估、执行评估和事后评估。二是赞同从政策影响的角度对政策评估作诸如效益、效率、效果等方面的分类。

内部评估完全是政府内部生产和消费的过程，公民没有参与的机会；外部评估由人大代表或公民团体发起，评估结果最终成为人大审议政府政策成效的重要依据，能够切实影响政策的改观，独立性最强。

政策评估有很多种评估方法，包括指标体系法、信息技术法、系统科学法、数理法、经济分析法、专家评判法等多种定量与定性分析方法。在实际评估运用中较多地应用指标体系法，本文也主要采取了指标体系法。指标体系是由一系列相互联系、相互制约的指标组成的科学的、完整的总体。指标体系实质上是所反映系统的抽象，是一种数量反映，包括规划性指标体系、综合评估指标体系等种类。

为了使政策评估具有可操作性、可比性和可量化，就需要大量的数据，以便对科普相关政策进行客观评价，数据的可获得性以及数据的科学性就直接影响评估的质量，因此需要选择适合的数据获取与处理方法。本次评估主要综合利用文献研究法、观察法、调查法等，获取反映政策过程、效果、效率等方面的信息和数据，对政策制定、政策执行及政策效果进行综合评价。

14.2.3 政策评估的指标体系

按照“政策目标—政策执行—政策效果”这一评估逻辑关系，在检验一项政策执行情况好与不好、政策是否实现了预期目标和效果的同时，也可反过来检验（回馈检验）政策制定环节政策本身的质量，从而为该项政策的调整和完善，以及新政策的出台提供依据和参考。

政策执行方面涉及“政策认同度”、“组织管理保障度”、“政策兑现率”等核心指标，主要考察政策执行中的相关主体、资源投入、活动以及政策兑现情况等；政策效果方面涉及“政策预期目标实现度”、“其他成效与影响”，考察政策执行后的相关产出、成效与影响以及社会公众对政策实施效果的反映等。

《科学素质纲要》评估部分包括：各部门及地方各级制定政策，完善规章制度，制定工作方案，成立组织机构，加强管理考核；政策执行过程，科普经费、人员、设施、媒体、活动等人财物的投入；具体来说，包括重点人群科学素质工作、国家科普能力建设、科普事业运行机制等三个方面。

重点人群科学素质工作又包括农民、未成年人、领导干部和公务员、城镇劳动者、社区居民开展科普工作等情况；国家科普能力建设，涉及科普人财物的投入，包括科普活动服务、科学教育与培训、科普资源开发与共享、大众传媒科技传播、科普人才队伍建设、科研与科普相结合等能力建设方面；社会联合协作、科普事业投入、推进公益性科普事业与科普产业发展机制。

《科学素质纲要》政策评估指标体系如图 14–1 所示。

评估借助于《中国科普统计》《全民科学素质行动计划纲要年报》、《中国科协统计年鉴》《中国科普基础设施发展报告》等数据资料。

14.2.4 政策评估的主要结论

《科学素质纲要》坚持“政府推动、全民参与、提升素质、促进和谐”方针，实行大联合、大协作的工作机制，积极探索中国特色公民科学素质建设的有效方法和途径。经过近些年的发展，重点人群科学素质

图 14–1 《科学素质纲要》评估指标体系

行动扎实推进，国家科普能力建设不断加强，公民科学素质水平稳步提升，取得显著成效。2010 年中国公民科学素质调查结果显示，2010 年，我国具备基本科学素质的公民比例达到了 3.27%，比 2005 年和 2007 年分别提高了 1.67% 和 1.02%，其中，城镇劳动者和农民的科学素质水平提升较快，分别从 2005 年的 2.37% 和 0.72% 提高到 2010 年的 4.79% 和 1.51% [3]。

14.2.4.1 科普活动方式制度化，促进公民科学素质的提升

（1）科技培训、服务与示范工程结合，促进农民科学素质提升

农村科技教育培训效果提升，农村科技服务渠道进一步拓展，农村科技示范工程的辐射带动作用增强。

农村科技教育培训体系逐步建立。在《科学素质纲要》的推动下，2007 年，农业部制定颁布了《农民科学素质教育大纲》，农业部、财政部、教育部、全国妇联等积极行动，实施了系列农民科技教育培训工程，开展农村实用技术培训和农村服务劳动力转移培训（见表 14–1）。

表 14–1 新型农村实用技术培训年度培训人数（2006—2009 年）[4]

（单位：万人）

培训项目＼年份	2006	2007	2008	2009
新型农民科技培训	117	100	150	—
百万中专生计划	9.0	13.3	13.6	14.0
教育部农村实用技术培训	4520.58	4670.35	4358.22	4130.67

农业部、财政部、教育部、人力资源和社会保障部、共青团中央等部委组织实施了阳光工程、农村劳动力转移培训、农村劳动力技能就业计划等，兼顾引导型培训和职业培训，使农民在享受培训带来的经济实惠的同时，提高了科学素质水平，增强了致富的本领（见表 14–2）。

表 14–2 农村富余劳动力转移培训年度培训人数（2006—2009 年）[4]

（单位：万人）

培训项目＼年份	2006	2007	2008	2009
阳光工程	350	295	455	550
教育部农村劳动力转移培训	3505.41	3826.85	3949.21	4249.31
人力资源和社会保障部农村劳动力技能就业计划	500	400	415	1100

农村科技服务渠道渐趋顺畅。科技部、中国科协等连续组织开展科技列车、科技致富能手科技下乡、千乡万村环保科普行动等活动，将科技专家和致富能手、科普服务、科技物资、科学观念等引入农村。此外，全国科普日、科技之冬、科普大集等系列活动在农村营造了良好的科普氛围。2006—2011 年科技列车活动开展情况见表 14-3。

表 14-3　科技列车活动开展情况（2006—2011 年）[4]

内容＼年份	2006	2007	2008	2009	2010	2011
奔赴地区	陕西延安榆林地区	大别山区	贵州毕节、遵义、贵阳	吉林长白山区	四川巴中	山东沂蒙
捐助物资（万元）	180	581.25	600	300	168.2	—
科技专家数（人）	≈ 100	≈ 300	≈ 100	≈ 50	≈ 90	> 100

农村科技示范工程规模日益扩大。2006—2010 年，财政部、中国科协、农业部等部门联合实施了“科普惠农兴村计划”、农业科技入户示范工程。“科普惠农兴村计划”通过“以点带面、榜样示范”的方式，在全国评比、筛选、表彰并奖励一批有突出贡献、有较强区域示范作用、辐射性强的农村专业技术协会、科普示范基地、农村科普带头人、少数民族科普工作队等先进集体和个人，带动更多的农民提高科学文化素养，掌握生产劳动技能，引导他们为加快社会主义新农村建设做出更大的贡献。

农业科技入户示范工程的实施有效促进了基层科普能力的提升，如 2006—2007 年专项科普经费从 2.83 亿元增长到了 3.66 亿元，人均科普经费从 0.68 元增长到 0.88 元。农业科技入户示范工程实施情况见表 14-4。

表 14-4 农业科技入户示范工程实施情况[4]

年份＼项目	培育示范户（万户）	辐射带动农户（万户）	培育示范县（个）	推广新产品（个）	推广新技术（个）
2006	20	400	200	50	20
2007	25	500	300	60	30
2008	28.6	414	—	80	50
2009	76.33	—	770	100	60

（2）校内外科学教育并进，促进青少年科学素质提升

推进学校科学教育，广泛开展校外科技活动与竞赛，推动校外活动场所与学校课程教育衔接，有效提高了未成年人的实践能力和创新意识，培养和选拔了大批青少年科技后备人才。

推进学校科学教育，培养未成年人科学探究能力。自 2006 年以来，教育部、中国科协等通过开展新课程改革、探究式试点、“做中学”项目，培养未成年人科学素质，提高未成年人的探究能力。我国有 10 所小学（每校两班）进行 STC 课程的专项实验，探索科学课程教育的有效模式。截至 2010 年，“做中学”项目在全国 18 个城市建立了区域资源中心，在 200 多所中小学、幼儿园进行试点教学实验，培养了一批骨干教师。2011 年，“做中学”项目在上海市 200 多所小学和幼儿园进行推广。“做中学”项目还资助出版《科学教育的原则与大概念》一书，通过出版物、媒体和论坛活动广泛宣传倡导科学教育改革。

开展校外科技活动与竞赛。教育部、中宣部、共青团中央、中国科协等部门联合推动开展课外科技竞赛、青少年科学调查体验活动以及其他主题科普活动。根据《中国科协统计年鉴》统计，2006—2011 年，中国科协系统组织的科普讲座、展览、各类竞赛总量不断攀升，参与和受益人数持续增多，社会影响逐步扩大（见表 14-5）。

此外，中国少年儿童平安行动、中小学生安全教育日等活动不断深化，在全社会倡导形成预防未成年人意外伤害的社会干预机制；保护母

表 14-5　中国科协系统组织的青少年科普活动统计表（2006—2011 年）[4]

项目＼年份	2006	2007	2008	2009	2010	2011
举办青少年科普讲座 / 报告（次）	21732	21358	20564	21332	21857	23317
受众人数（万人次）	1325.9	1294.8	1291	1585	1682	1508
举办青少年科普展览（次）	12032	11943	12044	13569	14225	15928
参加人数（万人次）	2049.6	2163.7	2076	2153	22310	29490
举办青少年科技竞赛（次）	10487	10969	9740	10484	9221	10163
参加人数（万人次）	2413.9	3103	3175	2766.4	3177	3285
举办青少年科技创新大赛（次）	2715	2617	2773	3735	—	—
参加人数（万人次）	1159.5	1378.4	1319	1390.1	—	—
组织青少年参加国际竞赛（次）	200	177	262	235	—	—
参加人数（人次）	29594	37637	8744	10610	—	—
获奖人数（人次）	960	808	1137	2025	—	—
举办青少年科技夏（冬）令营（次）	3187	2755	2610	2401	2232	2476
参加人数（万人次）	6.7	51.4	61	50.6	58	73.8

亲河行动、绿色学校创建活动，广泛开展生态环保宣传；全国亿万学生阳光体育运动项目、携手儿童青少年，携手抗击艾滋病项目促进保障青少年健康。

推动校外活动场所与学校课程教育衔接。中央文明办、中国科协、教育部通过实施项目，强化校外活动场所的科普功能，为未成年人提供参与实践活动的资源。2006—2010 年，在西部 10 个省的 20 个贫困县开展农村校外青少年非正规教育项目。2008—2009 年，在山西、江苏等 15 省的 38 县（市、区）启动了县级校外活动场所科普教育共建共享研究性试点工作。2006—2010 年，有 67 家科技场馆、青少年科技中心等单位参加了科技馆活动进校园项目。这些项目和活动的实施，有效推动了校外活动场所与学校课程教育的衔接。

（3）以培训为抓手，结合考核选拔，促进领导干部和公务员科学素质提升

领导干部和公务员科学素质行动将领导干部的科学决策能力和公务员的科学管理能力作为提高科学素质的重点，取得了显著成效。中央和地方各部门纷纷出台文件，积极开展教材建设工作，确保科学素质纳入领导干部和公务员教育培训之中。2008 年起，中央党校等干部培训机构，把科学素质教育培训列入教学计划。人力资源和社会保障部组织编写了《应对突发事件读本》，并在第二批全国干部培训教材《科学发展观》一书中专门增加了阐述节约能源方面的内容。

制定颁布一系列规定、文件，如《体现科学发展观要求的地方党政领导班子和领导干部综合考核评价试行办法》，把科学决策、提高发展质量、搞好生态文明建设、节约利用资源、科学文化知识掌握情况作为干部考核重要内容。

（4）开展各类培训，促进城镇劳动者科学素质提升

各地、各部门结合需求，开展在岗培训、继续教育、健康安全教育等培训，组织职业技能比拼活动，城镇职工的职业技能和创新能力不断提升，失业人员及进城务工人员的就业能力明显增强，科学文明健康的生活方式在城镇社区中得到了大力提倡。

技能培训和继续教育促进职工能力提升。2006—2009 年，人力资源和社会部（原劳动和社会保障部）开展“5+1”计划行动，新培养技师和高级技师 141.6 万人，高级技工 599.2 万名；组织开展再就业培训近 2400 万人次，再就业率达到 68%；实施能力促创业计划，共组织近 320 万人参加创业培训，培训后创业成功率达 60% 以上，并实现了平均 1 人创业带动 3 人就业的倍增效应[4]。全国职工职业技能大赛、共青团中央每年开展“振兴杯”全国青年职业技能大赛、“辽河油田杯”全国学习型班组和优秀班组长风采大赛形成品牌，为推动企业技术进步、提高企业核心竞争力做出了贡献。“讲理想、比贡献”竞赛活动直接服务于企业技术进步，全国每年都有 150 多万名企业科技人员参加这一活动，平均每年提出合理化建议 40 多万条。

增强失业及进城务工人员的就业能力。团中央实施“千校百万”进城务工青年培训计划。截至2010年，全国共建立了2200多所各类培训学校（站、点），初步形成了以重点城市和重点行业为核心、覆盖进城务工青年聚集地的培训网络。开展千万农民工援助行动。截至2009年，共对1393.58万名农民工实施援助，培训农民工520.49万人，为362.21万名农民工提供就业服务，成功介绍207.23万名农民工实现就业，并对510.88万名农民工开展了生活救助、法律维权等方面的帮扶[4]。

此外，还开展高危行业安全培训。安监部门、卫生部门出台规章和规范性文件，全面推行高危行业强制性全员安全培训。2006—2010年，连续开展5届安全科技周活动和3届全国安全生产月活动。

14.2.4.2 国家科普能力建设工作稳步推进

（1）国家科普活动服务能力不断增强

围绕“节约能源资源、保护生态环境、保障安全健康”主题，组织动员社会各界广泛开展各类科普活动，采取科普报告、挂图、宣传资料、新型媒体传播等多种形式，推动主题活动进学校、社区、机关、农村。例如，全国科普日、科技活动周、科技进步活动月、文化科技卫生三下乡等活动，把科学素质提升渗透到广大群众的日常生活中。一些地方针对禽流感、手足口病、艾滋病、甲型H1N1流感、地震、雨雪冰冻灾害等热点问题，及时开展相关科学知识的宣传和普及，提高公众应对突发事件的能力。

《中国科普统计》数据显示，2006—2012年，我国持续开展科普讲座、展览、竞赛、科技营等形式多样的科普活动。科普活动数量和受益人群范围持续扩大（见表14–6）。

（2）科学教育与培训能力整体提升

自2006年以来，专职科学教师人才队伍不断壮大，科技辅导员培训面和农村未成年人科学教育培训惠及面不断扩大，更多科技专家加入科技教育培训中来，教学基础设施与教材教法建设不断推进。基础教育阶段科学教育教材建设不断推进。基础教育阶段科学课程标准修订工作不断推进，成立中小学课程改革专家指导委员会和中小学课程教材审定工

表 14-6　我国科普活动开展情况（2006—2012 年）[5]

项目	年份	2006	2008	2009	2010	2011	2012
科普（技）讲座	举办次数（次）	723337	955142	849483	813421	832215	897462
	参加人数（万人次）	14780.3	15972.1	16939.9	16889.5	17906.3	17104.7
科普（技）展览	举办次数（次）	103090	115339	130198	127345	136174	160224
	参加人数（万人次）	14524.3	19719.5	19669.2	20055.3	22394	23270
科普（技）竞赛	举办次数（次）	48136	46933	52807	54180	53443	56666
	参加人数（万人次）	4225.0	4848.8	5163.9	5407	13977.9	11410.9
青少年科技兴趣小组	兴趣小组数（个）	345844	318230	317482	284686	321463	305042
	参加人数（万人次）	2015.5	2154.1	2230.4	1857.7	2398.7	2533.1
科技夏（冬）令营	举办次数（次）	14298	14386	14043	12459	14502	17875
	参加人数（万人次）	566.7	353.2	378.9	363.3	393.6	387.9
科技活动周	科普专题活动次数（次）	104132	96335	98409	98857	112453	121451
	参加人数（万人次）	8669.3	8986.9	9733.4	10794.8	11129.9	11162.3
大学科研机构向社会开放	开放单位数（个）	2318	3422	3692	5033	5386	6495
	参观人数（万人次）	236.9	537.7	1062.1	755.2	749.9	665.8
举办实用技术培训	举办次数（次）	—	—	761052	811798	935405	913855
	参加人数（万人次）	—	—	10216.7	10906	12414.1	12291.6
重大科普活动	次数（次）	20969	26152	29667	28109	30655	32874

作委员会。北京、上海、江苏、吉林等地着力加强中小学科学教育教材建设。

科学教师队伍的培训力度进一步加大。据统计，2006—2008年，全国开设科学教育专业的高等院校科学教育专业本科招生5723人，毕业生2054人。自2006年起，教育部在相关项目培训中，对义务教育和高中阶段的20多万名骨干教师开展了培训。自2007年以来，在黑龙江等9个省选择50余所中小学校开展“科学特色学校建设”试点学校，并举办学校教师的科学素质培训[4]。

2008—2009年，青少年科技创新人才培养项目中，“项目孵化”共在全国23个省的61所项目实验学校培训植物学、动物学等学科教师近千名，“聚焦课堂”共培训教师7000余名。2006—2007年，中国科协及地方科协共组织7414次培训，累计培训科技辅导员73万多名。此外，各地也加强对科技教师的培训，云南、上海、贵州、吉林、福建等地继续以研修、培训、夏令营等多种形式开展面向科技教师和农村校外活动中心辅导员的培训。

科学教学基础设施建设进一步完善。2006—2010年，非正规教育合作项目在西部10个省20个贫困县建立了140个农村校外青少年知识信息资源中心，配备计算机等设备以及图书、杂志、光盘，直接服务3万余名校外青少年，受益人群超过10万人。教育部还启动了促进中小学科学教育网络资源建设、“一流科普资源进校园、进社区”项目和“中小学科学教育实验条件建设示范工程”项目，积极促进加强教学基础设施建设[4]。

（3）科普资源开发与共享服务能力增强

科普资源的数量有所增加，质量有较大提高，为全社会科普能力的提升打下了坚实基础。

科普创作取得长足发展。制定与科普有关的税收优惠和奖励政策，组织开展科普创作、设计项目资助、竞赛、征集等活动，促进科普产品市场发育。自2006年以来，我国科普图书、科普期刊出版种数和发行总量都呈现大幅增长，科技报纸年发行量、科普音像制品出版种数虽有一定波动，但总体稳定实现增长，科普读物和资料的发放增幅较大（见表 14–7）。

表 14–7 我国科普图书、期刊等发行情况（2006—2012 年）[5]

年份＼指标	科普图书		科普期刊		科技类报纸年发行总份数（份）	科普音像制品出版种数（种）	发放科普读物和资料（份）
	出版种数（种）	出版总册数（册）	出版种数（种）	出版总册数（册）			
2006		49223043	568	132961185	403961158	4449	—
2008	3888	45389228	561	143144712	372081569	8147	—
2009	6787	68685266	644	146043407	351718526	5113	650936208
2010	7043	65200633	822	155216051	340053062	5380	725474698
2011	7695	56956548	892	157224217	411055690	5324	871403726
2012	7521	65705529	1007	139085388	410951971	12845	1173280005

进一步开发集成主题科普资源。围绕《科学素质纲要》工作主题，结合重大活动、重大事件，开发科普宣传册、挂图、折页、展览、宣传片等科普资源。据《中国科普统计》，2006—2012 年（不含 2006 年、2008 年），全国共发放科普读物和资料约 34.21 亿份[5]。

此外，公益性科普事业与经营性科普产业发展初见成效。中国（芜湖）科普产品博览交易会（简称科博会）创办于 2004 年，截至 2012 年，已连续举办 5 届。科博会已被写入国务院发布的《全民科学素质行动计划纲要实施方案（2011—2015 年）》和《皖江城市带承接产业转移示范区规划》，上升到国家战略层面。中国（芜湖）科普产品博览交易会引入市场机制推动科普产品的研发与生产，探索形成了公益性科普事业与经营性科普产业发展并举的有效模式。

科普资源共享服务机制初建。截至 2011 年，有关部委推动的科普作品推介平台，已建立覆盖全国 3000 多个县（市、区）的高效、稳定的科普资源物流网。一些地方建立了数字化的科普资源库和实体科普资源配送中心，开发地方特色科普资源。中国科协、教育部、中国气象局、中科院等全民科学素质纲要成员单位发挥互联网优势，为基层和公众提供科普信息和资源服务。

（4）科普基础设施服务能力显著增强

《科普基础设施发展规划（2008—2010—2015年）》《科学技术馆建设标准》《关于科研机构和大学向社会开放开展科普活动的若干意见》等多项文件出台，为科普基础设施建设和发展营造宽松的政策环境。各地、各部门加大投入，一批新科技馆建成开放，科普宣传栏、青少年活动室等基层科普设施数量增长。

科学技术博物馆的数量快速增长。《中国科普统计》数据显示，自2006年以来，我国科技馆、科学技术博物馆的数量、建筑面积、展厅面积均数倍增长，参观人数也大幅度提升（见表14-8）。据《全民科学素质行动计划纲要年报2012》，截至2011年，我国城区常住人口100万人以上

表14-8　我国科技馆、科学技术博物馆发展情况（2006—2012年）[5]

项目 \ 年份		2006	2008	2009	2010	2011	2012
科学技术博物馆	数量（家）	239	380	505	555	619	632
	建筑面积（平方米）	1948277	2281352	2923827	3457747	4070430	4246996
	展厅面积（平方米）	676006	1186060	1546111	1770639	1929707	2040901
	参观人数（人次）	16451520	38752463	53522862	63920163	73181037	87868708
科技馆	数量（家）	280	285	309	335	357	364
	建筑面积（平方米）	1606008	1799175	2060124	2199807	2343688	2354637
	展厅面积（平方米）	602160	832622	908135	966780	1020953	1094449
	参观人数（人次）	16618717	22821901	25659632	30441894	33743663	34224490

的大城市中，58% 已拥有至少 1 座科技类博物馆，全国达标科技馆总数约 100 座，并且出现了一批建筑规模在国际上名列前茅的特大型科技馆，如中国科技馆新馆、广东科学中心和上海科技馆。

基层科普设施建设进一步加强。《中国科普统计》数据显示，自 2006 年以来，我国青少年科技馆站等建设力度不断增强（见表 14–9）。截至 2012 年年末，我国科普活动站覆盖率超过 70%；科普画廊覆盖率接近 70%；科普展示单元总长度 258 万米。2009 年、2010 年共建设“华硕科普图书室”500 个。

表 14–9 我国基层科普设施发展情况（2006—2012 年）[5]

项目 \ 年份	2006	2008	2009	2010	2011	2012
青少年科技馆站（个）	340	442	590	621	705	739
城市社区科普（技）活动室（个）	47071	55996	67967	73202	77486	92263
农村科普（技）活动场地（个）	234953	265029	369997	414591	417581	530566
科普宣传专用车（辆）	1632	1414	1569	1919	1897	2341
科普画廊（个）	134525	187009	212528	237320	222794	249248

科普教育基地数量进一步增长。根据《全民科学素质行动计划纲要年报 2012》，截至 2011 年年底，各级科协命名科普教育基地（含农村科普示范基地 2.1 万个）33900 余个，2011 年共接待观众 2.63 亿人次。科技部、中宣部、教育部、中国科协四部委联合命名 200 个全国青少年科技教育基地，其他部委命名的行业科普教育基地（如林业、消防、气象、环保、防震减灾、国土资源、野生动物保护等）达 1000 余个。

此外，科普网站规模不断扩大。根据《中国科普统计》数据，我国科普网站的数量由 2006 年的 1465 个增至 2012 年的 2443 个，增长了 67%。各级政府、教育科研机构建设的科普网站发展较快，新闻和商业门户网站的科技频道明显增加，企业建设的科普网站稳步增长。

（5）大众传媒科技传播能力显著提升

2006年以来，我国大众传媒科技传播能力有了很大提升。科技传播类媒体传播力度明显增强。科教频道数量增多，《中国科普统计》数据显示，我国电视台和电台科普（技）电视节目的播放时间、科普网站数量等都有大幅增长（见表14–10）。2010年，我国579家出版社中有388家出版科普图书并进入图书消费市场。

表14–10 科技传媒发展情况（2006—2012年）[5]

年份 \ 项目	电视台播出科普（技）电视节目时间（小时）	电台科普（技）电视节目播放时间（小时）	科普网站个数（个）
2006	113785	99221	1465
2008	219168	182844	1899
2009	243094	196673	1978
2010	263926	191555	2126
2011	187571	163658	2137
2012	184446	162945	2443

科技传媒品牌建设初显成效。2006—2010年，“走近科学”节目连续创下栏目和频道的年度收视纪录，连续4年被评为中国最具网络影响力的十大CCTV栏目。截至2011年，“科普大篷车”覆盖省级播出单位6家（含兵团），地级播出单位179家（含兵团），县级播出单位1049家（含兵团），其余部队、厂矿、学校、乡镇等共1344家，总计覆盖单位为2578家[4]。

大众传媒的应对能力进一步增强。面对2008年北京奥运会、甲型H1N1流感、汶川地震、日全食等社会热点焦点事件、突发事件，大众传媒快速反应，通过稿件、专题节目、直播等积极报道，科普效果良好。中国科协举办“科学家与媒体面对面”活动，2011年以来共举办“科学家与媒体面对面”23期，积极搭建科技工作者与媒体工作者平等对话、交流的平台，提高媒体对于社会热点焦点问题科学报道的能力。

新兴媒体科技传播形式不断涌现。社交网络、即时通信、移动电视、手机 APP、博客微博、手机报等科技传播渠道大量增加，品牌栏目逐渐形成，传播优势慢慢彰显，应用前景广泛。截至 2010 年年底，中国移动 131 份手机报中，约 32 份含科技传播栏目或内容数量。广东等省先后开展了手机报科普服务。

（6）科普人才队伍建设进一步加强

《科技规划纲要》实施以来，我国科普人才队伍建设工作进一步得到加强。《国家中长期科技人才发展规划（2010—2020 年）》、《中国科协科普人才发展规划纲要（2010—2020 年）》、《中国科协关于加强人才工作的若干意见》等文件出台，加大了科普人才队伍建设力度，科普人才队伍不断壮大。《科学素质纲要》将科普人才队伍建设工程增加到“十二五”时期的工作之中，有效推动了科普人才队伍建设。

科普人才理论研究工作有效开展。劳动保障科学研究院、中国科普研究所等开展了科普人才、开发培养培训教材开发等研究任务，已经出版了《科技传播与普及概论》《科技传播与普及教程》和《科技辅导员工作指南》。

科普人才培训和培养工作扎实推进。2011 年，科普人才队伍建设工程开展了 17 个科普人才培训试点，形成了培训资源包。同年，面向全国高校及科研院所科学传播与普及相关专业的在校研究生进行 68 个课题近 200 人次的研究课题资助，为科普研究人才培育起到了推动作用。

（7）科研与科普结合不断深化

自然科学基金委自 2001 年起设立了“科普项目专项基金”，几年来，用于支持科普项目的经费绝对值有了较大增长。一些科技计划项目还产出了科普作品，向公众普及了相关的科学知识，推动读者全面认识我国的科技计划。2008 年 5 月，科技部组织编写的《国家科技计划科普丛书・卫生健康卷》，介绍权威实用的肿瘤预防、治疗、康复等科研活动与成果；广州市科技和信息化局的《高新技术科普丛书》深入浅出地向读者介绍了有关电子信息、生物医学、新能源、新材料等方面的高新技术知识，以及由高新技术发展起来的现代产业和战略性新兴产业在广州和广东迅速崛起的景象；四川农业大学等单位承担的“十一五”国家科技支撑计划重大项目“长江上游西南山区退化生态系统恢复与重建技术研究”，出版了1套科普丛书，为依托科技计划项目推行科研与科普相结合进行了积极主动的探索。

14.2.4.3 国家科普事业良性发展的机制和局面已初步形成

自2006年以来，我国科普事业逐渐形成了“政府推动、多部门联合协作、社会和公众广泛参与”的工作格局，社会力量捐助科普事业的社会氛围有所改善，经营性科普产业发展初见成效，科研机构和科技团体的科普积极性进一步提高。

（1）加强优势集成，促进社会各界协作

全民科学素质纲要实施工作机制逐渐完善。全国30个省（市、自治区）和新疆生产建设兵团都在各地党委、政府的领导下，建立了由科协、组织、宣传、教育、科技、农业、人力资源社会保障等部门组成的科学素质工作领导小组或《科学素质纲要》实施工作办公室。全国90%以上的地（市、州）、80%以上的县（市、区）都建立了相应的实施工作组织机构。

全民科学素质纲要实施工作办公室各成员单位按照任务分工积极推动实施工作。中组部等23个单位共同为《科学素质纲要》实施工作办公室成员单位，并形成了各部门分工协作的工作机制。在实际工作中，各部门将科学素质有关工作纳入本部门的工作规划和计划，每项任务的牵头部门会同有关单位研究制定可操作的具体工作方案。成员单位间加强沟通与联系，建立部际联络员制度、情况通报制度等工作制度，及时反馈和沟通实施工作进展情况。

地方积极落实《科学素质纲要》各项相关工作。地方各级人民政府将公民科学素质建设作为一项重要工作纳入当地国民经济和社会发展总体规划之中。例如，河北、辽宁、山东、湖北、重庆、贵州等省将《科学素质纲要》实施工作纳入党委、政府部门的目标绩效管理考核，调动了成员单位的积极性。浙江、江西、广西壮族自治区等地对《科学素质纲要》实施工作开展定期督促检查。一些地方开展了公民科学素质建设的表彰奖励工作。

（2）科普事业多元化投入机制初步形成

自2006年以来，我国科普事业发展经费投入不足的状况有所改善，国家科普经费投入持续增长，截至 2012 年年末，国家的科普投入及科普经费人均数额都增加了 2 倍；各项减免税政策持续支持科普产品产业发展，社会资金捐赠科普事业的社会氛围也有所改善。

科普经费投入持续增加，地区差距进一步缩小。《中国科普统计》数据显示，我国各级政府对公民科学素质建设的经费支持力度进一步加大，公民科学素质建设经费投入不断增长（见表 14–11）。

表 14–11　我国科普经费筹集额情况（2006—2012 年）[5]

年份	全国科普经费筹集额（亿元）	政府财政拨款（亿元）	自筹资金（亿元）	社会捐赠（亿元）	其他收入（亿元）	全国人均科普经费（元）
2006	46.83	32.50	10.62	0.78	2.92	1.18
2008	64.84	47.00	12.30	0.83	4.82	1.84
2009	87.12	58.94	19.28	0.98	7.91	2.10
2010	99.52	68.08	23.79	1.37	6.26	2.61
2011	105.30	72.59	25.65	0.84	6.22	2.84
2012	122.88	85.04	30.75	0.82	6.29	3.31

社会力量积极投入科普建设。从科普投入的社会捐赠额来看，2006—2011 年共为 5.62 亿元[5]。社会捐赠仍只是总投入中很小的一部分，但是，一些社会力量一直积极投入公民科学素质建设事业。例如，2008—2012 年，华硕与中国科协联合累计投入价值 5000 万元的科普书籍和电脑设备，在全国 1000 个基层市、县级地区建设“华硕科普图书室”，并持续开展科学普及和信息化教育活动。

中国科技馆发展基金会和正大环球投资股份有限公司、新时代证券有限责任公司签订了捐赠协议，共同建设“中学科技馆”公益项目。该计划在 2015 年“十二五”时期末，在全国特别是中西部建设 1000 所农村中学科技馆。该公益项目由中国科技馆发展基金会倡导建立。

推动落实税收优惠政策。自 2006 年以来，中央财政加大投入，落实税收优惠政策。财政部将各中央部门的相关科普经费纳入中央财政预算，逐步提高科普的投入水平。自2006年以来，财政部下发了实施宣传文化增值税和营业税优惠相关政策对科技图书、科技报纸等实行增值税先征后退政策；对科普单位的门票收入以及县及县以上（包括县级市、区、旗）党政部门和科协开展的科普活动的门票免征营业税；对科普单位进口自用科普影视作品播映权免征其应为境外转让播映权代扣（缴）的营业税。

2007年，财政部等共同颁布一系列鼓励科普事业发展的进口税收政策，对向公众开放的科技馆、自然博物馆、天文馆（站、台）和气象台（站）、地震台（站）、高校和科研机构等科普基地，从境外购买自用科普影视作品播映而进口的拷贝、工作带，免征进口关税和进口环节税。

（3）推进公益性科普事业体制与机制的改革

自2006年以来，全社会努力推动形成以公益性科普事业为主体、经营性科普文化产业为重要补充的科普格局方面。

坚持科普的公益性主旨。政府在科普事业上的投入逐年增加，科普经费总额和人均数额翻番，有了大幅度提高。虽然捐赠科普事业的社会氛围尚未形成，但社会力量对科普经费的投入也有所增加，一些企业和公益基金为科普事业发展助力。

发展经营性科普文化产业。在我国，科普产业资源基础初步奠定，产业项目基础得到初步培育，产业发展的平台开始构筑，如芜湖科博会连续五届成功举办，芜湖科普产业园区在安徽省和中国科协的大力支持下已经开始建设并投入运行。在国家文化大繁荣、大发展的背景下，科普新兴产业业态快速发展，科普动漫、数字科普、科普创意等新兴科普业态发展势头迅猛。

调动科研机构和科技团体的科普积极性。推动科研机构和高等院校向社会开放开展科普活动，发挥科技工作者和科研机构、大专院校的优势，围绕相关主题进行科普宣传，开展“科学家与媒体面对面”活动引导社会舆论。2011—2013年，“科学家与媒体面对面”系列活动已举办24次。实施高校科学营试点活动促进科普与教育紧密结合。2012年，由中国科协、教育部共同主办，中科院为支持单位在部分有条件的重点高校开展青少年高校科学营试点活动。该活动充分利用和合理开放重点高校丰富的科技教育资源，进一步发挥高校在传播科学知识、科学思想、科学方法和提高青少年科学素质方面的功能。2012 年，全国各省（市、自治区）和新疆生产建设兵团的 5000 余名高中学生和 500 名带队教师走进了 41 所重点高校，聆听了 85 名院士、专家的科普报告，参观了约 150 个国家、省部级重点实验室和教学场所，参加了 30 个主题科技实践活动，与在校大学生开展科技交流 41 场次，参观校外历史文化科技场所近 70 处，开展营员联欢联谊活动 40 余场，共有 47 位院士出席各高校重点活动[6]。

14.2.5 政策评估建议

根据相关数据，结合国内外经济社会科技发展的新形势、新要求，公民科学素质建设仍然面临很多困难和深层次问题。

总的来说，政府主导推动科普事业发展的作用尚未得到充分发挥，科普服务与公众需求存在一定差距，国家科普能力发展很不均衡，科普产业仍处在培育和发展的起步阶段，科普文化产业发展滞后，科普事业社会力量动员机制不完善，社会力量参与科普的积极性不高，学校科技教育与社会科普教育缺乏有机结合。

为了更好地促进公民科学素质建设的发展，应从以下几个方面不断加强和完善。

（1）强化国家科普管理职能，加强完善《科学素质纲要》

将科普纳入国家科技教育领导小组职责范围，建立完善《科学素质纲要》实施的监测评估与奖惩机制，强化各级政府的科普责任。

（2）提高科普投入水平，建立稳定增长的投入机制

参照国家有关教育、研发经费投入规定，建立稳定增长的科普经费投入机制，逐步提高科普经费投入。

（3）整合科普资源及其传播渠道，建立适应信息技术发展的科普体系

改变科普资源分散、封闭的状况，避免低水平重复建设，提高资源利用效率。积极探索新媒体与传统科普方式的有机结合，提升传播效果。

（4）促进科研科普结合，加强科技资源科普转化

推动国家科技计划项目增加科普任务，完善科研成果定期发布、科技资源转化等面向公众的科学传播机制。

（5）纳入国家公共服务体系，促进科普基础设施网络化发展

促进科普服务条件均等化，为公众提供覆盖全国各地区、各类人群的公共科学文化服务。

（6）制定扶持政策，推动民间资本积极投入科普产业

加强科普产业的宏观指导和规划，制定鼓励扶持政策，建立国家科普产品研发工程中心，搭建科普技术公共服务平台，促进科普技术发展创新；建立科普创业孵化器，设立科普产业发展基金，推动科普产业资本运作。

（7）优化科普人才结构，加快多层次科普人才培养

推动科学传播专业本科、研究生教育，培养一批科普创意设计、科普产品研发、科普传媒等方面的专门人才，将发展专职和兼职科普人才队伍放在同等重要位置；大力培养面向基层的科普人才。

（8）促进学校科学教育与社会科普活动的结合

促进校内外科学教育紧密融合、互为补充，鼓励将校外科普活动实践纳入教育考核体系，推动博物馆参照科学教育课程标准设计展览、开展活动。

14.3 《科学素质纲要》项目评估案例

14.3.1 “科普惠农兴村计划”实施效果试点评估案例

为了全面、科学和合理评价“科普惠农兴村计划”的实施效果，2010年，对我国东、中、西部的江苏省、河南省、云南省等三个有代表性的省和2006—2008年受表彰的县（市）级农村专业技术协会、农村科普示范基地、少数民族科普工作队开展了试点评估[7]。

14.3.1.1 “科普惠农兴村计划”惠农效果

“科普惠农兴村计划”是一个系统工程[8]（如图14-2所示），中国科协牵头组织实施该项计划，通过奖补形式，支持协会、基地和带头人开展

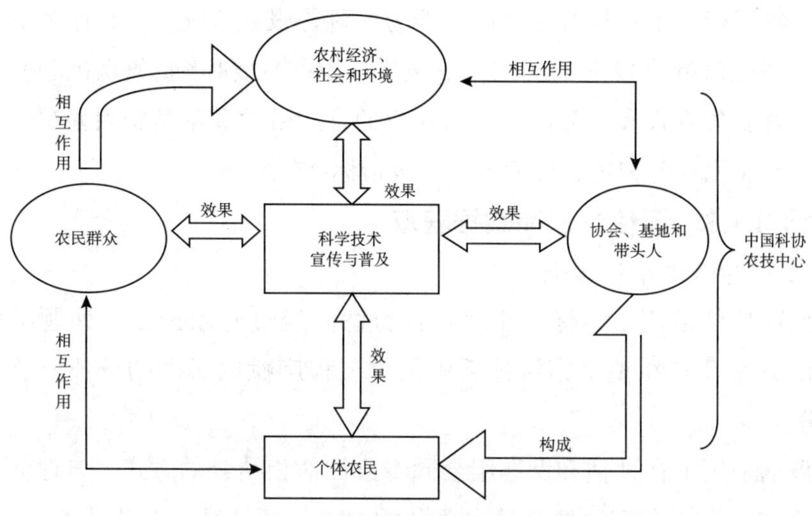

图 14-2 “科普惠农兴村计划”系统

科学技术宣传与普及，带动辐射农民生产和生活能力的提升，提高农民收入，改善农业生产状况，推动农业产业结构调整，促进农村经济社会发展。总体来说包括四个方面：科普的投入、科普社会环境、科普活动和科普综合产出，由此形成科普效果评估的四个类指标体系框架理论，其中，科普的投入是科普惠农经费投入、科普设施设备的改善以及科普人才队伍的建设；科普社会环境包括农村社会和谐秩序、生态环境建设；科普活动包括开展科学技术宣传和普及方式及内容；科普综合产出效果包括科普带动辐射状况和对农村经济发展的贡献。

14.3.1.2 评估内容

“科普惠农兴村计划”效果评估采用预期性和非预期性目标相结合的评价模式，力图全面反映“科普惠农兴村计划”放大的经济效益和社会效益。具体来说，包括四个方面内容：科普服务综合能力、科普服务状况、科普服务效果、对农村经济社会发展的贡献。科普服务综合能力主要考察科普投入的情况，科普服务状况主要考察科普活动开展的情况，科普服务效果和对农村经济社会发展的贡献综合考察科普社会环境和科普综合产出效果等方面的情况。相应的，“科普惠农兴村计划”惠农效果评估指标包括：一级指标 4 个：科普综合服务能力、科普服务状况、科普服务效果以及对农村经济社会发展的贡献；二级指标 10 个：科普服务意识和服务能力，科普服务方式和服务内容，对农户的直接带动和示范辐射情况，生产规模、产业化程度和生态环境等；三级指标 27 个。

14.3.1.3 评估方法和数据获取

（1）指标体系综合评分法

此次评估运用了指标体系综合评分法。经过专家论证，课题组按照指标的分布及其在整个指标体系中的重要程度赋以不同的分值，总值为 100 分。

评估采用了自评估和课题组会同专家评估相结合的方式。自评估打分占总分的 50%，专家评估打分占总分的 50%。评估结果分为优秀、良好、合格、不合格四个等级。

（2）定性方法

课题组组织专家实地调研，开展座谈会，进行访谈。

（3）获取评估数据

评估对象是从我国东、中、西部分别选择了江苏、河南、云南等 3 个有代表性的省，按照地区、时间以及对象进行归类，分别比较分析。制定了《2006—2008 年“科普惠农兴村计划”惠农情况统计表》，向负责实施“科普惠农兴村计划”试点地区的县（市）发放和回收；考察“科普惠农兴村计划”的相关文献和文件；对部分县（市）进行实地考察，进行问卷调查和访谈。

14.3.1.4 “科普惠农兴村计划”的评估对象及评估结果

（1）评估对象概况

2006—2008 年，全国“科普惠农兴村计划”表彰 1650（不包括少数民族工作队）个先进集体和单位。在此次评估中，江苏、河南、云南三省共 254 个（名）集体和个人全部参加了评估，占全国总数的 15.4%，其中有 162 个先进集体和 92 名个人，分别占全国总数的 15.3% 和 15.6%（如表 14-12）。

表 14–12 江苏、河南和云南三省受表彰对象参加试点评估情况

（单位：个）

类型＼地区	江苏	河南	云南	合计
协会	13	38	34	95
基地	13	34	28	75
带头人	16	40	36	92
少数民族科普工作队	0	0	2	2
合计	42	112	100	254

评估包括了 2006—2008 年江苏、河南、云南三省的全部受表彰对象，评估覆盖区域范围广，对象类别全，涉及数量多，时间跨度大。因此，代表了典型地区 3 年来“科普惠农兴村计划”的实施状况及效果，同时，它也对评价全国其他地区的“科普惠农兴村计划”效果具有一定的借鉴作用。

（2）评估结果

此次评估向受表彰对象发放调查表 254 份，回收 254 份，有效问卷 254 份，有效率为 100%，提交自评估报告 150 份。此次评估采用百分制和等级评定相结合，自评估和课题组会同专家评估相结合。

评估结果显示，252 个（不包括少数民族科普工作队）评估对象的平均分为 74.7，一半以上的表彰对象评估得分达到了良好，有 138 个表彰对象的分数为 70—79.9 分，占受表彰总数的 54.8%，不合格的较少，只有 4 个，占总数的 1.6%。达到优秀的即 80 分（含）以上的有 59 个，占总数的 23.4%，其中 80—89.9 分的 56 个，占总数的 22.2%，90—100 分的 3 个，占总数的 1.2%（如图 14–3 所示）。

总体来看，江苏、河南、云南三省受表彰对象大部分评估得分在 70 分以上，也就是说，大部分受表彰对象能够按照“科普惠农兴村计划”的要求开展各项工作，实施效果较好。在受表彰对象中，协会得分总体高于基地和个人，这说明协会对农村的科学宣传和普及的效果明显。

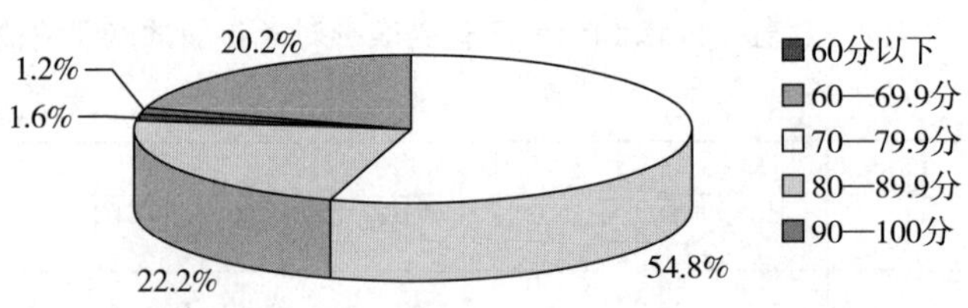

图 14-3　三省受表彰对象评估得分分布情况

14.3.1.5　评估结论和建议

评估结果表明，“科普惠农兴村计划”的实施在提高农村科普服务综合能力、改善科普服务状况、增强科普服务效果和推动农村经济社会发展等方面效果显著。

（1）“科普惠农兴村计划”进一步提高了科普服务综合能力

在科普服务人才队伍方面，协会和基地的科普人才队伍规模不断扩大，专职人员队伍增长稳定，兼职工作人员和志愿者队伍增长较快，尤其是志愿者人数迅速增加，这在很大程度上弥补了农村科普人才较为缺乏的状况。同时，协会和基地逐渐培养了一批技术骨干力量，但是，相对来说，专家队伍增加幅度较为缓慢。

在科普设施设备方面，受表彰单位的科普设施设备有所改善。江苏、河南、云南三省评估结果显示，2006 年，平均每个受表彰协会和基地的科普设施设备比表彰前平均增长 86.32%，有较大改善。2007 年，投影仪和科普展品的数量增长较快，投影仪台数增加 1 倍，科普展品套数增加了 93.00%。2007 年，平均每个受表彰个人的科普设施设备平均增长最快，其中科普宣传资料增加了 3 倍多。

在科普经费方面，投入不断加大。评估调查数据显示，受全国“科普惠农兴村计划”奖补政策的影响，各地相应实施了省级“科普惠农兴村计划”增加奖补配套经费，同时受表彰单位和个人通过多种渠道自筹资金，“科普惠农兴村计划”不断加大投入。例如，江苏省 2006—2008 年奖补资金共 366 万元，河南省奖补资金 1320 万元，云南省 2007—2008 年奖补资金 800 万元，三省实施科普惠农工程累计配套资金 2486 万元。

（2）在“科普惠农兴村计划”的带动下，农村科普服务状况改善明显

科学技术宣传普及参加群众积极性高，发放图书资料的数量有所增加，品种日益丰富，农业新技术和新品种的推广和开展日益受到重视，并开展了农产品产销咨询。

（3）“科普惠农兴村计划”的实施，进一步发挥了农村科普组织和个人的示范带动作用

从三省的评估调查结果来看，2006—2008 年，受表彰单位和个人直接带动农民群众的人次逐年上升，这说明农民参与的积极性不断提高，有效地推动了农民群众运用农业先进适用技术和农业新品种能力的提升。不仅如此，受表彰单位和个人辐射农民群众人数不断增加，范围不断扩大，受表彰单位和个人辐射能力增强。

（4）“科普惠农兴村计划”的实施，推动了农村经济社会的发展

首先，优良品种的使用率较高。在“科普惠农兴村计划”的支持和带动下，受表彰单位和个人开展各种宣传和普及农业生产技术和新品种的活动，大大提高了当地农民优良品种的使用率。其次，农业产业化程度进一步提高。统计显示，服务范围内农产品商品率平均达 80% 以上，不仅如此，通过协会、基地等组织销售的农产品额占农产品销售总额的 56% 以上，而且受表彰协会、基地辐射带动农户农产品销售总量呈逐年递增的趋势。在农资购买上，农民更加注重农资的品质和质量。在受表彰单位和个人的带动下，服务范围内购买“三证”农资产品的价值占购买农资产品的比例较高。最后，农产品质量认证数量呈上升趋势。评估结果表明，无公害产品认证数量最多，其次是绿色产品认证数量，有机产品认证数量普遍较少。从农产品质量认证数量来看，受表彰单位服务范围内的农业质量安全有所改善，农业质量安全意识有所提高。

评估结果表明，“科普惠农兴村计划”的实施提高了农村科普组织和科普工作者的科普服务意识，极大地调动了他们开展科普服务的积极性，使得农村科普组织的科普服务能力进一步提升，惠农效果显著。

通过此次评估，我们发现“科普惠农兴村计划”的实施面临许多挑战，

必须采取新的对策，进一步加强和改进“科普惠农兴村计划”的实施。

第一，实施“科普惠农兴村计划”必须建立战略规划，进一步规范评审程序，明确时间、对象范围、数量、资金来源渠道等一系列问题，建立“科普惠农兴村计划”的长效机制。

第二，扩大惠农规模，建立多元化、多层次惠农支持方式。

第三，进一步提高项目管理工作规范化与制度化水平。加强对奖励对象项目实施的管理；加强对受表彰单位和个人进行继续教育和培训等方面的工作；重点建设与个别培育相结合；建立网络化信息平台，促进受表彰单位和个人之间的交流。

第四，重视加强项目的监测评估。建立监测评估和追踪问效制度是加强和改进项目实施效果的重要条件。要加强项目的全面监测评估，对“科普惠农兴村计划”实施进行分年度、分地区以及分单位和个人评估，进一步扩大评估内容，重视它的间接和直接效果、经济、社会和生态效果等，把对“科普惠农兴村计划”的监测评估结果作为表彰先进单位和个人的重要参考标准，通过监测评估监督先进单位和个人对“科普惠农兴村计划”的实施，及时总结经验，提出改进意见和建议。

此次评估的结论和相关意见、建议对于改进完善“科普惠农兴村计划”产生了很好的指导作用，达到了以评促建的效果。这也表明此次评估运用的方法和指标体系得到了实践的检验，为今后进一步加强“科普惠农兴村计划”效果的评估奠定了基础。

14.3.2 “社区科普益民计划”项目调查评估案例

“社区科普益民计划”是2012年开始实施的基层科普行动计划的子项目[9]。2012年全国共评比表彰了500个科普示范社区[10]。作为该计划实施的第一年，项目管理工作在积极探索中，为后续的完善提供了空间。为了解“社区科普益民计划”的实施成效，了解各地开展社区科普工作的有力抓手及当前社区科普工作存在的困难，中国科协科普部组织开展了2012年“社区科普益民计划”实施情况调查评估。

调查评估工作由中国科普研究所组织调查组完成。调查组成员包括中国科协科普部、中国科普研究所、中国科协青少年科技中心以及部分省市科协科普部的人员。

14.3.2.1 调查评估对象及评估目的

被评估社区从获得中国科协和财政部2012年度“社区科普益民计划”奖补的500个“全国科普示范社区”中抽取。选中的24个社区分布在我国东部（山东、辽宁）、中部（河南、江西）和西部（四川、甘肃）6省。调查组于2013年4月15—26日奔赴各社区开展了实地调查。

调查评估的主要目的是：核实全国科普示范社区申报材料的真实性、了解全国科普示范社区的奖补资金到位情况和使用情况、了解全国科普示范社区获得奖补资金后取得的成效。通过实地调查，征求各社区领导和居民对“社区科普益民计划”实施工作的意见，了解各地开展社区科普工作的有力抓手和存在的困难。调查过程中，采用了问卷调查、文献查阅、实地调查、居民访谈等社会（科学）调查评估方法[8]。

14.3.2.2 调查评估结果

（1）被评估社区的科普工作指标数值大部分高于申报时的数值

调查组成员依照2012年“社区科普益民计划”项目申报表格的指标体系，逐一核对了被评估社区科普组织、科普队伍、科普设施、科普经费、科普活动等各项量化指标。调查结果表明，24个被评估社区中85%的指标在数值上高于或等于申报时的数量。被评估社区的科普工作特色明显，成效显著，具有典型示范的作用。例如，江西省南昌市青山湖社区建设了社区科普广播系统，打造了“科普之声”品牌，居民在社区公共场所能轻松地听到有益身心健康的科普知识，深受居民好评。河南省郑州市管城回族区城东路办事处商城花园社区举办社区科普大学，定期请一些知名专家、大学教授、离退休人员为社区居民讲解与日常生活密切相关的科普知识，如四季保健、安全知识、生态环保等，这种科普活动方式为社区居民所喜闻乐见，深受欢迎。辽宁省不仅在大多数社区设立了科普大学，还新建了社区科普益民服务站，科普工作对和谐社区建设发挥了积极的作用。

调查中也发现，有些科普工作指标的实际数值低于申报数值，主要是在专兼职科普人员的数量、科普经费、科普图书数量等方面。数值不符主要是由于填表人员对于统计指标的理解有偏差。基层人员不了解统计上对专兼职科普人员的界定，习惯上将分管科普的工作人员或主要工作人员都称作专职科普人员，将其他参与一些科普活动组织的人员称为兼职科普人员，一定程度上造成了科普人员数量比实际偏高的情况。关于社区科普经费的金额、科普图书的数量，也存在类似的情况，往往填报的是社区经费和图书总量。

（2）奖补资金使用和监管基本符合管理办法

奖补资金的使用情况是本次调查评估工作的重点。调查结果表明，奖补资金能够按时足额到位，资金使用基本符合《基层科普行动计划专项资金管理办法》[11]。

奖补资金使用情况。综合 24 个被调查社区的情况，奖补资金已经全部按时足额划拨到县区级财政。奖补资金具体使用情况是：有 10 个社区的奖补资金已经全部用完，10 个社区已部分使用，4 个社区尚未使用资金。尚未使用经费的社区已经将延期使用情况向相关部门作了特殊说明（鉴于当地科协部门正协助社区策划科普活动的场地或设施），而且不会超出两年期限。

已经全部使用资金的社区，按照申报时拟订的资金使用计划，约 50% 的奖补资金用于购买开展科普宣传与教育活动所需的硬件设备，如电视机、DVD、电脑、投影仪、相机、摄像机、LED 电子显示屏等；约 30% 的资金用于建设和维护科普画廊、橱窗和图书室等；约 20% 的资金用于组织开展科普活动。

奖补资金监管情况。调查发现，在奖补资金的使用中，县区科协发挥了重要的经费使用监管作用，确保经费使用符合相关财政规定，最大限度地让社区居民受益。当前各地对奖补资金的使用与监管主要存在两种形式：一是区县科协直接监管，社区使用奖补资金由区县科协审批，到县区财政局报账；二是区县财政将资金拨付街道办事处，街道直接负责奖补资金的申报使用，区县科协监管资金的专项使用。所调查的社区，无论何种监管模式，奖补资金基本上都按照申报时的用款计划使用，虽也存在一些调整，但调整幅度不大。

（3）“社区科普益民计划”奖补资金对社区科普产生的作用

调查组通过对社区居委会主任的问卷调查，了解到“社区科普益民计划”对当地科普工作的影响。被调查的社区居委会主任普遍认为，“社区科普益民计划”的作用由大到小依次是：改善了社区科普条件、提高社区科普工作者的积极性、引起当地领导重视、增加科协知名度。

“社区科普益民计划”奖补资金对于基层科普工作的开展起到了极大的推动作用，社区科普工作条件与成效均得到了提升，居民参与社区活动的积极性极大提高。同时，实施“社区科普益民计划”，以科普活动和科学文化为载体加强社区管理工作，是弘扬社会主义先进文化的有力抓手，既改善了社区的社会风气，也丰富了社区居民的精神生活。从被调查社区的总体情况来看，文明、健康、向上的社会氛围逐渐形成，居民的精神面貌、生活质量得到了较大提升。

社区及街道对科普工作的重视程度大大提升。从实地调查来看，所有的社区、街道都成立了科协组织，基本上是社区党委书记或主任兼任同级组织的科协主席或副主席，这对基层科普工作的开展极为有利。一些社区甚至还设立了专职负责科普工作的职位并配备了人员，虽然这些专职科普工作人员同时还要参与社区的其他工作，但科普工作占有较大的比重。

社区科普条件得到极大改善与提高。社区利用奖补资金增添了科普设备和设施，维修和改善了科普活动场所，补充了科普活动的经费开支，使得社区开展科普工作的条件进一步提升，增强了社区的科普服务能力。四川省德阳市旌阳区城北街道办事处秦宓社区在获得“社区科普益民计划”奖补后，将原本出租的社区房产收回，打造成青少年科普活动室，社区青少年又多了一处家门口的课外科学教育场所。

社区居民对社区工作的满意度普遍提高。调查组对 24 个社区的居民进行了路访，了解他们因“社区科普益民计划”的受益情况。路访结果表明，被调查社区能针对本社区的实际情况，组织开展许多社区居民喜欢的科普活动。大多数居民觉得社区举办的科普讲座、科普活动，结合了居民需求及社会热点焦点事件，提高了居民的生活质量。一些社区科普志愿者反映，自己的一技之长可以帮助到社区的其他居民，科普平台让他们实现了价值，发挥了作用，参与社区活动的积极性得到进一步提高。总之，社区居民的普遍反映是，“社区科普益民计划”是中国科协和财政部为老百姓办的一件实事、好事，是接地气的重要举措。

推动社区科学文化建设，崇尚科学的风气逐渐形成。从被调查社区的文化氛围看，开展社区科普工作使社区居民之间的关系更加融洽，助力和谐社区、安全社区、文化社区等特色社区的建立，为整个国家的和谐社区创建打下了坚实基础。尤其是中西部地区的一些社区，如四川省达州市达县南外镇新南社区开展科普活动以后，某些宣传迷信的组织、具有经济邪教性质进行地下传销的行为没有了市场，彻底消失了。而东部地区的一些社区，如山东省济南市市中区二七新村街道建新社区、辽宁省沈阳市大东区莱茵河畔社区的居民通过参与科普活动，尤其是参加社区科普大学的学习，在科学饮食、合理用药、理性消费等方面的理念逐步形成，生活质量得到了提高。

14.3.2.3 调查评估发现的主要问题

“社区科普益民计划”的实施尽管取得了很大的成绩，但同时也存在一些有待改进的方面。

（1）奖补资金的使用不够科学合理

调查中发现，一些社区将奖补资金大部分用于改善科普硬件条件。虽然经费使用过程完全符合资金管理的相关规定，但从科学性和合理性上分析，仍然有优化空间。实际上，受奖补社区的硬件条件普遍高于当地其他社区，社区科普经费应该更多地使用在提高社区科普工作的软件条件上，例如，用于改进科普活动的方式和提高社区科普活动的质量、用于提高科普工作者的能力等。

（2）社区工作者开展科普工作的能力不足

从各地申报“社区科普益民计划”的材料来看，申报材料存在的问题大多是因为社区工作者对科普工作不了解造成的。奖补资金到位后，一些社区对于如何合理利用资金进一步开展社区科普工作感到困惑，希望得到相关的指导；还有一些社区人员对社区科普工作的重要性认识不足，缺乏提升自身科普工作能力的积极性和主动性。

（3）社区科普志愿者队伍工作机制不完善

当前社区科普志愿者队伍与其他志愿者队伍相互交叉和重叠，其科普特点不鲜明，科普志愿者的权利和义务欠清晰。社区科普志愿者队伍还没有形成固定的规模，队伍相对松散，社区科普讲座的师资队伍不稳定，缺乏激励机制，难以持久。

（4）社区科普资源缺乏权威性的渠道

调查发现，社区用于科普宣传的资料大部分从网络上收集。社区工作者本身没有相关的专业背景，对所收集的资料缺乏鉴别能力，难以保证内容的科学性。社区工作者所知晓的权威科普资源渠道非常有限。

14.3.2.4 建设性工作建议

（1）加强顶层设计，提高奖补资金使用效率

建议进一步完善"社区科普益民计划"的顶层设计，在奖补资金的使用和管理上进一步规范和改进。一是扩大奖补范围，让更多社区居民从中受益；二是奖补资金重点用于科普活动的支出，积极培育适应当地需求的科普活动资源和品牌；三是通过奖补资金，撬动社会资金的投入，形成上下联动，促进基层单位做好基本硬件设施的建设与配套。

（2）加强对基层科普工作人员的培训

建议各级科协开展社区科普工作培训。培训内容应包括社区科普的基本概念与理论、社区科普实践的工作方式、"社区科普益民计划"奖补资金的合理应用等。采用培训班、实地观摩等多种形式，让社区科普工作者既具有一定的理论认识水平，又具备开展社区科普工作实践的能力。

（3）推进社区科普志愿者队伍建设

建议各级科协、各社区进一步加大社区科普志愿者队伍建设的力度。进一步加强科普志愿者队伍工作机制建设；建立科普志愿者奖励机制，健全科普志愿者的档案管理；切实把科普志愿者队伍组织好、管理好，最大限度地调动科普志愿者的积极性，充分发挥科普志愿者在科普工作中的作用。

（4）加大社区科普资源共建共享的力度

建议中国科协系统开发一批优质的社区科普资源"套餐"，呈现在社

区科普工作平台网站上，供获奖社区选择；通过项目资助形式，动员社会力量开发面向社区科普的资源包；建议中国数字科技馆开发面向社区的数字化科普资源，供社区免费下载使用。

14.4 科普活动实践评估

14.4.1 我国大型科普活动评估的实践

我国对大型科普活动的评估始于新世纪。2005 年，全国科技活动周北京主场活动开展了评估工作。2007 年，全国科普日北京主场活动开始开展评估工作。全国科普日北京主场活动评估工作连续开展 5 年。评估团队在连续评估全国科普日北京主场活动期间，还开展了 2010 年、2011 年全国科技活动周北京主场活动评估以及 2012 年、2013 年北京科学嘉年华活动评估。基于一系列大型科普活动评估研究与实践，逐步探索出了大型科普活动评估框架，并通过评估活动有效地指导了科普活动的提升与可持续发展。

14.4.2 大型科普活动评估的指标体系、角度与数据获取方法[7]

表 14-13 是大型科普活动评估的指标体系、角度和数据获取方法，它们呈现了开展科普活动评估的总体框架。

评估指标体系分为三个层级，包括 4 个一级指标，11 个二级指标和 23 个三级指标。下面进行解释说明。

（1）一级指标

一级指标 4 个，分别是策划与设计、宣传与知晓、组织与实施、影响与效果。一级指标涵盖了一次大型科普活动的策划阶段、宣传阶段、组织实施阶段和影响效果发挥阶段。可以说，这种事后评估模式在一定程度上也关照了活动的前期策划，可以反观一次大型科普活动从策划到实现的全过程。

（2）二级指标

二级指标是对一级指标的进一步解释，是一级指标的组成部分。

表 14–13 大型科普活动评估的指标体系、角度与数据获取方法

评估指标			评估角度	数据获取方法
一级指标	二级指标	三级指标		
策划与设计	主题	时代性 感召力	专家	访谈 评分
	内容	科学性 贴近公众性 丰富性 通俗易懂性 吸引力 公众偏好	公众 组织及服务者 专家	问卷调查法 访谈
	形式	多样性 吸引力 公众偏好		
宣传与知晓	宣传工作	宣传渠道 宣传数量 宣传深度	宣传	统计 媒体报道监测 问卷调查 问卷调查
	知晓渠道	—		
组织与实施	讲解咨询	服务能力 服务态度	专家 公众 组织及服务者	数据填报 问卷调查 访谈 评分
	展项运行	—		
	现场秩序	—		
影响与效果	社会影响	社会知晓度 总体满意度	公众	问卷调查 访谈
	传播效果	知识传播 理念影响 行为影响	公众	问卷调查 访谈
	科普能力提升效果	活动组织者的收获 志愿者的收获	组织及服务者	问卷调查 访谈

"策划与设计"下设"主题、内容、形式"3个二级指标，重在考察一次科普活动的策划设计水平。其中，"主题"关注活动主题的时代性与感召力；"内容"关注活动内容的丰富性、吸引力、通俗易懂性、贴近公众性以及公众对活动内容的偏好；"形式"关注活动形式的多样性、吸引力以及公众对活动形式的偏好。需要指出的是，在"内容"和"形式"指标中设计"公众偏好"三级指标，是为了解最受公众认可、欢迎的科普活动内容与形式，作为科普活动进一步满足公众需求和喜好的参考依据。

"宣传与知晓"下设"宣传工作、知晓渠道"2个二级指标，是对科普活动扩大社会影响所进行的工作的考察。其中，"宣传工作"是指围绕科普活动开展的各类信息发布，包括宣传的渠道、数量；"知晓渠道"关注的是公众知晓科普活动的途径。

"组织与实施"下设"讲解咨询、展品运行、现场秩序"3个二级指标，偏重科普活动为现场参与公众提供的各种必要服务与保障。其中，"讲解咨询"指活动为公众提供必要的答疑、讲解、咨询等服务的数量与质量；"展项运行"是指活动现场的展品完好运行的情况；"现场组织"是指公众参与活动的有序性和有效性。

"影响与效果"下设"社会影响、传播效果"、"科普能力提升效果"3个二级指标，主要看一次活动开展后对社会和公众产生了什么样的益处。其中，"社会影响"指活动被社会公众知晓、认可的情况；"传播效果"指活动对参与公众产生的正面教育和影响；"科普能力提升效果"指科普活动的组织者和志愿者等服务者在参加科普活动组织与服务过程中的收获情况。

（3）三级指标

表14-14是对三级指标的解释说明。

14.4.3 大型科普活动效果评估的角度与数据采集方法

评估一个科普活动需要定性的描述，也需要定量的分析。多元的评估角度与评估方法可以确保评估中定量与定性的有机结合。在本评估框架中，评估角度指评估指标体系对应的视角。对科普活动而言，公众、组织

表 14–14 各三级指标解释说明

序号	指 标	解释说明
1	时代性	指活动主题的选取是否贴合社会经济发展的时代要求
2	感召力	指活动主题是否具有唤醒公众认同感与参与意识的感染与号召力
3	科学性	指活动内容所涉及的概念、原理、定义和论证等内容的叙述是否清楚、确切，历史事实、任务以及图表、数据、公式、符号、单位、专业术语和参考文献写得是否准确或者前后是否一致等
4	贴近公众性	指活动内容与公众的生活、工作的关联性
5	丰富性	指活动内容是否种类多、数量大、涉及面广
6	通俗性	指活动内容是否符合公众的理解水平，易于接受
7	吸引力（内容）	指活动内容是否符合公众的兴趣和爱好
8	公众偏好	指公众喜爱的活动内容
9	多样性	指活动形式不单调、满足多种人群喜好的能力
10	吸引力（形式）	指活动形式是否符合公众的喜好和兴趣
11	公众偏好	指公众喜欢的活动形式
12	宣传渠道	指活动采取的宣传途径
13	宣传数量	指宣传报道的数量
14	宣传深度	指媒体深度报道的数量与比例
15	服务能力	指活动现场工作人员是否能有效解答受众提出的咨询
16	服务态度	指活动现场工作人员能否热情、主动、友好、平等地为公众服务
17	社会知晓度	指活动所在地区（城市）知晓活动的公众比例
18	总体满意度	指参与活动现场的公众对活动的总体满意程度
19	知识传播	指活动在知识、技术等信息传播方面对公众实际产生的影响
20	理念影响	指活动对公众在态度、理念方面实际产生的影响
21	行为影响	指活动对公众在行为方面已经产生或潜在产生的影响
22	工作能力影响	指活动对组织者科普工作能力方面的提升
23	社会实践能力影响	指活动队志愿者在参加社会实践能力方面的提升

及服务者、专家以及新闻媒体宣传报道都是重要、必要的评估角度。此外，不同评估指标、不同评估角度的数据和信息采集方法也不同（见表14–13）。

（1）公众角度及数据采集方法

公众是科普活动的直接服务对象，因此，公众对科普活动的评价是最直接有效的，是大型科普活动评估最为重要的角度。一方面，公众对活动主题、内容、形式的策划与设计，对活动组织与实施过程中的各个环节都可以作出直接评价；另一方面，科普活动的宣传工作是否有成效、活动的影响与效果如何，也都需要来自公众方面的信息才能得以客观评价。如表13–14所示，公众角度的评估，数据采集主要采用问卷调查法、访谈法和观察法等。

（2）组织与服务者角度及数据采集方法

组织者与服务者在大型科普活动中具有多重身份。首先，他们是活动的组织者，他们亲历活动全程，所掌握的有些信息是公众等其他角度所不具备的。因而，从组织者与服务者的角度审视活动组织与实施过程的有效性与合理性，实际上也是一个自我评估过程。其次，组织与服务者作为科普工作人员，还是科普活动的另一个直接受益群体，通过评估可以了解活动对他们产生的影响。再次，通过这个角度的评估，还可以得到组织和服务者眼中的公众参与活动的形象[12]。

此外，宏观来看，组织与服务者角度的评估数据与结论，在综合分析各角度评估数据中具有补充和印证作用，往往能与从公众角度评估得到的数据进行对照，互相佐证。这种对照与佐证，会增强评估结论的说服力。组织与服务者角度的评估主要是问卷调查法、访谈法和数据填报。

（3）专家角度及数据采集方法

组织开展大型科普活动通常要涉及多个学科与领域，如活动主题相关的自然科学领域，活动组织实施涉及的公共安全、公共管理领域，乃至科学教育、科学普及等领域。因此，组织来自这些领域有理论基础和实践经验的专家进行现场观摩与评估，可以获得更专业的评价信息。专家可以从各自角度出发，结合专业背景，根据自己的观察给出评价与判断。这种评价与判断，对于综合评估中的其他角度而言也是非常有益的补充。

专家角度的评估通常包括现场参观活动填写评分表、场外集体访谈两个步骤。5 年来对全国科普日北京主场活动的评估实践表明，专家评估的这两个步骤相互补充，形成的结论与公众角度评估也有对照价值。通过专家座谈会形成的活动建议和意见往往是活动今后改进和提高的重要根据与对策。

（4）宣传角度及数据采集方法

大型科普活动既是一次实实在在的现场活动，也是一个科普宣传的社会平台。因此，增加活动的社会知晓度，扩大活动的受益范围，营造整体社会氛围，同样是活动的目标所在。从这个意义上说，媒体的宣传和报道是科普活动的重要工作内容，因而对于媒体宣传科普活动的渠道、数量、质量、效果需要加以评估。这种评估不仅是对宣传策划成效的一种检验，也是今后改善传播方式、提高传播质量的重要依据。

从宣传的角度评估，通常采用的方法为媒体报道实时跟踪监测法。这种方法利用现代电子专用设备系统和统计软件，对媒体新闻报道和广告宣传片进行实时跟踪与监测。该方法是国际上近年比较流行和公认的，可以通过与专业市场研究公司合作来实现。

14.4.4 科普活动评估的作用

在上述评估指标体系框架下，2007—2011 年的全国科普日北京主场活动、2010 年全国科技活动周北京主场活动、2011 年北京科技周中关村主场活动的评估中，采用问卷调查法、访谈法、观察法、媒体报道实时监测法、评分法、电话调查法等进行了多角度综合评估。

科普活动评估在描述活动效果、发现问题与不足、促进优化科普活动管理方面显现出实际的作用。

（1）全国科普日北京主场活动评估的作用

一是客观描述活动的效果，检验活动是否实现预期目标。以全国科普日北京主场活动评估为例说明。电话问卷调查显示，2008 年、2009 年和 2010 年北京主场活动在北京市民中的知晓度分别为 37.5%、39.8%、39.5%

（每年调查样本量 1000）[12-13]，显示出活动良好的宣传效果和较大社会影响。

此外，2010 年全国科普日北京主场活动评估中，对北京某中学 354 名高一年级学生进行的一组活动前后的对比问卷调查，也反映出活动较好地实现了预期目标。通过参加活动，学生对“低碳”话题的关注度有所提升。“经常关注低碳”的学生由活动前的 19.2% 增至活动后的 31.4%，“一般不关注”的学生由活动前的 8.2% 下降至活动后的 4.0%。通过参加活动，学生践行低碳生活的行为倾向表现出积极变化。节电方面，认识到“煮饭时，饭锅跳闸后应切断电源，用余热将米饭焖熟”的比例，活动后较活动前增长 15.7%；选择“买电器时把节能作为一个重要标准”的学生数量增长 15.2%；选择“空调设定温度合理，多用睡眠状态”的学生数量增长 14.9%。日常用电方面，“废旧电池专门回收”、“宾馆住宿减少换床单次数”、“垃圾分类”等方面选择的比率增长了 15.6%、13.7% 和 11.8%。通过参与活动，受访学生了解到更多低碳相关知识信息。对活动重点传播的 17 个知识点进行问卷调查后，通过配对样本 t 检验分析，前测总分和后测总分的均值的差值为 –8.04。经过 2–tail Sig 双尾 t 检验的显著性概率为 0.000，显示出学生参与活动后明显的知识收获[14]。

二是考察活动实施过程的有效性，发现问题与不足。通过了解活动满足公众需求与兴趣的能力，了解公众对活动的满意度与评价，指导主办方及时进行相应调整。比如，全国科普日北京主场活动评估中，2007 年的评估显示出青少年公众对互动性展品的兴趣与偏好，公众对活动场地便利性的需求和加强宣传的呼声；2008 年的活动评估凸显出活动现场标引指示信息的重要性；2009 年的评估反映出展项维修、活动内容完整性保持的重要性；2010 年的评估体现出活动策划设计阶段公众需求调研的功效、公众对互动展品通俗易懂性的需求；2011 年的评估体现了公众对活动进社区、下基层的呼声。评估获取的数据和信息是活动组织者优化活动管理的重要依据。在连续几年评估的推动下，科普日北京主场活动不断改进与提升，公众的满意度由 2007 年的 87.3% 上升至 2011 年的 96.7%。

（2）2013 年北京科学嘉年华活动评估的作用[15]

首先，通过评估，充分了解了活动的组织实施情况，并客观描述了活动的效果与影响。

公众角度评估表明，该活动在内容、形式、现场服务与保障等方面得到了参与公众的普遍好评，活动的科普效果良好。受访公众中，86.5% 的人表示专程来参加活动；对科学嘉年华活动感兴趣（40.3%）和单位组织（40.7%）是公众参加本次活动的主要动因，人际传播、场地周围的宣传是公众知晓本次活动的主要渠道，网络（15.8%）和报纸（9.2%）是相对有效的媒体宣传渠道。受访公众中，近 8 成（75.1%）的人表示“喜欢”本次活动；90.8% 的人表示会向身边的人宣传北京科学嘉年华主场活动并建议人们来参加，90.5% 的人同时表示今后愿意参加类似的科普活动。约 9 成（84.5%）的人对活动的满意度评价在 4 分及以上（满分 5 分）；近 7 成（66.7%）的人认为活动内容丰富，73.9% 的人认为活动内容新颖；近 7 成人认可活动内容的通俗易懂性；分别有 84.0% 和 63.4% 的人表现出动手实验或制作、游戏互动等活动的偏好。91.0% 的人在参与活动的过程中或多或少都会遇到一些问题需要解答，其中，超过九成（92.1%）的人表示“多数时候”或“每次”都能找到相关的工作人员进行解答。接受解答服务的公众中，对问题解答结果评价在 4 分及以上的人占 94.8%，而对工作态度评价为 4 分及以上的比例也达到了 94.0%。受访公众中，大多数人认为展项完好运行和活动正常开展情况良好，其中出现的问题属个别现象。通过参与本次活动，公众普遍表示有收获。超过 3/4（64.3%）的人表示通过参加活动“开阔了眼界”；42.5% 的人表示通过活动“了解到科学技术的新进展”，31.5% 的人表示“体会到科学技术为人类生活带来的便利与好处”。国外机构的科普活动中，英国皇家化学会的实验、美国的科学厨房的饼干制作体验活动、美国富兰克林研究院科学巡演组带来的科学实验演示活动最受欢迎。

组织及服务者角度的评估表明，活动主办方在活动筹备阶段和活动现场的工作与服务得到活动参与机构的普遍认可。科学普及与传播（96.6%）、展示机构形象及扩大知名度（31.0%）仍是参与机构参与本次活动的主要目的。92.6% 的受访机构认为通过参与此次活动“基本达到”或“超出预期”实现了既定目标，明显高于 2012 年的数据。专门面向中小学生开展的活动占全场活动的约 1/3。27 家受访机构中，18 家认为其活动目标人群是全体公众，另有 9 家表示其活动主要面向中小学生。92.6% 的被调查机构认为公众参加所在机构组织活动的积极性较高。参展机构对活动在筹备阶段各项工作的满意度较 2012 年有显著提升。对活动在筹备阶段工作的总体满意度平均分为 4.6（满分 5 分），高于 2012 年的 4.3 分。对主办方在活动筹备阶段提供服务的满意度从高到低依次为：“服务态度”满意度最高（4.8 分），其次为工作效率（4.7 分）、经费支持（4.5 分）和信息传达（4.4 分）。2012 年这四项工作的满意度评价分别是：服务态度（4.4 分）、信息传达（4.3 分）、工作效率（4.24 分）和经费支持（3.8 分）。

参展机构对主办方在活动现场各项工作的总体满意度为 4.6 分（满分 5 分）。其中，场地布局 4.4 分，餐饮提供 4.2 分，环境卫生 4.4 分，水电供给 4.7 分，安全保障 4.8 分，工作效率 4.6 分，服务态度 4.8 分。各项工作满意度均较 2012 年有提升。近 7 成被调查机构认为所在机构参加科学嘉年华的最佳时间周期为 3—4 天（62.0%）；愿意参加 5—6 天甚至 7—8 天的占 31.0%，以企业和科普场馆为主。92.6% 的被调查机构表示自己所在机构愿意参加 2013 第三届北京科学嘉年华，这一数据较 2012 年有大幅提升。

其次，通过评估，发现了活动组织实施过程中存在的问题与不足，并据此提出优化活动管理的对策建议。

一是关注中小学生集体参观的科普效果。组织中小学生参与是第三届北京科学嘉年华主场活动的一大亮点。为提升活动的吸引力，促进学生充分参与活动项目，主办方通过学校统一为学生发放“科学嘉年华护照”。然而，客观情况是，中小学生充分参与北京科学嘉年华主场活动与各学校限制参观时间形成了现实的冲突。同时，“科学嘉年华护照”集满印章换取礼品又对中小学生形成了不可抵抗的诱惑力。在这种情况下，很多学生穿梭于各项活动之中，对活动内容走马观花，却将主要精力投入收集印章换取礼品上。这种现象的发生，与对中小学生参与科普活动的原始动机和初衷发生了偏离，一定程度上让孩子们参与科普盛宴流于形式，偏离了学习、探索的初衷。因此，建议今后科学嘉年华组织中小学生参观工作要加强与学校的沟通。首先，要对北京科学嘉年华主场活动进行充分介绍，让校方充分了解活动，以便为学生们争取充分的参与时间；其次，对北京科学嘉年华主场活动内容进行详细介绍，便于各学校有计划、有重点、有针对性地组织本校学生参观参与；最后，简化“科学嘉年华护照”盖章程序，尽量减少盖章换礼品对中小学生参与活动的干扰。

二是避免商业气息过重。在科普活动中引入有偿科普服务是北京科学嘉年华主场活动的另一处亮点。诸如科普超市等做法在北京科技周等活动中也曾有尝试，收费科普讲座等服务在国际上也较常见。分析来看，历年来北京科学嘉年华主场活动中的有偿科普服务主要包括益智玩具售卖、有偿体验项目等，同时也包括一些与科普相关产品和服务的宣传活动。据评估者在第三届北京科学嘉年华主场活动现场 4 个工作日的观察与记录，统计到此次 19 个展棚中的 46 项活动中，有 20 个收费体验或出售产品的项目。根据以往的经验，一部分公众对这些有偿的科普服务存在现实需求，他们对在科学嘉年华现场享受到物有所值的科普服务很满意。但是，也要看到，还有相当一部分公众对于这类收费项目、出售产品行为一定程度上持抵触态度。在 2013 年公众角度的问卷调查中，对这个问题的反映比较集中。公众在提给本次活动的建议和意见中频频提到收费项目多、商业气息浓、广告意味强。公众的建议应该引起足够的重视。在今后的活动中，对益智玩具等售卖活动要加强审查，确保其确实与科普紧密相关而不至引起公众的反感；同时要控制有偿科普体验和服务的比例，尽量确保其不至于冲淡北京科学嘉年华主场活动公益类科普活动的性质。

三是加强对企业参与嘉年华活动的科普引导。北京科学嘉年华主场活动中，企业是一支重要的参与力量。我们很高兴地看到，食品、能源、制造等行业的企业都被动员到科学普及的队伍之中，并且不少企业带来了有特色的科普活动与服务。但在本届科学嘉年华活动现场，评估者通过访谈、观察等，也发现了企业在参与科普活动之中存在的一些不足。主要表现在以下几个方面：①一些企业派来的科普工作人员没有科普经验，活动过程中与公众主动交流不够；②一些企业参与本次科普活动的商业动机超过科普动机，在活动现场以商业宣传为主，缺乏甚至根本没有科普内容；③部分企业在现场进行报名、招募等活动，冲淡了科普的意味。针对这些情况，建议今后的活动在坚持动员企业参与科普的同时，从工作人员科普业务能力、科普活动与服务内容等方面进行考核与审查，并对企业在科普活动现场进行的商业宣传与售卖进行合理约束，从而整体上提升企业作为一支科普力量在北京科学嘉年华活动中的作用与形象。

四是优化高校板块科普活动设计的实施。本届科学嘉年华活动中有首都地区 4 家高校参与，集中在“光耀北京”展棚中。近些年来，动员高校参与科普活动成为“高校科技资源科普化”的一种主要途径。本届科学嘉年华活动设立的高校板块正迎合了科普的时代需求。通过评估者的观察记录及访谈，了解到 4 所高校组织的科普活动中存在的不足与问题。主要表现在以下几个方面：①各高校的科普展墙设计过于学术化，引不起公众的兴趣；②活动现场的一些学生及行政工作人员缺乏与公众主动交流、沟通以及向公众提供科普服务的意识与技巧；③现场与科普不相关人员代班现象时有发生，影响科普活动效果。我们可以感觉到活动主办方在高校板块的总体设计初衷，希望通过模型、实物等展示并配合展墙介绍，来展示首都地区高校与民生相关的科研成果。在向公众进行科学传播的同时拉近高校、科学家与公众之间的距离。但是，该板块活动由于展项设计缺乏互动性、通俗易懂性差、工作人员科普意识与能力稍弱等方面原因，没有达到良好效果。因此，建议活动主办方在今后组织实施高校科普活动时，要加强与高校的沟通，促进高校活动“去学术化科研化”。同时，对高校活动派出的科普人员队伍提出能力、态度、业务等方面的综合要求。

五是为国外参展机构提供更及时充分的信息服务。通过访谈了解到，国外参展机构工作人员对北京科学嘉年华主场活动十分感兴趣，并愿意提供更多的科普资源与服务。但来自几个国外参展机构的工作人员同时也表示，他们接到任务很匆忙，对第三届科学嘉年华活动缺乏了解，因此带来的活动器材也有限，不少展板和海报没有翻译成汉语。如果提前对活动有充分了解，他们表示可以提供更多的活动。另外，参展机构也很想了解中国的科学传播活动，并了解其他国家带来了什么活动，而这种交流信息比较缺乏。在活动现场，他们由于忙于工作也无法发现和体验。因而，国际同行感觉与北京科学嘉年华主场活动的交流十分有限，这是一个遗憾。针对这种情况，一方面建议北京科学嘉年华主场活动与国外参展机构的意向沟通及具体业务推进提早进行，便于国外参展机构进行活动设计与准备工作；另一方面建议主办方向外国参展机构提供一份关于当年北京科学嘉年华主场活动的英语手册。

14.5 科普评估发展趋势与展望

14.5.1 政策评估将更加注重客观性、独立性和实效性

《科学素质纲要》等科学素质建设相关政策评估对我国科学素质政策的制定和完善提供了重要依据。然而，这方面的评估工作在我国刚刚起步，未来需要在其指标体系建立、第三方评估机构培育、评估人员队伍培养、专项经费支撑以及评估理念和思维的树立等方面不断完善，尤其要完善评估机制，加强内外评估相结合，推动评估的规范化、制度化、长效化，进一步促进我国公民科学素质建设决策科学化。

14.5.2 科普项目评估的管理将进一步加强

科普项目评估主要是对科普项目实施的过程和结果进行评估和检查，以发现项目实施中的经验和存在的问题，为今后类似项目的实施提供经验。未来，对于科普项目的评估要加强对项目评估的管理，包括对评估人员、队伍进行培训，对评估涉及的各方进行协调和沟通，对评估标准进行制定及修改完善，对评估程序、进程和方式进行组织和管理，以便对项目实施过程进行有效的监控，及时发现问题并提出相应的改进意见。

14.5.3 科普活动评估需求将不断增加

科普活动是我国科普工作开展的重要抓手。近年来，国家对科普活动的投入呈逐年增长趋势，科普活动数量增加，受益人群更为广泛。伴随这

一发展趋势，并随着科普活动组织者评估意识的不断提升，未来时期，各级各类科普活动组织和各种形式的科普活动，都将逐步以评估作为判断活动价值、优化活动组织和提升活动效果的管理手段。这一发展趋势将促进科普活动评估的专业化发展，并为第三方评估力量的发展创造机遇与平台。与此同时，在当前科普活动以效果评估为主流的形势下，随着科普活动效果分析的不断深入以及科普活动评估诊断功能、导向功能的发挥，科普活动组织者及评估者势必将越来越注重活动前期的形成性评估，而这对科学合理设立科普活动项目来说是最为关键的管理环节[16]。

参考文献

[1]D. Nachmias. Public Policy Evaluation: Approaches and Methods. N.Y.: St. Martin's Press, 1979.

[2]邓剑伟，樊晓娇. 国外政策评估研究的发展历程和新进展：理论与实践[J]. 云南行政学院学报，2013(2).

[3]任福君. 中国公民科学素质报告(第二辑)[M]. 北京：中国科学技术出版社，2011.

[4]全民科学素质纲要实施工作办公室. 全民科学素质行动发展报告(2006—2010年)[M]. 北京：科学普及出版社，2011.

[5]科技部. 中国科普统计(2006—2012)[M]. 北京：科学技术文献出版社.

[6]中国科学技术协会. 2011年、2012年全民科学素质行动工作总结.

[7]郑念，任福君. 科普监测评估理论与实务[M]. 北京：中国科学技术出版社，2013.

[8]郑念，张平淡. 科普项目的管理与评估[M]. 北京：科学普及出版社，2008.

[9]中国科学技术协会. 关于组织实施“基层科普行动计划”的通知[EB/OL]. [2012-04-20]. http://www.cast.org.cn/n35081/n35488/13833093.html.

[10]中国科学技术协会. 关于表彰2012年基层科普行动计划先进单位和个人的决定[EB/OL]. [2012-06-27]. http://www.cast.org.cn/n35081/n35488/13963213.html.

[11]中国科学技术协会. 关于印发《基层科普行动计划专项资金管理办法》的通知[EB/OL]. [2012-08-01]. http://www.cast.org.cn/n35081/n35488/14036726.html.

[12]中国科普研究所. 2008年全国科普日北京主场活动评估报告[R]. 2008.

[13]中国科普研究所. 2009年全国科普日北京主场活动评估报告[R]. 2009.

[14]中国科普研究所. 2010年全国科普日北京主场活动评估报告[R]. 2010.

[15]中国科普研究所. 2012年北京科学嘉年华活动评估报告[R]. 2012.

[16]任福君，翟杰全. 科技传播与普及概论[M]. 北京：中国科学技术出版社，2012.

索引

后记

撰写《科技传播与普及实践》是我多年的愿望，特别是随着《科技传播与普及概论》和《科技传播与普及教程》的问世，进一步鞭策和鼓励我早日启动该书的编写工作。在中国科普研究所的大力支持下，在参考诸多学者论著的基础上，经过10多位同事的共同努力，《科技传播与普及实践》一书终于出版了。在此，我要深深地感谢我的同事们的辛勤劳动！深深地感谢中国科普研究所的出版资助！深深地感谢中国科学技术出版社的大力支持！深深感谢徐善衍教授、程东红博士、徐延豪教授、王春法研究员等中国科协领导多年来持续的支持、鼓励和帮助！

在此基础上，本书的编写团队将进一步努力，在中国科学技术出版社的帮助下，早日启动在国外出版发行本书英文版的工作。

任福君

2014 年 8 月 30 日

作者简介

任福君，哈尔滨工业大学博士、清华大学博士后，教授、博士生导师，国务院政府特殊津贴获得者。曾任中国科普研究所所长，现任中国科协调研宣传部部长；曾专门从事科普研究工作 10 余年。研究方向：科技传播与普及的理论与实践。Email：hljrenfujun@126.com

尹霖，博士，中国科普研究所科普理论研究室副主任，副研究员。研究方向：科普基础理论、科普创作等。Email：yinlin213@126.com

李朝晖，博士，中国科普研究所副研究员。研究方向：科学教育与传播、科普评估、科普基础设施、信息技术与科学普及等。
Email：sunlight_tiger@126.com

张志敏，博士，中国科普研究所副研究员。研究方向：科普理论、科普评估理论与实践、科普创作等。Email：zhangzhimin@cast.org.cn

胡俊平，博士，中国科普研究所副研究员。研究方向：农村和社区科普、科普信息化、科普创作等。Email：hujunping@cast.org.cn

张锋，博士，中国科普研究所副研究员。研究方向：科学传播普及战略规划、农村科学传播与普及等理论与实践；公民科学素质监测、科技评估等理论与实践。Email：zf-jimmy@163.com

谢小军，博士，中国科普研究所副编审。研究方向：科普资源，科学与社会、文化，科普创作。Email:xiexiaojun@cast.org.cn

王丽慧，博士，中国科普研究所助理研究员。研究方向：科学传播普及、科学文化研究等。Email：wanglihui@cast.org.cn

刘萱，博士，中国科普研究所助理研究员。研究方向：科学文化测评、公众理解科学、科学传播国际比较研究、国家创新系统与创新生态、科技评估与评价。Email：liuxuan@cast.org.cn

颜燕，硕士，中国科普研究所助理研究员。研究方向：科普史、科普大众传媒等。Email：yanyan@cast.org.cn

任磊，硕士，中国科普研究所助理研究员。研究方向：公民科学素养调查与研究等。Email：renlei@cast.org.cn